重庆市高职高专规划教材

应用高等数学系列

■ 总主编 曾乐辉
■ 总主审 龙 辉

# 应用 YINGYONG

## GAODENG SHUXUE

# 高等数学

（上册）

**工科类** 第3版

主 编 ■ 余 英 李坤琼 汤华丽
副主编 ■ 杨 俊 孟 渝 洪 川

U0298713

重庆大学出版社

## 内容提要

本书根据教育部制定的《高等职业教育专业人才培养目标及规格》和《高等职业教育高等数学课程教学基本要求》的精神，贯彻"以应用为目的，以必需、够用为度"的原则编写而成.本书分上、下两册，全书共12章.上册内容包括函数、极限与连续、导数与微分、导数的应用、不定积分、定积分、常微分方程与拉普拉斯变换；下册内容包括无穷级数、空间解析几何与多元函数微积分、线性代数基础、概率与数理统计、MAT-LAB软件在高等数学中的应用.每节均有一定量的随堂练习，同时出版有与之配套的习题册（上、下册），以供学习者巩固所学知识.

本书可供三年制高职高专工科类各专业教学使用，也可供高职专科层次的各类成人教育选用，同时也可作为"专升本"教材或参考书.

**图书在版编目（CIP）数据**

应用高等数学：工科类.上册/余英，李坤琼，汤
华丽主编.—3版.—重庆：重庆大学出版社，2015.8（2019.8重印）
重庆市高职高专规划教材
ISBN 978-7-5624-9384-6

Ⅰ.①应… Ⅱ.①余… ②李… ③汤… Ⅲ.①高等数
学—高等职业教育—教材 Ⅳ.①O13

中国版本图书馆 CIP 数据核字（2015）第 184405 号

重庆市高职高专规划教材
应用高等数学系列
**应用高等数学（工科类）（上册）**
第 3 版
总主编 曾乐辉
主 编 余 英 李坤琼 汤华丽
副主编 杨 俊 孟 渝 洪 川
责任编辑：范春青 版式设计：范春青
责任校对：秦巴达 责任印制：张 策
*
重庆大学出版社出版发行
出版人：饶帮华
社址：重庆市沙坪坝区大学城西路 21 号
邮编：401331
电话：（023）88617190 88617185（中小学）
传真：（023）88617186 88617166
网址：http://www.cqup.com.cn
邮箱：fxk@ cqup.com.cn（营销中心）
全国新华书店经销
重庆长虹印务有限公司印刷
*
开本：787mm×1092mm 1/16 印张：13.75 字数：343 千
2015 年 8 月第 3 版 2019 年 8 月第 12 次印刷
印数：66 401—69 400
ISBN 978-7-5624-9384-6 定价：28.00 元

# 前言

当前,我国的高职高专教育正在进入一个长足发展的时期,从规模到质量都在不断迈上新的台阶,教材建设作为高等职业教育的一个重要组成部分,也要与时俱进,适应新形势的需要.

本教材根据教育部制定的《高等职业教育专业人才培养目标及规格》和《高等职业教育高等数学课程教学基本要求》精神,由一批富有高等职业教育经验的专家、教授编写而成.本教材编写组认真总结了国家示范高职院校《高等数学》和《应用高等数学》教材编写和使用的经验,研究了高等职业教育面临的新形势和新问题,统一了编写指导思想:教材应进一步把握"必需,够用"的尺度,继续加强数学应用性的基础上,使教材能够针对高职高专生源多渠道,学生基础差距极大的现状,来尝试因材施教的创新举措.

本教材具有以下特点:

1.以生为本,结构调整,优差兼顾

为适应高职高专招生对象的多元化,本教材坚持"为了一切学生"的宗旨,对高等数学内容结构进行了合理的调整.把多元函数微积分的内容分别编在一元函数微积分对应内容的末尾作为选学内容.数学课程一开始即可接触多元函数微积分,这就使得所有学生都能根据自己的基础和学习能力各取所需,解决了"吃不了"和"吃不饱"的矛盾.同时,由一元函数的微积分到多元函数的微积分,只是顺理成章、举一反三的推广,极易教学.

2.进一步准确地把握了"必需、够用"的尺度

对于高职高专工科类各专业对数学工具的需求,编写组进行了大量的调研.横向方面,集中了全市主要高职高专高等数学教师,对所教高等数学内容进行了综合分析;纵向方面,与各专业沟通,进行了广泛的问卷调查和走访,对它们的需求面和需求重点有了进一步的把握.因此,本教材内容的选择较好地做到了"供给对准需求",充分体现了"以服务为宗旨"的高等职业教育指导思想.

3.强化了数学在实际中的应用

(1)概念的引入均从实际问题入手,遵循从感性到理性的认知规律,同时也是为下一步理论在实际中的应用推出范例,从而增强了学生对数学的应用意识和兴趣.

(2)选编了有实际应用背景的例题、习题,落实以应用为目的的原

则,并尽可能地向高职高专工科各专业教学内容渗透,增加了数学应用的深度和广度.

（3）贯穿了数学建模教学思想,将数学建模的实例穿插在教材中,用以提高学生应用数学的兴趣和能力.

4.进一步降低了深奥的数学理论和计算难度

与以往的教材相比,删去了只具理论价值,在实际中用处不大的纯理论.不少定理省去了严格的理论证明,只给出几何解释或归纳.由于教材中使用了计算机软件进行数学运算和数值计算,因此删减了一些人工运算技巧和繁杂的计算.

5.数学与计算机软件相结合

教材第11章介绍了 MATLAB 软件在高等数学中的应用.软件的应用减少了计算的难度,运用软件演示,使得数学教学手段更加现代化,教学更加直观和动态.

6.注重教学互动,改变学生学习方式

本教材试图体现教学的启发式,改学生的被动接受为主动参与,加强了教与学,学与学的交流互动,使学生通过积极思维,相互启发,发挥主观能动性,提高学习效率.

本教材内容包括函数、极限与连续、导数与微分、导数的应用、不定积分、定积分、常微分方程与拉普拉斯变换.

本教材由重庆航天职业技术学院余英与重庆工业职业技术学院李坤琼、汤华丽任主编,重庆航天职业技术学院杨俊、重庆工业职业技术学院孟渝、重庆建筑工程职业学院洪川任副主编.

第1章由重庆青年职业技术学院周凤杰、杨欢、杜峰编写;第2章由重庆工业职业技术学院李坤琼、孟渝、简辉春、汤华丽、孙婷雅、刘双编写;第3章由重庆机电职业技术学院李春梅编写;第4章由重庆航天职业技术学院余英,重庆海联职业技术学院卓中伟、邓礼君编写;第5章由重庆建筑工程职业学院谢孝权、洪川、蒋燕编写;第6章由重庆航天职业技术学院杨俊编写;第7章由重庆工程职业技术学院徐江涛、曾乐辉、南晓雪编写.

本教材上册基本学时数为76学时,下册基本学时数为62学时,标 * 号的需另外安排学时.使用者可根据专业需求适当增删.

本教材在编写过程中得到了重庆市数学学会高职高专专委会的指导,得到了在渝主要高职高专院校以及一些举办了高职、高专教育的各级各类学校领导及教师的大力支持和帮助,在此表示诚挚的感谢.

由于编者水平有限,书中难免有缺点和错误,恳请读者批评指正.

《应用高等数学系列教材》编审委员会

2015 年 5 月

# 目　录

# 1 函　数

　　在永恒发展的客观世界和不断进化的人类社会,人们都辩证地意识到:变是绝对,不变是相对.纵观数学的发展历史,函数就侧重于分析、研究事物运动、变化过程的数量特征、数量关系,并揭示其量变的规律性.函数是近代数学的基本概念之一,是微积分研究的基本对象.极限是微积分学研究的重要思想和基本推理工具.微积分学所研究的函数的连续、导数、微分、积分等概念是从不同的侧面量化出函数的性态.本章将简单介绍一元函数、二元函数的概念和性质,为学习微积分知识打下必要的基础.

## 1.1　函数及其性质

### 1.1.1　函数的概念

**1)区间与邻域**

　　(1)区间:介于两个实数 $a,b$ 之间的所有实数的集合.

　　包括:开区间、闭区间和半开半闭区间.

　　开区间　$(a,b)=\{x\mid a<x<b\}$;

　　闭区间　$[a,b]=\{x\mid a\leqslant x\leqslant b\}$;

　　左开右闭区间　$(a,b]=\{x\mid a<x\leqslant b\}$;

　　左闭右开区间　$[a,b)=\{x\mid a\leqslant x<b\}$.

　　区间按其长度分为:有限区间和无限区间.

　　若 $a$ 和 $b$ 均为有限的常数,则区间 $[a,b],(a,b),[a,b),(a,b]$ 均为有限区间;而 $(-\infty,b],[a,+\infty),(-\infty,b),(a,+\infty),(-\infty,+\infty)$ 均为无限区间.

　　(2)邻域:设 $x_0$ 为一实数,$\delta$ 为一正实数,则称集合

$$\{x\mid\mid x-x_0\mid<\delta,\delta>0\}$$

为点 $x_0$ 的 $\delta$ 邻域,$\delta$ 称为邻域半径,记作:$U(x_0,\delta)$

　　在几何上,$U(x_0,\delta)$ 表示以 $x_0$ 为中心的开区间 $(x_0-\delta,x_0+\delta)$.其区间长度为 $2\delta$,如图 1.1 所示.

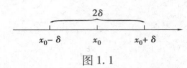

图 1.1

包含 $x_0$ 点的称为实心邻域，不包含 $x_0$ 点的称为空心域去心邻域，记作：

$$\overset{\circ}{U}(x_0, \delta) = (x_0 - \delta, x_0) \cup (x_0, x_0 + \delta).$$

**注 意**

一般 $x_0$ 的邻域内的点是指在 $x_0$ 点附近的点，故应将 $\delta$ 理解为非常小的正数.

## 2）函数的定义

**引例** 1.1  投掷同一铅球数次，可以观察到铅球的质量、体积每次都保持不变，若用 $m$ 和 $v$ 分别表示质量、体积，则在每次投掷中两者都为确定的常数；而投掷距离、上抛角度、用力大小每次均发生变化.

通常我们将在研究过程中保持不变的量称为常量；将发生改变的量称为变量. 常量与变量是相对而言的，同一量在不同场合下，可能是常量，也可能是变量，要以研究的过程为条件.

**引例** 1.2  以 $r$ 为半径的圆其面积为：$s = \pi r^2 (r > 0)$，其中 $\pi$ 为常量，$r$ 为变量，并且 $r$ 每取定一个值，通过关系式 $s = \pi r^2$ 都有确定的面积 $s$ 与之对应，这种关系就是下面给出的函数关系.

**定义** 1.1  设有两个变量 $x$ 和 $y$，若当变量 $x$ 在非空数集 $D$ 内任取一值时，通过一个对应法则 $f$ 总有确定的 $y$ 值与之对应，则称变量 $y$ 是变量 $x$ 的函数，记为

$$y = f(x) \quad (x \in D)$$

式中，$x$ 称为自变量，$y$ 称为因变量或函数，非空数集 $D$ 称为函数的定义域. 相对应的函数值的集合称为函数的值域.

对于任取 $x_0 \in D$，函数 $y = f(x)$ 与之对应数值 $y_0$ 称为 $y = f(x)$ 在 $x_0$ 处的函数值，记为

$$y_0 = f(x_0) \text{ 或 } y\Big|_{x = x_0}$$

例如，函数 $y = 2x + 1$ 的定义域 $D = (-\infty, +\infty)$，值域 $W = (-\infty, +\infty)$，其图形是一条直线，如图 1.2 所示. $x_0 = 2$ 时，对应的函数值 $y_0 = 2 \times 2 + 1 = 5$.

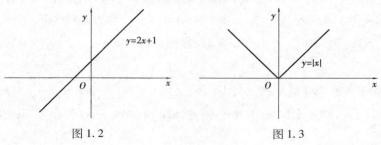

图 1.2                    图 1.3

函数 $y = |x| = \begin{cases} x & x \geqslant 0 \\ -x & x < 0 \end{cases}$，其定义域 $D = (-\infty, +\infty)$，值域 $W = [0, +\infty)$，其图形如图 1.3 所示.

函数的两要素：从函数的定义中不难看出，函数是由定义域与对应法则两要素确定的，与表示变量的字母符号无关. 因此，两个函数相同的充分必要条件是定义域和对应法则都分别相同. 例如 $y = e^x$ 也可以写成 $y = e^\lambda$.

【例 1.1】　判断 $f(x) = \dfrac{x}{x}$ 和 $g(x) = 1$ 是否相同.

【解】　两个函数的对应法则相同. 但第一个函数的定义域为 $(-\infty, 0) \cup (0, +\infty)$，第二个函数的定义域为 **R**. 两个函数的定义域不同，故两个函数不是相同函数.

【例 1.2】　判断 $f(x) = \lg x^2$ 和 $g(x) = 2 \lg x$ 是否相同.

【解】　因 $f(x)$ 的定义域为 $(-\infty, 0) \cup (0, +\infty)$，$g(x)$ 的定义域为 $(0, +\infty)$，两个函数的定义域不同，故两个函数不是相同函数.

注　意

判断函数相同与否，必须同时满足两个条件，在应用时只要先确定其中有一个条件不满足就不需再检查另一个条件.

## 3）函数的表示法

通常用表格法、图像法和解析法（公式法）来表示一个函数.

（1）表格法：将自变量的值与对应的函数值列成表的方法.

（2）图像法：在坐标系中用图像来表示函数关系的方法. 如图 1.4 给出了某一天的气温变化曲线，它表现了时间 $t$ 与气温 $T$ 之间的关系.

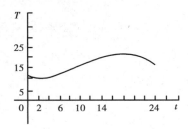

图 1.4

（3）解析法：将自变量和因变量之间的关系用数学式子来表示的方法. 我们以后学习的函数基本上都是用解析法表示的.

### 4）函数定义域的求法

对于纯数学上的函数关系，其定义域是使函数表达式有意义的自变量的取值范围.

对于代表有实际意义的函数，其定义域应该由研究的实际问题决定. 例如：$s = \pi r^2$，在实际问题中该函数表示圆的面积，自变量 $r$ 表示圆的半径，故定义域为 $(0, +\infty)$.

【例 1.3】　求函数 $y = \dfrac{\lg(2-x)}{x-1}$ 的定义域.

【解】　要使函数有意义，必须满足：

$$\begin{cases} 2-x > 0 \\ x-1 \neq 0 \end{cases} \text{成立，即} \quad \begin{cases} x < 2 \\ x \neq 1 \end{cases}$$

所以此函数的定义域为 $(-\infty, 1) \cup (1, 2)$.

【例 1.4】　求函数 $f(x) = y = \sqrt{16 - x^2} + \ln(x-1)$ 的定义域.

【解】　要使函数有意义，必须满足：

$$\begin{cases} 16 - x^2 \geq 0 \\ x - 1 > 0 \end{cases} \text{成立，即} \quad \begin{cases} -4 \leq x \leq 4 \\ 1 < x < +\infty \end{cases}$$

所以此函数的定义域为 $(1, 4]$.

**注　意**

求定义域时需注意到以下 3 点：

（1）对于分式函数，分母不能为 0；

（2）对于开偶次方根的根式函数，被开方式应大于等于 0；

（3）对于对数函数，真数应大于 0（底数大于 0，且不等于 1）.

### 5）函数符号 $f(x)$ 的使用

函数 $y = f(x)$ 中的"$f$"表示函数关系中的对应法则，即对每一个 $x \in D$，按法则 $f$ 有唯一确定的 $y$ 值与之对应.

【例 1.5】　若 $f(x-1) = \dfrac{1}{x+1}$，求 $f(1), f(3)$.

【解】　法 1：$f(x-1) = \dfrac{1}{(x-1)+2}$，所以 $f(x) = \dfrac{1}{x+2}$.

则 $f(1) = \dfrac{1}{1+2} = \dfrac{1}{3}$，$f(3) = \dfrac{1}{3+2} = \dfrac{1}{5}$.

法 2：令 $x-1 = t$，则 $x = t+1$，于是得 $f(t) = \dfrac{1}{t+1+1} = \dfrac{1}{t+2}$，

即 $f(x) = \dfrac{1}{x+2}$.

所以 $f(1) = \dfrac{1}{1+2} = \dfrac{1}{3}$，$f(3) = \dfrac{1}{3+2} = \dfrac{1}{5}$.

【例 1.6】　设 $f(x) = 3x^2 - \mathrm{e}^x$，求 $f(0)$，$f\left(\dfrac{1}{x}\right)$，$f(\sin x)$.

【解】　$f(0) = 3 \cdot 0^2 - \mathrm{e}^0 = -1$

再分别用 $\dfrac{1}{x}$，$\sin x$ 去替换 $f(x)$ 中的 $x$，得

$$f\left(\frac{1}{x}\right) = 3\left(\frac{1}{x}\right)^2 - \mathrm{e}^{\frac{1}{x}} = \frac{3}{x^2} - \mathrm{e}^{\frac{1}{x}}$$

$$f(\sin x) = 3(\sin x)^2 - \mathrm{e}^{\sin x} = 3\,\sin^2 x - \mathrm{e}^{\sin x}$$

事实上，$f\left(\dfrac{1}{x}\right)$ 和 $f(\sin x)$ 已经不是普通意义上的函数值，而是一个比 $f(x)$ 更复杂的函数，是在后续内容中将要介绍的复合函数.

### 6）分段函数

将一个函数的定义域分成若干部分，在各部分内的对应法则用不同的解析式来表示，这种函数称为分段函数.

如图 1.5 所示的就是一个分段函数，其定义域 $D = (-\infty, +\infty)$，该函数也叫作符号函数. 表达式如下：

$$y = \mathrm{sgn}(x) = \begin{cases} -1 & x < 0 \\ 0 & x = 0 \\ 1 & x > 0 \end{cases}$$

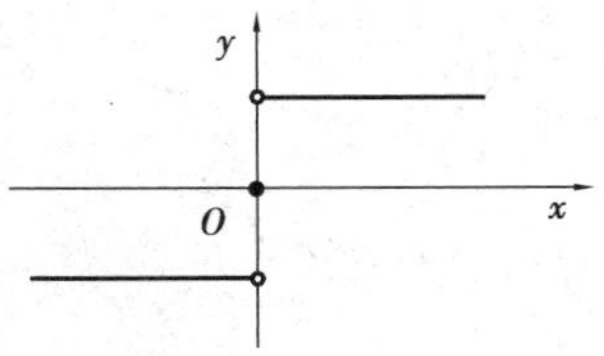

图 1.5

一般而言，分段函数仍然表示一个函数，不要把分段函数的几个表达式看作几个函数；分段函数的函数值用自变量所在的区间相对应的公式计算. 分段函数的定义域是所有分段解析式的定义域的并集.

【例 1.7】　已知分段函数

$$f(x) = \begin{cases} 1-x & -1 \leqslant x < 0 \\ \dfrac{1}{2} & x = 0 \\ x^2 & 0 < x \leqslant 1 \end{cases}$$

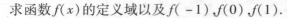

求函数 $f(x)$ 的定义域以及 $f(-1)$，$f(0)$，$f(1)$.

【解】 $f(x)$ 的定义域为 $[-1,0) \cup \{0\} \cup (0,1]$ 即 $[-1,1]$.

$$f(-1) = 1 - (-1) = 2, f(0) = \frac{1}{2}, f(1) = 1^2 = 1.$$

## 1.1.2 函数的性质

### 1）函数的单调性

**定义 1.2** 假设函数 $y = f(x)$ 是定义在区间 $I$ 上的函数，如果对于区间 $I$ 内的任意两个数值 $x_1$，$x_2$，若当 $x_1 < x_2$ 时，都有 $f(x_1) < f(x_2)$，则称函数 $y = f(x)$ 在区间 $I$ 内单调递增；若当 $x_1 < x_2$ 时，都有 $f(x_1) > f(x_2)$，则称函数 $y = f(x)$ 在区间 $I$ 内单调递减. 函数在区间 $I$ 内单调递增或单调递减，该函数称为单调函数，区间 $I$ 称为函数的单调区间.

单调函数的几何意义：区间 $I$ 内的单调增函数，其曲线是沿 $x$ 轴正方向逐渐上升的，如图 1.6 所示；区间 $I$ 内的单调减函数，其曲线是沿 $x$ 轴正方向逐渐下降的，如图 1.7 所示.

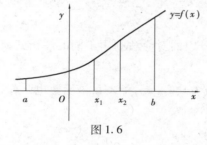
图 1.6

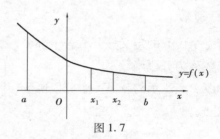
图 1.7

【例 1.8】 讨论函数 $f(x) = x^3 - 1$ 在 $(-\infty, +\infty)$ 内的单调性.

【解】 在 $(-\infty, +\infty)$ 内任意取两点 $x_1$，$x_2$ 且 $x_1 < x_2$，

$$
\begin{aligned}
f(x_2) - f(x_1) &= (x_2^3 - 1) - (x_1^3 - 1) \\
&= x_2^3 - x_1^3 \\
&= (x_2 - x_1)(x_2^2 + x_1 x_2 + x_1^2) \\
&= (x_2 - x_1)\left[\left(x_2 + \frac{1}{2}x_1\right)^2 + \frac{3}{4}x_1^2\right] > 0
\end{aligned}
$$

即 $f(x_2) > f(x_1)$，根据定义 1.2 知 $f(x) = x^3 - 1$ 在 $(-\infty, +\infty)$ 内单调递增，如图 1.8 所示.

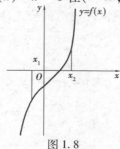
图 1.8

## 2)函数的奇偶性

**定义** 1.3　设函数 $y=f(x)$ 的定义域是关于原点对称的区间 $I$,如果对任意的 $x \in I$,恒有

$$f(-x) = -f(x)$$

则称 $y=f(x)$ 为奇函数;

如果对任意的 $x \in I$,恒有

$$f(-x) = f(x)$$

则称 $y=f(x)$ 为偶函数;

既不是奇函数也不是偶函数的函数,称为非奇非偶函数.

例如,$f(x) = x^2$ 是偶函数,因为 $f(-x) = (-x)^2 = x^2 = f(x)$;而 $f(x) = x^3$ 是奇函数,因为 $f(-x) = (-x)^3 = -x^3 = -f(x)$.

奇偶函数的几何特征:奇函数的图像关于坐标原点对称,如图 1.9 所示;偶函数的图像关于 $y$ 轴对称,如图 1.10 所示.

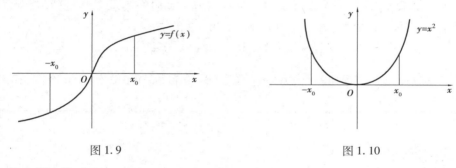

图 1.9　　　　　　　　　　　图 1.10

奇偶函数的性质:

(1)奇函数的代数和仍是奇函数,偶函数的代数和仍是偶函数.

(2)奇数个奇函数的乘积是奇函数,偶数个奇函数的乘积是偶函数.

(3)偶函数的乘积仍是偶函数.

(4)奇函数和偶函数的乘积是奇函数.

【例 1.9】　判断下列函数的奇偶性.

(1) $y = x \sin x$　　　　　　　　　　(2) $y = x^3 + \tan x$

【解】　(1)因 $y=x$ 和 $y=\sin x$ 均为奇函数,由奇偶函数的性质(2)知 $y = x \sin x$ 为偶函数.

(2)因 $y = x^3$ 和 $y = \tan x$ 均为奇函数,由奇偶函数的性质(1)知函数 $y = x^3 + \tan x$ 为奇函数.

## 3)函数的有界性

**定义** 1.4　设函数 $y=f(x)$ 在区间 $I$ 上有定义,如果存在一个正数 $M$,对于所有的 $x \in I$ 恒有

$$|f(x)|\leqslant M$$

则称函数 $f(x)$ 在 $I$ 上有界；否则称 $f(x)$ 在 $I$ 上无界.

**【例 1.10】** 判断下列函数是否有界.

$(1)f(x)=\sin x,x\in(-\infty,+\infty)$          $(2)f(x)=\dfrac{1}{x},x\in(0,1)$

**【解】** （1）因为对于任意 $x\in(-\infty,+\infty)$ 都有 $|\sin x|\leqslant1$，所以 $f(x)=\sin x$ 在 $(-\infty,+\infty)$ 上有界.

（2）对于任意给定的正数 $M(M>1)$，只要 $0<x<\dfrac{1}{M}$ 时，有 $|f(x)|=\dfrac{1}{x}>M$，因此 $f(x)=\dfrac{1}{x}$ 在 $(0,1)$ 内无界.

**注 意**

（1）如果函数 $y=f(x)$ 在 $I$ 上有界，则 $y=f(x)$ 在 $I$ 上的界点是不唯一的. 例如，$f(x)=\sin x$ 在 $(-\infty,+\infty)$ 内有界，只要分别取 $M=1,M=2$ 就有

$$|\sin x|\leqslant1=M,|\sin x|<M=2$$

（2）有界性是依赖于区间的，如 $f(x)=\dfrac{1}{x}$ 在 $(0,1)$ 无界，而在区间 $(1,2)$ 内是有界的.

### 4）函数的周期性

**定义 1.5** 若函数 $y=f(x)$ 的定义域为 $D$，如果存在常数 $T$ 使得对于任意 $x\in D$ 有 $x\pm T\in D$，且 $f(x\pm T)=f(x)$ 恒成立，则称 $f(x)$ 为周期函数，且称 $T$ 为该函数的周期. 但一般情况下，我们所说的周期是指最小正周期.

例如，正弦函数 $\sin x$，余弦函数 $\cos x$ 都是周期为 $2\pi$ 的周期函数.

三角函数是常见的周期函数，现将三角函数的周期小结如下：

$(1)y=\sin x,y=\cos x,T=2\pi$.

$(2)y=\tan x,y=\cot x,y=|\sin x|,y=|\cos x|,T=\pi$.

$(3)y=A\sin(\omega x+\varphi),y=A\cos(\omega x+\varphi),T=\dfrac{2\pi}{|\omega|}$.

$(4)y=\tan(\omega x+\varphi),y=\cot(\omega x+\varphi),T=\dfrac{\pi}{|\omega|}(\omega,\varphi\in\mathbf{R}$，且 $\omega\neq0)$.

周期函数的运算性质：

（1）若函数 $f(x)$ 的周期为 $T$，则函数 $f(ax+b)$ 的周期为 $\dfrac{T}{|a|}(a,b\in\mathbf{R}$，且 $a\neq0)$.

（2）若函数 $f(x)$ 和 $g(x)$ 的周期为 $T$，则 $f(x)\pm g(x)$ 的周期也为 $T$.

（3）若函数 $f(x)$ 和 $g(x)$ 的周期分别为 $T_1$，$T_2$，且 $T_1 \neq T_2$，则 $f(x) \pm g(x)$ 的周期为 $T_1$，$T_2$ 的最小公倍数.

【例1.11】　判断下列函数的周期.

（1）$y = 2 \sin\left(3x + \dfrac{\pi}{4}\right)$　　　　　　　　　（2）$y = \sin x - \cos x$

【解】　（1）由周期函数的运算性质可知：$y = 2 \sin\left(3x + \dfrac{\pi}{4}\right)$ 的周期 $T = \dfrac{2\pi}{3}$.

（2）由周期函数的运算性质可知：$y = \sin x - \cos x$ 的周期 $T = 2\pi$.

### 5）反函数

**定义 1.6**　设函数 $y = f(x)$ 的定义域为 $D$，值域为 $W$. 若对于 $W$ 中的每一个 $y$ 值，在 $D$ 内有唯一的满足 $f(x) = y$ 的 $x$ 值与之对应，则 $x$ 也是 $y$ 的函数，称它为函数 $f(x)$ 的反函数，记作 $x = \varphi(y)$，或 $x = f^{-1}(y)$，$y \in W$.

由定义可知，$x = f^{-1}(y)$ 与 $y = f(x)$ 互为反函数. 习惯上，用 $x$ 表示自变量，$y$ 表示因变量，所以反函数常习惯性地表示成 $y = f^{-1}(x)$ 的形式.

给出一个函数 $y = f(x)$，若要求反函数，只要把 $x$ 用 $y$ 表示出来，再将 $x$ 与 $y$ 的符号互换即可. 切记 $y = f(x)$ 的定义域和值域分别是反函数 $y = f^{-1}(x)$ 的值域和定义域. 其几何意义为 $y = f(x)$ 与反函数 $y = f^{-1}(x)$ 的图像关于 $y = x$ 对称.

【例1.12】　求 $y = \sqrt[3]{x+1}$ 的反函数.

【解】　由 $y = \sqrt[3]{x+1}$ 解得 $x = y^3 - 1$，交换 $x$ 与 $y$，得 $y = x^3 - 1$，即为所求反函数.

# 习题 1.1

1. 设 $f(x) = \begin{cases} 1 & 0 \leqslant x \leqslant 1 \\ -2 & 1 < x \leqslant 2 \end{cases}$，求函数 $f(2x)$ 的定义域.

2. 求下列函数的定义域.

（1）$y = \lg \sin x$　　　　　　　　　　　（2）$y = \sqrt{x^2 - 4x + 3}$

（3）$y = \dfrac{1}{\sqrt{x+2}} + \sqrt{x(x-1)}$　　　　　（4）$y = \dfrac{x}{\sqrt{x^2 - 1}}$

3. 求下列函数的值.

（1）设 $f(x) = \begin{cases} |\sin x| & |x| < \dfrac{\pi}{3} \\ 0 & |x| \geqslant \dfrac{\pi}{3} \end{cases}$，求 $f\left(\dfrac{\pi}{6}\right)$，$f\left(-\dfrac{\pi}{4}\right)$，$f(-2)$.

（2）设 $f(x) = \begin{cases} x^2 + 1 & x < 0 \\ x + 1 & x \geqslant 0 \end{cases}$，求 $f(-3)$，$f(0)$，$f(6)$.

**4. 判断下列函数的奇偶性.**

（1）$f(x) = \lg \dfrac{1 + x}{1 - x}$ 　　　　　　（2）$f(x) = \dfrac{2^x + 2^{-x}}{2}$

**5. 求下列函数的周期.**

（1）$y = 2 \sin\left(3x + \dfrac{\pi}{4}\right)$ 　　　　（2）$y = \sin x - \cos x$

## 1.2　基本初等函数与初等函数

### 1.2.1　基本初等函数

　　我们将常量函数、幂函数、指数函数、对数函数、三角函数和反三角函数统称为基本初等函数. 为满足后续课程学习的需要,把上述 6 类函数系统地整理在一起.

**1）常量函数**

$$y = C \qquad （C \text{ 为常数}）$$

其定义域是 $(-\infty, +\infty)$,在几何上函数 $y = C$ 表示一条平行于 $x$ 轴的直线,如图1.11所示.

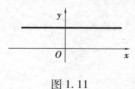

图 1.11

**2）幂函数**

$$y = x^\alpha \qquad (\alpha \in \mathbf{R})$$

　　其定义域随 $\alpha$ 的不同而不同,但其图形均过点 $(1,1)$. 例如 $y = x^2$ 的定义域是 $(-\infty, +\infty)$;$y = x^{\frac{1}{2}}$ 的定义域是 $[0, +\infty)$;$y = x^{-1}$ 的定义域是 $(-\infty, 0) \cup (0, +\infty)$. 幂函数的图形也随 $\alpha$ 的不同而不同,如图1.12所示.

　　在 $(0, +\infty)$ 上,对 $\alpha$ 的不同情况,$y = x^\alpha$ 的图形大致如图 1.12(d)所示.

**3）指数函数**

$$y = a^x \qquad (a > 0, a \neq 1)$$

　　其定义域是 $(-\infty, +\infty)$,值域 $(0, +\infty)$,图形均通过点 $(0,1)$,如图 1.13 所示. 其中函数 $y = \mathrm{e}^x (\mathrm{e} = 2.718\,28\cdots)$ 是一个非常重要的指数函数.

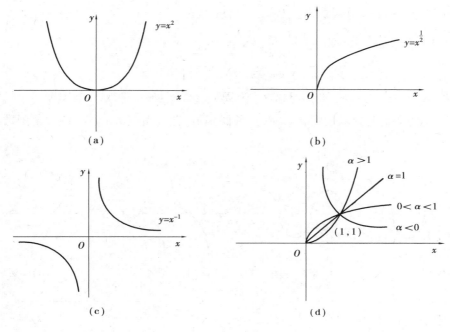

图 1.12

### 4）对数函数

$$y = \log_a x \qquad (a > 0, a \neq 1)$$

其定义域为 $(0, +\infty)$，值域为 $(-\infty, +\infty)$，其图形均通过点 $(1,0)$，如图 1.14 所示.

其中，以 e 为底的对数函数 $y = \log_e x$ 称为自然对数，简记为 $y = \ln x$；而以 10 为底的对数函数称为常用对数，简记为 $y = \lg x$.

对数函数 $y = \log_a x$ 是指数函数 $y = a^x$ 的反函数.

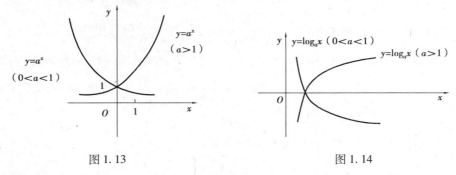

图 1.13　　　　　　　　　　　　图 1.14

### 5）三角函数

正弦函数：$y = \sin x, x \in (-\infty, +\infty), y \in [-1, 1]$.

余弦函数：$y = \cos x, x \in (-\infty, +\infty), y \in [-1, 1]$.

正切函数：$y = \tan x, \{x \mid x \neq k\pi + \dfrac{\pi}{2}, k \in \mathbf{Z}\}$，值域为 $\mathbf{R}$.

余切函数：$y = \cot x, \{x \mid x \neq k\pi, k \in \mathbf{Z}\}$，值域为 **R**.

正割函数：$y = \sec x, \{x \mid x \neq k\pi + \dfrac{\pi}{2}, k \in \mathbf{Z}\}$.

余割函数：$y = \csc x, \{x \mid x \neq k\pi, k \in \mathbf{Z}\}$.

函数 $\sin x, \cos x, \sec x, \csc x$ 是以 $2\pi$ 为周期，$\tan x, \cot x$ 是以 $\pi$ 为周期；$\sin x, \cos x$ 是有界函数，其他都是无界函数；$\cos x, \sec x$ 是偶函数，其他都是奇函数. 各三角函数的图像如图 1.15 所示.

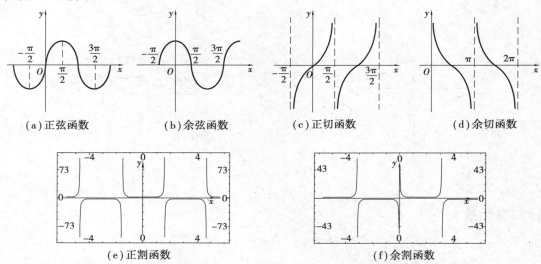

（a）正弦函数　（b）余弦函数　（c）正切函数　（d）余切函数

（e）正割函数　　　　　　　（f）余割函数

图 1.15　三角函数图像

## 6）反三角函数

反正弦函数：$y = \arcsin x, x \in [-1,1], y \in \left[-\dfrac{\pi}{2}, \dfrac{\pi}{2}\right]$，奇函数且单调递增，有界.

反余弦函数：$y = \arccos x, x \in [-1,1], y \in [0,\pi]$，非奇非偶且单调递减，有界.

反正切函数：$y = \arctan x, x \in (-\infty, +\infty), y \in \left(-\dfrac{\pi}{2}, \dfrac{\pi}{2}\right)$，奇函数且单调递增，有界.

反余切函数：$y = \operatorname{arccot} x, x \in (-\infty, +\infty), y \in (0,\pi)$，非奇非偶且单调递减，有界.

以上反三角函数的图像如图 1.16 所示.

【例 1.13】　求函数 $y = \arcsin \dfrac{2x-1}{7}$ 的定义域.

【解】　要使函数有意义，必须满足 $\left| \dfrac{2x-1}{7} \right| \leqslant 1$，解得 $|2x-1| \leqslant 7$，即 $-3 \leqslant x \leqslant 4$，所以函数定义域为 $[-3,4]$.

【例 1.14】　求下列函数的值.

（1）$f(x) = \arctan x$，求 $f(0), f\left(\dfrac{\sqrt{3}}{3}\right), f(1), f(-\sqrt{3})$

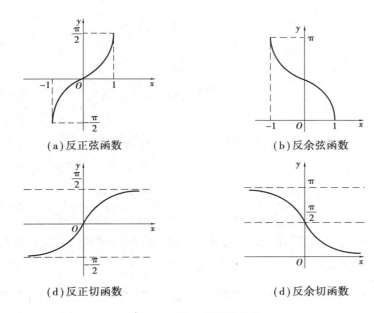

（a）反正弦函数　　　　　　　　（b）反余弦函数

（d）反正切函数　　　　　　　　（d）反余切函数

图 1.16　反三角函数图像

$(2)f(x)=\arcsin x$，求 $f(0)$，$f\left(\dfrac{\sqrt{3}}{2}\right)$，$f\left(\dfrac{\sqrt{2}}{2}\right)$，$f\left(-\dfrac{1}{2}\right)$

【解】　$(1)f(0)=0$，$f\left(\dfrac{\sqrt{3}}{3}\right)=\dfrac{\pi}{6}$，$f(1)=\dfrac{\pi}{4}$，$f(-\sqrt{3})=-\dfrac{\pi}{3}$

$(2)f(0)=0$，$f\left(\dfrac{\sqrt{3}}{2}\right)=\dfrac{\pi}{3}$，$f\left(\dfrac{\sqrt{2}}{2}\right)=\dfrac{\pi}{4}$，$f\left(-\dfrac{1}{2}\right)=-\dfrac{\pi}{6}$

## 1.2.2　复合函数

在前面函数的定义中，我们知道两个变量 $x,y$ 之间的函数关系用 $y=f(x)$ 表示. 符号"$f$"既表示两变量间的对应法则，更广泛的意义是建立了两个集合之间的映射关系. 函数 $y=f(x)$ 中的自变量 $x$ 可以用一个函数 $g(x)$ 去替代而得到一个较 $f(x)$ 更复杂的函数 $f[g(x)]$. 例如，$f(x)=\mathrm{e}^x$，$g(x)=\sqrt{x}$，$f[g(x)]=\mathrm{e}^{\sqrt{x}}$. 如果用变量 $u$ 表示 $\mathrm{e}^x$ 中的 $x$ 得：$y=\mathrm{e}^u$，令 $u=\sqrt{x}$ 即为两个基本初等函数. 上述过程就是将函数 $u=\sqrt{x}$ 代入 $y=\mathrm{e}^u$ 得 $y=\mathrm{e}^{\sqrt{x}}$. 函数之间的这种代入或迭代的关系称为复合关系，所得到的函数称为复合函数. 例如，$y=\ln\sin x$，就是由两个函数 $y=\ln u$ 和 $u=\sin x$ 复合而成的复合函数.

**定义** 1.7　设函数 $y=f(u)$ 的定义域为 $D_f$，且函数 $u=\varphi(x)$ 的值域为 $M_\varphi$，若 $D_f\cap M_\varphi\neq\varnothing$，那么对于 $D_f\cap M_\varphi$ 内任意一个 $x$ 经过 $u$，有唯一确定的 $y$ 值与之对应，则称

$$y=f[\varphi(x)]$$

为由函数 $y=f(u)$ 与函数 $u=\varphi(x)$ 构成的复合函数，变量 $u$ 称为中间变量.

函数的复合关系包含复合与分解两个方面.

一方面，复合函数可以由两个或以上的函数复合构成.

例如，由 $y = \sin u, u = (x^3 + 1)$ 复合而成的复合函数为 $y = \sin(x^3 + 1)$；$y = 2^u, u = \sqrt{v}, v = 3x$ 构成复合函数 $y = 2^{\sqrt{3x}}$，其中 $u, v$ 均为中间变量.

另一方面，就是将复合函数分解成简单函数（简单函数是指基本初等函数间的四则运算）.

【例1.15】 下列复合函数是由哪些简单函数复合而成的？

(1) $y = \sin(x^3 + 4)$ 　　　　　　　　　　(2) $y = \ln(1 + \sqrt{1 + x^2})$

【解】 (1) $y = \sin(x^3 + 4)$ 是由 $y = \sin u, u = x^3 + 4$ 复合而成.

(2) $y = \ln(1 + \sqrt{1 + x^2})$ 是由 $y = \ln u, u = 1 + \sqrt{v}, v = 1 + x^2$ 复合而成.

一般而言，将复合函数分解成若干个简单函数，就是由外到里，逐层分解，且每个层次都只能是一个简单函数.

**注　意**

并不是任意两个函数都能复合成复合函数. 例如 $y = \sqrt{u}, u = -x^2 - 2$ 就不能复合，因为 $y = \sqrt{u}$ 的定义域为 $D_f = [0, +\infty)$，而 $u = -x^2 - 2$ 的值域为 $M_\varphi = (-\infty, 2]$，显然 $D_f \cap M_\varphi = \varnothing$，故不能复合成一个函数.

**初等函数**　基本初等函数经过有限次的四则运算和有限次的复合运算，并且能用一个解析式表示的函数，称为初等函数.

初等函数是微积分学研究的主要对象，我们学习的函数中绝大多数都是初等函数. 例如 $y = \sin \ln \sqrt{x^2 - 1}$，$y = \sqrt[5]{\ln \cos^3 x}$，$y = e^{\text{arccot} \frac{x}{3}}$ 等都是初等函数；而分段函数一般不是初等函数，但也有极少数分段函数是初等函数.

例如：分段函数 $y = \begin{cases} x & x \geq 0 \\ -x & x < 0 \end{cases}$ 可以由一个解析式 $y = \sqrt{x^2}$ 表示，所以它是初等函数；$y = 1 + x + x^2 + x^3 + \cdots$ 不满足有限次四则运算，因此不是初等函数.

# 习题 1.2

1. 求下列函数的定义域.

(1) $y = \dfrac{1}{x^2 - 7x + 6}$ 　　　　　　　　　　(2) $y = \sqrt{\ln(x - 1)}$

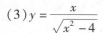

$(3) y = \dfrac{x}{\sqrt{x^2 - 4}}$ 　　　　　　　$(4) y = \ln \ln x$

2. 设 $f(x)$ 的定义域为 $(0, 2)$，求 $f(x + 2)$ 的定义域.

3. 设 $f(x) = \begin{cases} \sqrt{x - 1} & x \geqslant 1 \\ x^2 & x < 1 \end{cases}$，作 $f(x)$ 的图像，并求 $f(5)$、$f(-2)$ 的值.

4. 将下列函数复合成复合函数.

$(1) y = \lg u, u = \sin x$ 　　　　　　　$(2) y = e^u, u = \tan x$

$(3) y = \sqrt{u}, u = 1 + v^2, v = \ln x$ 　　　$(4) y = \lg u, u = \sqrt{v}, v = 1 + \tan x$

5. 指出下列复合函数的复合过程.

$(1) y = \sqrt{x + 1}$ 　　　　　　　　　$(2) y = (\cos x)^3$

$(3) y = \tan e^x$ 　　　　　　　　　　$(4) y = \sqrt{\ln \sqrt{x}}$

$(5) y = \dfrac{1}{(x^2 + 2x - 3)^2}$ 　　　　　$(6) y = [\arcsin(1 - x^2)]^3$

# 本章小结

1. 基本内容

(1) 函数的两要素：在函数的概念中，函数的定义域和对应法则"$f$"是确定函数的两个基本因素，习惯上简称为函数的两要素.

(2) 函数相等：函数相等的充分必要条件是定义域相等、对应法则相同.

(3) 函数的表示法主要有三种：表格法、图像法、解析法.

(4) 分段函数：是很常见的函数，它是在自变量 $x$ 不同的范围内，用不同的函数式来表示；或者说是用多个解析式表示一个函数的一类特殊函数，是非初等函数的代表.

(5) 函数的主要性质：单调性、奇偶性、有界性和周期性.

(6) 基本初等函数：常量函数、幂函数、指数函数、对数函数、三角函数和反三角函数统称基本初等函数.

(7) 初等函数：由基本初等函数经有限次的四则运算和有限次复合构成的用一个解析式表示的函数称为初等函数.

2. 基本题型及解题方法

(1) 求函数的定义域. 利用求解不等式的方法，求出使得函数有意义的自变量的取值范围就是定义域.

(2) 函数符号 $f(x)$ 的应用. 求函数值 $f(x_0)$ 和复合函数 $f[\varphi(x)]$.

（3）求分段函数的定义域和函数值. 分段函数的定义域就是自变量 $x$ 不同取值范围的并集；求函数值时，首先明确自变量 $x$ 的取值范围再代入相应的函数表达式计算.

（4）判定函数的单调性、奇偶性、求函数的周期.

（5）复合函数的复合与分解. 将基本初等函数或简单函数经复合运算消去中间变量求得复合函数；将一个复合函数按它复合的过程分解成基本初等函数或简单函数，即为复合函数的分解.

（6）求反函数. 先由 $y = f(x)$ 求出 $x = f^{-1}(y)$，再交换 $x, y$ 的顺序确定反函数 $y = f^{-1}(x)$.

# 综合练习题 1

1. 填空题.

（1）函数 $y = 3x^4 + 2x^3 - 5x + 1$ 的定义域为_____.

（2）分段函数 $f(x) = \begin{cases} x + 2 & 0 < x < 1 \\ 1 - 2x & 1 < x < 2 \end{cases}$ 的定义域为_____.

（3）$f(x)$ 的定义域是 $(0, 1)$，求 $f(x^2)$ 的定义域_____.

（4）设 $f(x - 1) = \dfrac{x^2 - 2}{x + 3}$ 则 $f(3) =$ _____.

（5）把幂函数 $y = x^{-\frac{3}{4}}$ 表示成含 $x$ 的根式和分式的式子为_____.

（6）已知 $f(x) = \dfrac{4}{9x + 3}$，求 $f(x + 2) =$ _____.

（7）复合函数 $y = \sqrt[3]{\log_5 x^2}$ 的复合过程是_____.

2. 选择题.

（1）函数 $y = \sqrt{x} + \sqrt{-x}$ 的定义域为（    ）.

  A. $(-\infty, 0]$          B. $[0, +\infty)$          C. $(-\infty, 0)$          D. $\{0\}$

（2）已知 $f(x + 1) = \dfrac{x + 2}{x - 3}$，则 $f(6) =$（    ）.

  A. $-\dfrac{1}{2}$          B. $\dfrac{7}{2}$          C. $\dfrac{1}{2}$          D. 1

（3）函数 $y = \dfrac{1}{x}$ 的幂函数形式为（    ）.

  A. $y = x^{\frac{1}{3}}$          B. $y = x^{-3}$          C. $y = x^3$          D. $y = x^{-\frac{1}{3}}$

（4）函数 $y = 5^x$ 是（    ）.

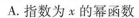

A. 指数为 $x$ 的幂函数　　　　　　　B. 底数为 5 的指数函数

C. 对数函数　　　　　　　　　　　　D. 三角函数

(5)下面函数中,反正弦函数是(　　　).

A. $y = \sin x$　　　　B. $y = (\arcsin 2x)^{\frac{1}{2}}$　　C. $y = \arcsin x$　　　　D. $y = \sin^{-1} x$

(6)下列式子中是复合函数的为(　　　).

A. $y = (\frac{1}{2})^x$　　　　B. $y = \sqrt{x}$　　　　C. $y = \sqrt{1 - (2 + x^2)}$　　D. $y = x + 1$

(7)下列函数为初等函数的是(　　　).

A. $y = \dfrac{\sqrt{1 - x^2}}{\arccos x}$

B. $f(x) = \begin{cases} \dfrac{x^2 - 1}{x - 1} & x \neq 1 \\ 0 & x = 1 \end{cases}$

C. $f(n) = 1 + 2 + 4 + \cdots + 2^{n-1} + \cdots$

D. $y = \begin{cases} \sin x & x \geq 0 \\ e^x + 1 & x < 0 \end{cases}$

(8)复合函数 $y = \tan^2 x^3$ 的复合过程是(　　　).

A. $y = \tan u$, $u = v^2$, $v = x^3$

B. $y = u^2$, $u = \tan v$, $v = x^3$

C. $y = u^2$, $u = \tan x^3$

D. $y = u^2$, $u = \tan v$, $v = w^3$, $w = x$

3. 解答题.

(1)求下列函数的定义域.

①$y = \dfrac{\sqrt[3]{x + 3}}{x^2 - 7x - 8}$　　　　　　②$y = e^{\sqrt{2x - 1}}$

③$y = \ln(1 - x^2) - \dfrac{x^3 - x - 1}{5x}$　　　　④$y = 3^{\sqrt{-x}} + \ln(x + 2)$

(2)已知 $f(e^x) = 1 + x + \sin x$,求 $f(x)$.

(3)求下列函数的函数值.

①设 $f(x) = \arcsin x$,求 $f(0)$,$f\left(\dfrac{\sqrt{3}}{2}\right)$.

②设 $f(x) = \dfrac{1}{2}\arccos \dfrac{x}{2}$,求 $f(0)$,$f(-\sqrt{3})$.

(4)下列函数是由哪些基本初等函数复合而成?

①$y = (1 + x)^{10}$　　　　　　　　②$y = (\arcsin x^2)^3$

③$y = e^{\cos^2 x}$　　　　　　　　　④$y = \lg(1 + \sqrt{1 + x^2})$

# 极限与连续

极限描述的是变量的一种变化状态,或者说是一种变化趋势.它反映的是从无限到有限,从量变到质变的一种辩证关系.极限理论是高等数学的基础和研究工具;是在不断变化的过程中研究变量间的相互关系,并探求其变化的规律性.

本章将主要讨论函数极限的概念、性质及运算法则;函数的连续性及其性质.

## 2.1 极 限

极限是微积分学中一个重要的基本概念,它反映在某种变化过程中变量的变化趋势.我们首先讨论数列(整标函数)$y_n = f(n)$,$n \in \mathbf{Z}^+$的极限,然后讨论函数$y = f(x)$(当$x \to \infty$和$x \to x_0$时)的极限.

### 2.1.1 数列 $y_n = f(n)$ 的极限

为了帮助大家充分理解极限的含义,我们先考察几个数列,当$n$无限增大时,$y_n = f(n)$的变化趋势.

(1)$y = f(n) = \dfrac{1}{n}$,即$1, \dfrac{1}{2}, \dfrac{1}{3}, \dfrac{1}{4}, \dfrac{1}{5}, \cdots$

如图2.1所示,当$n$无限增大时,有$y_n = \dfrac{1}{n}$充分接近于0.

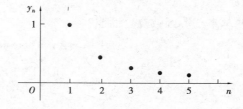

图2.1

(2)$y_n = f(n) = 1 + (-1)^n \dfrac{1}{2^n}$,即$\dfrac{1}{2}, \dfrac{5}{4}, \dfrac{7}{8}, \dfrac{17}{16}, \cdots$

如图 2.2 所示,当 $n$ 无限增大时,有 $y_n = 1 + (-1)^n \dfrac{1}{2^n}$ 充分接近于 1.

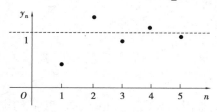

图 2.2

$(3) y_n = f(n) = (-1)^{n+1}$,即 $1, -1, 1, -1, \cdots$

如图 2.3 所示,当 $n$ 无限增大时,$y_n = (-1)^{n+1}$ 的值在 $y = -1$ 和 $y = 1$ 来回跳动,不能保持与某个常数充分接近.

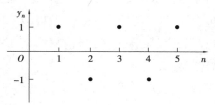

图 2.3

从上面三个例子可以看出,当 $n$ 无限增大时,数列的变化趋势是不一样的,但宏观上可以分为两类:一类是数列 $y_n$ 无限地接近某一个常数;另一类是数列 $y_n$ 不能保持与某个常数无限地接近.针对这一现象,数学上应该怎样来描述它呢?

**定义 2.1** 对于数列 $\{y_n\}$,如果当 $n$ 无限增大时,数列 $y_n$ 无限地趋近于某一个确定的常数 $A$,则称当 $n$ 趋于无穷大时,数列 $\{y_n\}$ 以 $A$ 为极限.记为

$$\lim_{n \to \infty} y_n = A \quad \text{或} \quad \text{当} \, n \to \infty \, \text{时}, y_n \to A$$

此时也称数列 $\{y_n\}$ 收敛于 $A$,否则称数列 $\{y_n\}$ 是发散的.

由定义 2.1,上述例题可写为 $\lim\limits_{n \to \infty} \dfrac{1}{n} = 0$,$\lim\limits_{n \to \infty} \left[ 1 + (-1)^n \dfrac{1}{2^n} \right] = 1$,$\lim\limits_{n \to \infty} (-1)^{n+1}$ 不存在.

即当 $n$ 无限增大时,数列 $\left\{ \dfrac{1}{n} \right\}$ 收敛于 0,数列 $\left\{ 1 + (-1)^n \dfrac{1}{2^n} \right\}$ 收敛于 1,数列 $\{ (-1)^{n+1} \}$ 是发散的.

【例 2.1】 观察数列的变化趋势,写出它们的极限.

$(1) y_n = 2 - \dfrac{1}{n^2}$ $\qquad\qquad (2) y_n = (-1)^n \dfrac{1}{3^n}$ $\qquad\qquad (3) y_n = 2^n$

【解】 (1)当 $n$ 取 $1, 2, 3, 4, 5, \cdots$ 自然数无限增大时,$\dfrac{1}{n^2}$ 无限趋近于 0,$y_n$ 的值无限接近 2,由数列极限定义有 $\lim\limits_{n \to \infty} \left( 2 - \dfrac{1}{n^2} \right) = 2$.

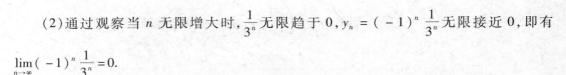

（2）通过观察当 $n$ 无限增大时，$\dfrac{1}{3^n}$ 无限趋于 0，$y_n = (-1)^n \dfrac{1}{3^n}$ 无限接近 0，即有

$$\lim_{n \to \infty} (-1)^n \frac{1}{3^n} = 0.$$

（3）当 $n$ 无限增大时，$y_n = 2^n$ 各项的值也无限增大，所以 $y_n = 2^n$ 没有极限，即 $\lim\limits_{n \to \infty} 2^n$ 不存在.

若数列 $y_n$，当 $n \to \infty$ 时的极限是 $\infty$，为了书写方便，我们约定可以写成等号，即 $\lim\limits_{n \to \infty} y_n = \infty$，比如 $\lim\limits_{n \to \infty} 2^n = \infty$；当 $n \to \infty$ 时，数列 $(-1)^{n+1}$ 也没有极限，即 $\lim\limits_{n \to \infty} (-1)^{n+1}$ 不存在，此时的不存在不是趋于 $\infty$，而是振荡于 $-1$ 和 1 之间，没有趋于某一个确定的常数. 这两个数列的极限都不存在，但就变化的趋势是完全不一样的.

充分理解定义 2.1，若数列 $y_n$ 的极限是 $A$，那么 $A$ 必须是唯一确定的常数；若数列 $y_n$ 发散或说极限不存在，那么就包含 $y_n$ 趋于无穷大，或 $y_n$ 的极限不确定.

定义 2.1 用普通语言对数列的极限作出了定性描述，而不是严格的定量描述. 下面给出数列极限的严格的定量描述的定义.

**定义 2.2**（数列极限的 "$\varepsilon\text{-}N$" 定义）  设有数列 $\{y_n\}$，若对于任意给定的正数 $\varepsilon$（不论多么小），总存在一个正整数 $N$，当 $n > N$ 时，数列 $y_n$ 与唯一确定的常数 $A$ 之间有

$$|y_n - A| < \varepsilon$$

恒成立，则称当 $n$ 无限增大时数列 $\{y_n\}$ 以 $A$ 为极限，记为

$$\lim_{n \to \infty} y_n = A \quad \text{或} \quad \text{当} \ n \to \infty \ \text{时}, y_n \to A$$

注　意

定义中的 $\varepsilon$ 描述 $y_n$ 与 $A$ 的接近程度，$N$ 刻画总有那么一个时刻（即刻画 $n$ 充分大的程度）. $\varepsilon$ 是任意给定的，而 $N$ 是由 $\varepsilon$ 确定的正整数，$\varepsilon$ 越小，$N$ 越大，这就说明越在后面的项，其值越接近于常数 $A$.

【例 2.2】　用极限的 $\varepsilon\text{-}N$ 定义证明：$\lim\limits_{n \to \infty} \dfrac{2n+1}{n} = 2$.

【证明】　对于任意给定的 $\varepsilon > 0$，要使 $|y_n - 2| < \varepsilon$ 成立，只需

$$|y_n - 2| = \left| \frac{2n+1}{n} - 2 \right| = \frac{1}{n} < \varepsilon$$

即 $n > \dfrac{1}{\varepsilon}$.

因此，对于任意给定的 $\varepsilon > 0$，总存在 $N = \left[ \dfrac{1}{\varepsilon} \right]$. 当 $n > N$ 时，$|y_n - 2| < \varepsilon$ 恒成立. 所以

数列 $\{y_n\} = \left\{ \dfrac{2n+1}{n} \right\}$ 以 2 为极限,即 $\lim\limits_{n\to\infty} \dfrac{2n+1}{n} = 2$.

## 2.1.2 函数 $y = f(x)$ 的极限

前面讨论了数列的极限,而数列是一种特殊的函数.那么,对于一般的函数 $y = f(x)$,由于自变量 $x$ 取实数变化的复杂性,分为当 $x\to\infty$ 和当 $x\to x_0$ 两种情形来讨论其极限.

**1)当 $x\to\infty$ 时,函数 $y = f(x)$ 的极限**

在给出极限的定义之前,先考察下述两个函数的变化情况.

**引例 2.1** $\quad y = \left( \dfrac{1}{2} \right)^x$

如图 2.4 所示,当 $x\to +\infty$ 时,曲线从 $x$ 轴的上方与 $x$ 轴无限接近,即 $y\to 0$;当 $x\to -\infty$ 时,曲线无限向上,即 $y\to +\infty$. 分析发现,当 $x\to +\infty$ 和 $x\to -\infty$ 时,曲线的变化趋势不一致,或者说当 $|x|$ 无限增大时,函数 $y = \left( \dfrac{1}{2} \right)^x$ 的函数值不趋近于一个确定的常数.

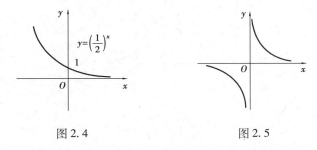

图 2.4　　　　　　　　　　图 2.5

**引例 2.2** $\quad y = \dfrac{1}{x}$

如图 2.5 所示,当 $x\to +\infty$ 时,函数 $y = \dfrac{1}{x}$ 的值无限趋近于 0;当 $x\to -\infty$ 时,函数 $y = \dfrac{1}{x}$ 的值也无限趋近于 0. 所以当 $|x|$ 无限增大($x\to\infty$)时,函数 $y = \dfrac{1}{x}$ 无限趋近于 0.

综合两例的分析,给出如下定义.

**定义 2.3**　设函数 $y = f(x)$ 在 $|x|$ 大于某一正数时有定义,如果当 $|x|$ 无限增大时,函数 $f(x)$ 无限趋近于一个确定的常数 $A$,则称函数 $f(x)$ 当 $x$ 趋近于无穷大时以 $A$ 为极限. 记为

$$\lim_{x\to\infty} f(x) = A \quad \text{或} \quad \text{当} x\to\infty \text{时}, f(x)\to A$$

类似地,定义 $\lim\limits_{x\to +\infty} f(x)$(或 $\lim\limits_{x\to -\infty} f(x) = A$)的极限.

对于函数 $y = \left( \dfrac{1}{2} \right)^x$,当 $x\to +\infty$ 时,$y = \left( \dfrac{1}{2} \right)^x \to 0$;当 $x\to -\infty$ 时,$y = \left( \dfrac{1}{2} \right)^x \to +\infty$,所以

$\lim\limits_{x\to\infty}\left(\dfrac{1}{2}\right)^x$ 不存在.

对于函数 $y=\dfrac{1}{x}$，有 $\lim\limits_{x\to\infty}\dfrac{1}{x}=0$.

定义 2.3 中 $|x|$ 无限增大也就是 $x\to\infty$，既包含 $x\to+\infty$，也包含 $x\to-\infty$ 时，函数 $f(x)$ 都无限接近于一个确定的常数 $A$，称 $A$ 为函数 $f(x)$ 当 $x\to\infty$ 时的极限，即有如下的重要关系：

$$\lim_{x\to\infty}f(x)=A\Leftrightarrow\lim_{x\to+\infty}f(x)=\lim_{x\to-\infty}f(x)=A$$

【例 2.3】 讨论极限 $\lim\limits_{x\to\infty}\dfrac{1}{\sqrt{2\pi}}\mathrm{e}^{-\frac{x^2}{2}}$.

【解】 如图 2.6 所示，当 $x\to\infty$ 时，函数 $f(x)=\dfrac{1}{\sqrt{2\pi}}\mathrm{e}^{-\frac{x^2}{2}}$ 的值无限接近于 0，即

$\lim\limits_{x\to\infty}\dfrac{1}{\sqrt{2\pi}}\mathrm{e}^{-\frac{x^2}{2}}=0$.

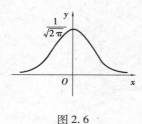

图 2.6

**注 意**

$f(x)=\dfrac{1}{\sqrt{2\pi}}\mathrm{e}^{-\frac{x^2}{2}}$ 描述的是正态分布现象，即"中间大，两边小"的现象.

【例 2.4】 讨论当 $x\to\infty$ 时，函数 $f(x)=\arctan x$ 的极限.

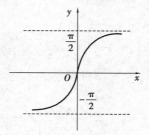

图 2.7

【解】 如图 2.7 所示，因为 $\lim\limits_{x\to+\infty}\arctan x=\dfrac{\pi}{2}$，$\lim\limits_{x\to-\infty}\arctan x=-\dfrac{\pi}{2}$．$\lim\limits_{x\to+\infty}\arctan x=\dfrac{\pi}{2}$ 和

$\lim\limits_{x\to-\infty}\arctan x=-\dfrac{\pi}{2}$虽然都存在，但它们不相等，所以$\lim\limits_{x\to\infty}\arctan x$不存在.

定义2.3用普通语言对数列的极限作出了定性描述，而不是严格的定量描述，下面给出数列极限的严格的定量描述的定义.

\*定义2.4（"$\varepsilon\text{-}X$"定义）　设函数$y=f(x)$在$|x|>b(b>0)$时有定义，若对于任意给定的正数$\varepsilon$（不论多么小），总存在一个正数$X(X>b)$，当$|x|>X$时，$y=f(x)$与唯一确定的常数$A$有

$$|f(x)-A|<\varepsilon$$

恒成立，则称当$x$趋于无穷大时，函数$y=f(x)$以$A$为极限，记为

$$\lim_{x\to\infty}f(x)=A\quad\text{或}\quad\text{当}\ x\to\infty\ \text{时}, f(x)\to A$$

【例2.5】　用$\varepsilon\text{-}X$定义证明：$\lim\limits_{x\to\infty}\dfrac{1}{x}=0$.

【证明】　对任意给定的$\varepsilon>0$，要使$\left|\dfrac{1}{x}-0\right|<\varepsilon$，只要

$$|x|>\dfrac{1}{\varepsilon}$$

因此，对于任意给定的$\varepsilon>0$，总存在$X=\dfrac{1}{\varepsilon}$，当$|x|>X$时，有

$$\left|\dfrac{1}{x}-0\right|<\varepsilon$$

恒成立. 所以$\lim\limits_{x\to\infty}\dfrac{1}{x}=0$.

## 2）当$x\to x_0$时，函数$y=f(x)$的极限

考察函数$f(x)=\dfrac{x^2-1}{x-1}$，当$x\to1$时的变化趋势. 如图2.8所示，当$x$无限趋近于1时，函数$f(x)=\dfrac{x^2-1}{x-1}$的值将无限趋近于2.

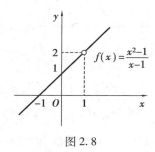

图2.8

对于函数$f(x)=\dfrac{x^2-1}{x-1}$，在$x\neq1$时，与函数$g(x)=x+1$相等.

所以，讨论函数$y=f(x)$在当$x\to1$时的极限，仅表示在$x=1$邻近的变化趋势，与函数

$f(x)$ 在 $x=1$ 有无定义无关.

**定义 2.5**  设函数 $y=f(x)$ 在点 $x_0$ 的邻域内（$x \neq x_0$）有定义，如果当 $x$ 无限趋近于 $x_0$ 时，对应的函数值 $y=f(x)$ 无限趋近于一个确定的常数 $A$，则称 $A$ 为函数 $f(x)$ 当 $x \to x_0$ 时的极限. 记为：

$$\lim_{x \to x_0} f(x) = A \quad \text{或} \quad \text{当} \ x \to x_0 \ \text{时}, f(x) \to A$$

由定义 2.5 可知：$\lim\limits_{x \to 1} \dfrac{x^2-1}{x-1} = 2$.

\* **定义 2.6（"$\varepsilon$-$\delta$"定义）**  设有函数 $f(x)$，若对于任意给定的正数 $\varepsilon$（无论多么小），总存在一个正数 $\delta$，当 $0 < |x-x_0| < \delta$ 时，有

$$|f(x) - A| < \varepsilon$$

恒成立，则称 $A$ 为函数 $f(x)$ 当 $x \to x_0$ 的极限. 记为

$$\lim_{x \to x_0} f(x) = A \quad \text{或} \quad \text{当} \ x \to x_0 \ \text{时}, f(x) \to f(x_0)$$

**【例 2.6】**  用极限的 $\varepsilon$-$\delta$ 定义证明：$\lim\limits_{x \to 3}(3x-1) = 8$.

**【证明】**  设 $f(x) = 3x-1$，对于任意给定的 $\varepsilon > 0$，要使 $|f(x)-8| = |(3x-1)-8| < \varepsilon$，只要

$$|x-3| < \frac{\varepsilon}{3}$$

因此对于任意给定的 $\varepsilon > 0$. 取正数 $\delta = \dfrac{\varepsilon}{3}$，当 $0 < |x-3| < \delta$ 时，

$$|f(x) - 8| < \varepsilon$$

恒成立. 所以 $\lim\limits_{x \to 3}(3x-1) = 8$.

**注　意**

$x \to x_0$ 指的是 $x$ 可以无限地接近于 $x_0$，函数 $y=f(x)$ 在 $x_0$ 的极限 $\lim\limits_{x \to x_0} f(x) = A$ 描述了函数在 $x_0$ 附近的性态，并不包含 $x_0$ 点的性态，即使函数 $y=f(x)$ 在 $x_0$ 处没有定义，也不影响函数极限的讨论.

**【例 2.7】**  讨论函数 $f(x) = x^2$ 在 $x \to 2$ 时的极限.

**【解】**  如图 2.9 所示，当 $x \to 2$ 时，函数 $f(x) = x^2$ 无限趋近于 4，所以 $\lim\limits_{x \to 2} x^2 = 4$.

**【例 2.8】**  设 $f(x) = C$（常数），求 $\lim\limits_{x \to x_0} f(x)$.

**【解】**  因为对任何 $x \in \mathbf{R}$，均有 $f(x) = C$，所以当 $x \to x_0$ 时，始终有 $f(x) = C$. 因此 $\lim\limits_{x \to x_0} f(x) = \lim\limits_{x \to x_0} C = C$，即常数的极限是它本身.

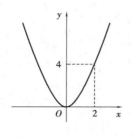

图 2.9

【例 2.9】 求下列函数的极限

$(1)\lim\limits_{x\to3}(3x-1)$ $(2)\lim\limits_{x\to2}\dfrac{x^2-4}{x-2}$

【解】 （1）如图 2.10 可知：$\lim\limits_{x\to3}(3x-1)=8$.

（2）如图 2.11 可知：$\lim\limits_{x\to2}\dfrac{x^2-4}{x-2}=\lim\limits_{x\to2}(x+2)=4$.

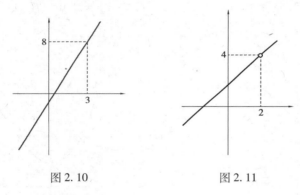

图 2.10 图 2.11

## 3）函数 $y=f(x)$ 在 $x_0$ 的左极限与右极限

$x_0$ 是 $x$ 轴上一个固定的点，$x$ 趋近于 $x_0$ 包含两种情况：一是 $x$ 从 $x_0$ 的左侧无限趋近于 $x_0$（记为 $x\to x_0^-$）；二是 $x$ 从 $x_0$ 的右侧无限趋近于 $x_0$（记为 $x\to x_0^+$）. 我们简称这两种情况为左极限、右极限.

**定义 2.7** 如果函数 $f(x)$ 在 $x_0$ 左侧邻域内有定义，并且当 $x\to x_0^-$ 时，函数 $f(x)$ 无限趋近于一个确定的常数 $A$，则称 $A$ 为函数 $f(x)$ 当 $x\to x_0$ 时的左极限. 记为

$$\lim\limits_{x\to x_0^-}f(x)=A \quad 或 \quad f(x_0-0)=A$$

类似，函数 $f(x)$ 在 $x_0$ 右侧邻域内有定义，并且当 $x\to x_0^+$ 时，函数 $f(x)$ 无限趋近于一个确定的常数 $B$，则称 $B$ 为函数 $f(x)$ 当 $x\to x_0$ 时的右极限. 记为

$$\lim\limits_{x\to x_0^+}f(x)=B \quad 或 \quad f(x_0+0)=B$$

左极限或右极限统称为单侧极限，与函数 $f(x)$ 在 $x_0$ 点的极限之间有如下关系：

$$\lim\limits_{x\to x_0}f(x)=A\Leftrightarrow\lim\limits_{x\to x_0^+}f(x)=\lim\limits_{x\to x_0^-}f(x)=A$$

【例 2.10】 讨论函数 $f(x) = \begin{cases} x-1 & x<0 \\ 0 & x=0 \\ x+1 & x>0 \end{cases}$，在 $x=0$ 处的左、右极限，并判断 $\lim\limits_{x \to 0} f(x)$ 是

否存在？

【解】 如图 2.12 所示，函数在 $x=0$ 处：

左极限 $\quad \lim\limits_{x \to 0^-} f(x) = \lim\limits_{x \to 0^-}(x-1) = -1$

右极限 $\quad \lim\limits_{x \to 0^+} f(x) = \lim\limits_{x \to 0^+}(x+1) = 1$

得出 $\quad \lim\limits_{x \to 0^-} f(x) \neq \lim\limits_{x \to 0^+} f(x)$

所以 $\lim\limits_{x \to 0} f(x)$ 不存在.

【例 2.11】 设函数 $f(x) = \begin{cases} x^2+1 & x<1 \\ 2x & x \geq 1 \end{cases}$，讨论当 $x \to 1$ 时，函数 $f(x)$ 的极限是否存在？

【解】 如图 2.13 所示，由 $\lim\limits_{x \to 1^-} f(x) = \lim\limits_{x \to 1^-}(x^2+1) = 2$，$\lim\limits_{x \to 1^+} f(x) = \lim\limits_{x \to 1^+} 2x = 2$，则有

$$\lim\limits_{x \to 1^-} f(x) = \lim\limits_{x \to 1^+} f(x) = 2$$

所以 $\quad \lim\limits_{x \to 1} f(x) = 2$

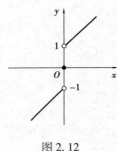
图 2.12

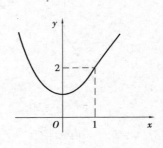
图 2.13

由于分段函数在分段点左右的函数表达式不一样，所以讨论分段函数在分段点的极限要用到单侧极限. 先分别求出左、右极限，再比较是否相等，最后判断极限是否存在.

# 习题 2.1

1. 观察下列数列当 $n \to \infty$ 时的变化趋势，若存在极限，则写出其极限.

(1) $x_n = \dfrac{1}{n} + 4$ 　　　　　　　　(2) $x_n = (-1)^n \dfrac{1}{n}$

(3) $x_n = \dfrac{3n}{n+1}$ 　　　　　　　　(4) $x_n = \dfrac{n+1}{n-1}$

(5) $x_n = 2 - \dfrac{1}{n^2}$ 　　　　　　　　(6) $x_n = n$

2. 利用函数的图像,考察函数的变化趋势,并写出其极限.

(1) $\lim\limits_{x\to 2}(4x-5)$

(2) $\lim\limits_{x\to\frac{\pi}{2}}\sin x$

(3) $\lim\limits_{x\to\infty}\left(1+\dfrac{1}{x}\right)$

(4) $\lim\limits_{x\to 3}\dfrac{x^2-9}{x-3}$

(5) $\lim\limits_{x\to 1}\lg x$

(6) $\lim\limits_{x\to+\infty}\left(\dfrac{1}{3}\right)^x$

3. 设 $f(x)=\begin{cases}x+1 & x\geqslant 0\\ 1 & x<0\end{cases}$,作出它的图像,并判断当 $x\to 0$ 时,$f(x)$ 的极限是否存在?

4. 设函数 $f(x)=\begin{cases}x^2-1 & x<0\\ 0 & x=0\\ x^2+1 & x>0\end{cases}$,讨论当 $x\to 0$ 时,$f(x)$ 的极限是否存在?

*5. 用极限的定义证明:$\lim\limits_{x\to\infty}\dfrac{x^2}{x^2+1}=1$.

# 2.2 无穷小量与无穷大量

## 2.2.1 无穷小量

**定义** 2.8  如果当 $x$ 无限趋近于 $x_0$(或 $x$ 趋近于 $\infty$)时,函数 $f(x)$ 的极限为零,则称 $f(x)$ 为该过程中的无穷小量.

例如,由于 $\lim\limits_{x\to 3}(x-3)=0$,因此函数 $f(x)=x-3$ 是 $x\to 3$ 时的无穷小量. 又如,由于 $\lim\limits_{x\to\infty}\dfrac{1}{x}=0$,因此函数 $f(x)=\dfrac{1}{x}$ 是 $x\to\infty$ 时的无穷小量;而 $\lim\limits_{x\to 5}\dfrac{1}{x}=\dfrac{1}{5}$,此时函数 $f(x)=\dfrac{1}{x}$ 就不是该过程中的无穷小量.

**注 意**

无穷小量是指在某一变化过程中,以零为极限的变量,而不是绝对值很小的数. 常数中 "0" 是唯一的一个可以是无穷小量的数,除此之外其他任何常量都不是无穷小量,因此判断函数 $f(x)$ 是无穷小量时,必须指明自变量 $x$ 的变化过程.

无穷小量的性质:

**性质** 1  有限个无穷小量的代数和为无穷小量.

**性质** 2  有界函数与无穷小量的积为无穷小量.

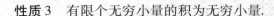

**性质3** 有限个无穷小量的积为无穷小量.

【例2.12】 求极限 $\lim\limits_{x\to\infty}\dfrac{\arctan x}{x}$.

【解】 因为 $\lim\limits_{x\to\infty}\dfrac{1}{x}=0$，$|\arctan x|<\dfrac{\pi}{2}$，由性质2得：$\lim\limits_{x\to\infty}\dfrac{\arctan x}{x}=0$.

$\lim f(x)=A$ 仅表示函数的极限变化趋势，在 $f(x)$ 非常数的情况下 $f(x)\neq A$，但利用无穷小量可以表示出一种等量关系.

**定理2.1** $\lim f(x)=A\Leftrightarrow f(x)=A+\alpha$（$\lim\alpha=0$，即 $\alpha$ 是与函数极限过程相同的无穷小量）.

---
**注 意**
---

符号 $\lim$ 是指 $x$ 可为任意变化趋势，如 $x\to\infty$，$x\to x_0$，$x\to-\infty$ 等.

---

## 2.2.2 无穷大量

**定义2.9** 如果当 $x$ 无限趋近于 $x_0$（或 $x$ 无限趋近于 $\infty$）时，函数 $f(x)$ 的绝对值无限增大，则称 $f(x)$ 为该过程中的无穷大量.

例如，因 $\lim\limits_{x\to\infty}x^2=\infty$，所以函数 $f(x)=x^2$ 是 $x\to\infty$ 时的无穷大量. 而 $\lim\limits_{x\to2}x^2=4$，所以 $f(x)=x^2$ 在 $x\to2$ 时就不是无穷大量. 因此，无穷大量是以自变量的某一变化过程为条件，函数 $f(x)$ 的绝对值无限增大的变量，任何常数都不能是无穷大量.

## 2.2.3 无穷小量与无穷大量的关系

我们知道，当 $x\to1$ 时，$f(x)=\dfrac{1}{x-1}$ 是无穷大量，而 $f(x)=x-1$ 是无穷小量；当 $x\to\infty$ 时，$f(x)=\dfrac{1}{x+1}$ 是无穷小量，而 $f(x)=x+1$ 是无穷大量.

一般地，无穷小量与无穷大量有如下关系：

**定理2.2** 如果 $\lim f(x)=\infty$，则 $\lim\dfrac{1}{f(x)}=0$；反之，如果 $\lim f(x)=0$ 且 $f(x)\neq0$，则 $\lim\dfrac{1}{f(x)}=\infty$.（证明略）

在同一过程中，无穷大量的倒数是无穷小量，非零的无穷小量的倒数是无穷大量.

【例2.13】 求下列函数的极限.

（1）$\lim\limits_{x\to\infty}\dfrac{1}{3+x^2}$　　　　　　　　　　（2）$\lim\limits_{x\to1}\dfrac{x+4}{x-1}$

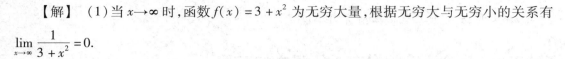

**【解】** （1）当 $x \to \infty$ 时，函数 $f(x) = 3 + x^2$ 为无穷大量，根据无穷大与无穷小的关系有

$$\lim_{x \to \infty} \frac{1}{3 + x^2} = 0.$$

（2）当 $x \to 1$ 时，分母的极限为零，因为 $\lim\limits_{x \to 1} \dfrac{x-1}{x+4} = 0$，即当 $x \to 1$ 时 $\dfrac{x-1}{x+4}$ 是无穷小量，根据无穷大量与无穷小量的关系可得：$\lim\limits_{x \to 1} \dfrac{x+4}{x-1} = \infty$.

## *2.2.4 无穷小量的比较

在研究无穷小量的性质时，我们已经知道，两个无穷小量的和、差、积仍是无穷小量. 但是对于两个无穷小量的商，却会出现不同的情况. 如：当 $x \to 0$ 时，$x$，$3x$，$x^2$ 都是无穷小量，对其作商并取极限有

$$\lim_{x \to 0} \frac{x^2}{3x} = 0, \quad \lim_{x \to 0} \frac{3x}{x^2} = \infty, \quad \lim_{x \to 0} \frac{x}{3x} = \frac{1}{3}.$$

两个无穷小量之比的极限的各种不同情况，反映了不同的无穷小量趋近于 0 的快慢程度. 例如，从表 2.1 可看出，当 $x \to 0$ 时，$x^2$ 比 $3x$ 更快地趋近于零，反过来 $3x$ 比 $x^2$ 较慢地趋近于零，而 $x$ 与 $3x$ 趋近于零的快慢程度相仿.

表 2.1

| $x$ | 1 | 0.5 | 0.1 | 0.01 | … | → | 0 |
|---|---|---|---|---|---|---|---|
| $3x$ | 3 | 1.5 | 0.3 | 0.03 | … | → | 0 |
| $x^2$ | 1 | 0.25 | 0.01 | 0.000 1 | … | → | 0 |

下面以两个无穷小量之商的极限所出现的各种情况来说明两个无穷小量之间的比较.

**定义 2.10** 设 $\alpha, \beta$ 是同一极限过程的无穷小量，即 $\lim \alpha = 0, \lim \beta = 0$.

如果 $\lim \dfrac{\beta}{\alpha} = 0$，则称 $\beta$ 是比 $\alpha$ 较高阶的无穷小量，记作 $\beta = o(\alpha)$；

如果 $\lim \dfrac{\beta}{\alpha} = \infty$，则称 $\beta$ 是比 $\alpha$ 较低阶的无穷小量；

如果 $\lim \dfrac{\beta}{\alpha} = k\, (k \neq 0)$，则称 $\alpha$ 与 $\beta$ 是同阶无穷小量.

特别地，如果 $\lim \dfrac{\beta}{\alpha} = 1$，则称 $\alpha$ 与 $\beta$ 是等价无穷小量，记作 $\alpha \sim \beta$.

例如，$\lim\limits_{x \to 1} \dfrac{x^2 - 1}{x - 1} = 2$，故当 $x \to 1$ 时，$x^2 - 1$ 与 $x - 1$ 是同阶无穷小量. 又 $\lim\limits_{x \to \infty} \dfrac{\frac{1}{x^2}}{\frac{1}{x}} = \lim\limits_{x \to \infty} \dfrac{1}{x} = 0$，

故当 $x \to \infty$ 时，$\dfrac{1}{x^2}$ 是比 $\dfrac{1}{x}$ 较高阶的无穷小量.

## *2.2.5  等价无穷小量在求极限中的应用

等价无穷小量在求极限中的应用有如下定理：

**定理 2.3**  设 $\alpha, \beta, \alpha', \beta'$ 是同一极限过程的无穷小量，且 $\alpha \sim \alpha', \beta \sim \beta', \lim \dfrac{\beta'}{\alpha'}$ 存在，则有 $\lim \dfrac{\beta}{\alpha} = \lim \dfrac{\beta'}{\alpha'}.$（证明略）

据此，在求两个无穷小量之商的极限时，若该极限不好求，可用分子分母各自的等价无穷小量来代替，若选择适当，可简化运算.

常见等价无穷小量有：当 $x \to 0$ 时，$\sin x \sim x, \tan x \sim x, \mathrm{e}^x - 1 \sim x, \ln(1 + x) \sim x, 1 - \cos x \sim \dfrac{x^2}{2}.$

**【例 2.14】**  利用等价无穷小的性质求下列极限.

(1) $\lim\limits_{x \to 0} \dfrac{\tan 3x}{\sin 2x}$ 
(2) $\lim\limits_{x \to 0} \dfrac{\tan x}{\ln(1 - 2x)}$

**【解】**  (1) 当 $x \to 0$ 时，$\tan 3x \sim 3x, \sin 2x \sim 2x.$

所以 $\lim\limits_{x \to 0} \dfrac{\tan 3x}{\sin 2x} = \lim\limits_{x \to 0} \dfrac{3x}{2x} = \dfrac{3}{2}.$

(2) 当 $x \to 0$ 时，$\tan x \sim x, \ln(1 - 2x) \sim -2x.$

所以 $\lim\limits_{x \to 0} \dfrac{\tan x}{\ln(1 - 2x)} = \lim\limits_{x \to 0} \dfrac{x}{-2x} = -\dfrac{1}{2}.$

**注 意**

相乘（除）的无穷小量都可用各自的等价无穷小量代替，但是相加（减）的无穷小量的项不能作等价代换.

## 习题 2.2

1. 判断题.

（1）无穷小量是指在某一变化过程中，越来越趋近于 0 的变量. (    )

（2）在某一变化过程中，以 0 为极限的量是无穷小量. (    )

(3) $-\infty$ 是无穷小量. ( )

(4) 无穷小量的倒数是无穷大量. ( )

2. 求函数的极限.

(1) $\lim\limits_{x\to\infty} \dfrac{\sin x}{x^2}$

(2) $\lim\limits_{x\to 0} x \cos \dfrac{1}{x}$

(3) $\lim\limits_{x\to\infty} \dfrac{\arcsin \dfrac{1}{x}}{x}$

(4) $\lim\limits_{x\to\infty} \dfrac{1}{2x+1}$

3. 函数 $f(x) = \dfrac{1}{x^2-1}$ 在怎样的变化过程中是无穷小量？在怎样的变化过程中是无穷大量？

*4. 当 $x\to 1$ 时,无穷小量 $1-x$ 和 $\dfrac{1}{2}(1-x^2)$ 是否同阶？是否等价？

*5. 证明：当 $x\to -3$ 时, $x^2+6x+9$ 是比 $x+3$ 较高阶的无穷小量.

*6. 利用等价无穷小量的性质求下列极限.

(1) $\lim\limits_{x\to 0} \dfrac{\tan 3x^2}{1-\cos x}$

(2) $\lim\limits_{x\to 0} \dfrac{\ln(1+x)}{\sin 2x}$

# 2.3 极限的四则运算法则

**定理 2.4** 设 $\lim f(x) = A, \lim g(x) = B$,则有

(1) 函数的代数和的极限,等于这两个函数的极限的代数和,即

$$\lim[f(x) \pm g(x)] = \lim f(x) \pm \lim g(x) = A \pm B$$

(2) 函数的积的极限,等于这两个函数的极限的积,即

$$\lim[f(x) \cdot g(x)] = \lim f(x) \cdot \lim g(x) = A \cdot B$$

(3) 函数的商的极限(分母极限不为 0 时),等于这两个函数的极限的商,即

$$\lim \frac{f(x)}{g(x)} = \frac{\lim f(x)}{\lim g(x)} = \frac{A}{B} \quad (B \neq 0)$$

特殊情况下,若 $g(x)$ 恒为常数,则有

$$\lim kf(x) = k \lim f(x) \quad (k \text{ 为常数})$$

有限个具有极限的函数的和、差、积的极限等于各函数极限的和、差、积.

$$\lim[f_1(x) \pm f_2(x) \pm \cdots \pm f_n(x)] = \lim f_1(x) \pm \lim f_2(x) \pm \cdots \pm \lim f_n(x)$$

$$\lim[f_1(x) \cdot f_2(x) \cdot \cdots \cdot f_n(x)] = \lim f_1(x) \cdot \lim f_2(x) \cdot \cdots \cdot \lim f_n(x)$$

$$\lim[f(x)]^n = [\lim f(x)]^n$$

【例 2.15】 求 $\lim\limits_{x \to 1}(3x^2 - 2x + 1)$.

【解】 $\lim\limits_{x \to 1}(3x^2 - 2x + 1) = \lim\limits_{x \to 1} 3x^2 - \lim\limits_{x \to 1} 2x + \lim\limits_{x \to 1} 1$

$$= 3 \lim\limits_{x \to 1} x^2 - 2 \lim\limits_{x \to 1} x + 1 = 3 - 2 + 1 = 2$$

从例 2.15 可以归纳出，如果函数 $f(x)$ 为多项式，则 $\lim\limits_{x \to x_0} f(x) = f(x_0)$，即多项式函数当 $x \to x_0$ 时的极限等于此多项式在点 $x_0$ 的函数值.

【例 2.16】 求 $\lim\limits_{x \to 2} \dfrac{2x^2 + x - 5}{3x + 1}$.

【解】 因为

$$\lim\limits_{x \to 2}(2x^2 + x - 5) = 2 \times 2^2 + 2 - 5 = 5, \lim\limits_{x \to 2}(3x + 1) = 3 \times 2 + 1 = 7$$

所以

$$\lim\limits_{x \to 2} \frac{2x^2 + x - 5}{3x + 1} = \frac{\lim\limits_{x \to 2}(2x^2 + x - 5)}{\lim\limits_{x \to 2}(3x + 1)} = \frac{5}{7}$$

从例 2.16 可以归纳出，如果函数 $\dfrac{f(x)}{g(x)}$ 为有理分式函数，且 $g(x_0) \neq 0$，则

$$\lim\limits_{x \to x_0} \frac{f(x)}{g(x)} = \frac{f(x_0)}{g(x_0)}$$

即如果有理分式函数的分母在点 $x_0$ 不为 0，则此有理函数当 $x \to x_0$ 时的极限等于此有理分式函数在点 $x_0$ 的函数值.

【例 2.17】 求下列函数的极限.

(1) $\lim\limits_{x \to 2}(3x^2 - 5x + 4)$        (2) $\lim\limits_{x \to 1} \dfrac{x^2 - 1}{x - 3}$

【解】 (1) $\lim\limits_{x \to 2}(3x^2 - 5x + 4) = 3 \times 2^2 - 5 \times 2 + 4 = 6$

(2) $\lim\limits_{x \to 1} \dfrac{x^2 - 1}{x - 3} = \dfrac{1^2 - 1}{1 - 3} = \dfrac{0}{-2} = 0$

【例 2.18】 求 $\lim\limits_{x \to 2} \dfrac{3x^2 + 5}{x^2 - 4}$.

【解】 因为 $\lim\limits_{x \to 2}(x^2 - 4) = 0$，所以不能直接运用定理 2.4 中的法则(3)求此分式的极限值.

但因为 $\lim\limits_{x \to 2}(3x^2 + 5) = 17 \neq 0$，所以 $\lim\limits_{x \to 2} \dfrac{x^2 - 4}{3x^2 + 5} = \dfrac{0}{17} = 0$.

当 $x \to 2$ 时，$\dfrac{x^2 - 4}{3x^2 + 5}$ 为无穷小量，所以 $\lim\limits_{x \to 2} \dfrac{3x^2 + 5}{x^2 - 4} = \infty$.

【例 2.19】 求 $\lim\limits_{x \to 3} \dfrac{x - 3}{x^2 - 9}$.

【解】　因为$\lim\limits_{x\to 3}(x^2-9)=0$，$\lim\limits_{x\to 3}(x-3)=0$，是"$\dfrac{0}{0}$"的不确定型，所以不能直接用定理

2.4中的法则(3)，必须先化简，约去$x-3$，再求极限．

$$\lim\limits_{x\to 3}\frac{x-3}{x^2-9}=\lim\limits_{x\to 3}\frac{x-3}{(x-3)(x+3)}=\lim\limits_{x\to 3}\frac{1}{x+3}=\frac{1}{6}$$

【例2.20】　求$\lim\limits_{x\to 1}\left(\dfrac{1}{x-1}-\dfrac{3}{x^3-1}\right)$．

【解】　因为当$x\to 1$时，$\dfrac{1}{x-1}\to\infty$，$\dfrac{3}{x^3-1}\to\infty$，属于"$\infty-\infty$"的不确定型，处理的方法

是先通分，化简以后，再求极限．

$$\begin{aligned}\lim\limits_{x\to 1}\left(\frac{1}{x-1}-\frac{3}{x^3-1}\right)&=\lim\limits_{x\to 1}\frac{x^2+x+1-3}{x^3-1}\\&=\lim\limits_{x\to 1}\frac{(x-1)(x+2)}{(x-1)(x^2+x+1)}\\&=\lim\limits_{x\to 1}\frac{x+2}{x^2+x+1}=1\end{aligned}$$

【例2.21】　求$\lim\limits_{n\to\infty}\dfrac{2n^2+1}{3n^2-2n+3}$．

【解】　当$n\to\infty$时，分子、分母的极限均是无穷大量，属于"$\dfrac{\infty}{\infty}$"的不确定型，求极限的是

有理分式函数．这种类型的处理方法是：分子分母都除以$n$(或$x$)最高次幂，化简后再求极限．

即　　　$\lim\limits_{n\to\infty}\dfrac{2n^2+1}{3n^2-2n+3}=\lim\limits_{n\to\infty}\dfrac{2+\dfrac{1}{n^2}}{3-\dfrac{2}{n}+\dfrac{3}{n^2}}=\dfrac{\lim\limits_{n\to\infty}2+\lim\limits_{n\to\infty}\dfrac{1}{n^2}}{\lim\limits_{n\to\infty}3-\lim\limits_{n\to\infty}\dfrac{2}{n}+\lim\limits_{n\to\infty}\dfrac{3}{n^2}}=\dfrac{2}{3}$

【例2.22】　求$\lim\limits_{x\to\infty}\dfrac{3x^3+5x+2}{x^3+2x-1}$．

【解】　分子、分母同除以$x^3$，得

$$\lim\limits_{x\to\infty}\frac{3x^3+5x+2}{x^3+2x-1}=\lim\limits_{x\to\infty}\frac{3+\dfrac{5}{x^2}+\dfrac{2}{x^3}}{1+\dfrac{2}{x^2}-\dfrac{1}{x^3}}=3$$

【例2.23】　求$\lim\limits_{x\to\infty}\dfrac{4x^3+2x^2-1}{3x^4+1}$．

【解】　将分子、分母同除以$x^4$，得

$$\lim\limits_{x\to\infty}\frac{4x^3+2x^2-1}{3x^4+1}=\lim\limits_{x\to\infty}\frac{\dfrac{4}{x}+\dfrac{2}{x^2}-\dfrac{1}{x^4}}{3+\dfrac{1}{x^4}}=\frac{0+0-0}{3+0}=0$$

【例2.24】 求 $\lim\limits_{x\to\infty}\dfrac{3x^4-2x^3+1}{x^2-x-3}$.

【解】 分子、分母同除以 $x^4$,得

$$\lim_{x\to\infty}\frac{3x^4-2x^3+1}{x^2-x-3}=\lim_{x\to\infty}\frac{3-\dfrac{2}{x}+\dfrac{1}{x^4}}{\dfrac{1}{x^2}-\dfrac{1}{x^3}-\dfrac{3}{x^4}}=\infty$$

由例2.22至例2.24可知:对有理分式求极限一般有

$$\lim_{x\to\infty}\frac{a_0x^m+a_1x^{m-1}+\cdots+a_m}{b_0x^n+b_1x^{n-1}+\cdots+b_n}=\begin{cases}0 & n>m\\[2mm]\dfrac{a_0}{b_0} & n=m\\[2mm]\infty & n<m\end{cases}\quad(a_0\neq0,b_0\neq0)$$

# 习题2.3

1. 设 $f(x)=\dfrac{x^2-4}{x-2}$, 求 $\lim\limits_{x\to0}f(x),\lim\limits_{x\to2}f(x),\lim\limits_{x\to\infty}f(x)$.

2. 求下列极限.

(1) $\lim\limits_{x\to3}(3x^2-5x+2)$

(2) $\lim\limits_{x\to4}\dfrac{\sqrt{x}-2}{x-4}$

(3) $\lim\limits_{t\to\infty}\left(2-\dfrac{1}{t}+\dfrac{1}{t^2}\right)$

(4) $\lim\limits_{x\to0}\dfrac{4x^3-2x^2+x}{3x^2+2x}$

(5) $\lim\limits_{x\to2}\dfrac{x-2}{x^2-x-2}$

(6) $\lim\limits_{h\to0}\dfrac{(x+h)^3-x^3}{h}$

(7) $\lim\limits_{n\to\infty}\dfrac{1+2+\cdots+n}{n^2}$

(8) $\lim\limits_{x\to\infty}\dfrac{4x^3-2x^2+x}{3x^2+2x}$

(9) $\lim\limits_{x\to\infty}\dfrac{2x^2+3x+1}{6x^2-2x+5}$

(10) $\lim\limits_{x\to\infty}\dfrac{x^2+x+6}{x^4-3x^2+3}$

(11) $\lim\limits_{n\to\infty}\dfrac{n^3+2n+8}{3n^4+6n+7}$

(12) $\lim\limits_{n\to\infty}\left(1-\dfrac{1}{2^2}\right)\left(1-\dfrac{1}{3^2}\right)\cdots\left(1-\dfrac{1}{n^2}\right)$

# 2.4 极限存在准则与两个重要极限

本节将介绍两个重要极限,事实上也是两个求极限的公式.而两个重要极限成立的理论基础是极限存在的两个准则.

## 2.4.1 极限存在准则

**准则 1** 单调有界数列必有极限.

单调数列包括单调递增和单调递减数列,若数列 $\{x_n\}$ 满足

$$x_1 \leqslant x_2 \leqslant x_3 \leqslant \cdots \leqslant x_n \leqslant x_{n+1} \leqslant \cdots$$

则称此数列为单调递增数列. 单调递增的有界数列其最小的上界就是数列的极限. 若数列 $\{x_n\}$ 满足

$$x_1 \geqslant x_2 \geqslant x_3 \geqslant \cdots \geqslant x_n \geqslant x_{n+1} \geqslant \cdots$$

则称此数列为单调递减数列. 单调递减的有界数列其最大的下界就是数列的极限.

**准则 2**(夹逼准则) 设有三个数列 $\{x_n\}$,$\{y_n\}$,$\{z_n\}$ 满足条件:

(1)存在 $N_0 > 0$($N_0$ 为已知的正整数),当 $n > N_0$ 时,恒有 $y_n \leqslant x_n \leqslant z_n$;

(2) $\lim\limits_{n\to\infty} y_n = \lim\limits_{n\to\infty} z_n = A$;

则数列 $\{x_n\}$ 收敛,且有 $\lim\limits_{x\to\infty} x_n = A$.

在准则 2 中,将数列换成函数则有类似的结论.

设有三个函数 $f(x)$,$g(x)$,$h(x)$ 在点 $x_0$ 的某去心邻域内有定义,且满足条件:

(1) $g(x) \leqslant f(x) \leqslant h(x)$;

(2) $\lim\limits_{x\to x_0} g(x) = \lim\limits_{x\to x_0} h(x) = A$.

则极限 $\lim\limits_{x\to x_0} f(x)$ 存在,且有 $\lim\limits_{x\to x_0} f(x) = A$.

## 2.4.2 两个重要极限

1) $\lim\limits_{x\to 0} \dfrac{\sin x}{x} = 1$

【证明】 当 $x\to 0$ 时,分子、分母的极限均为 0,因此不能利用函数极限的运算法则来求,下面利用夹逼准则来证明.

作单位圆,如图 2.14 所示,设圆心角 $\angle AOB = x\left(0 < x < \dfrac{\pi}{2}\right)$,过点 $A$ 作圆的切线与 $OB$ 的延长线交于点 $D$,又作 $BC \perp OA$,则有 $\sin x = BC$,$\tan x = AD$.

由几何图示知,$\triangle AOB$ 的面积 < 扇形 $OAB$ 的面积 < $\triangle OAD$ 的面积.

即有

$$\frac{1}{2}\sin x < \frac{1}{2}x < \frac{1}{2}\tan x$$

$$\sin x < x < \tan x \tag{1}$$

$\sin x > 0$,由(1)得 $1 < \dfrac{x}{\sin x} < \dfrac{1}{\cos x}$,从而有

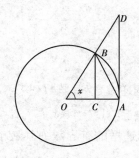

图 2.14

$$\cos x < \frac{\sin x}{x} < 1 \qquad\qquad (2)$$

因为 $\lim\limits_{x \to 0} \cos x = 1$，由准则 2 得

$$\lim_{x \to 0} \frac{\sin x}{x} = 1$$

上述证明过程中我们假设了 $0 < x < \dfrac{\pi}{2}$，事实上当 $-\dfrac{\pi}{2} < x < 0$ 时，公式仍然成立（证明从略）.

因为 $\lim\limits_{x \to 0} \dfrac{x}{\sin x} = \lim\limits_{x \to 0} \dfrac{1}{\frac{\sin x}{x}} = 1$，得出一个同等重要的公式

$$\lim_{x \to 0} \frac{x}{\sin x} = 1$$

【例 2.25】　求 $\lim\limits_{x \to 0} \dfrac{\sin kx}{x}$（$k$ 为非零常数）.

【解】　$\lim\limits_{x \to 0} \dfrac{\sin kx}{x} = \lim\limits_{x \to 0} \left( \dfrac{\sin kx}{kx} \cdot k \right) = k \lim\limits_{x \to 0} \dfrac{\sin kx}{kx} = k \times 1 = k$

【例 2.26】　求 $\lim\limits_{x \to 0} \dfrac{x}{\tan x}$.

【解】　$\lim\limits_{x \to 0} \dfrac{x}{\tan x} = \lim\limits_{x \to 0} \left( \dfrac{x}{\sin x} \cdot \cos x \right) = \lim\limits_{x \to 0} \dfrac{x}{\sin x} \cdot \lim\limits_{x \to 0} \cos x = 1 \times 1 = 1$

极限 $\lim\limits_{x \to 0} \dfrac{\sin x}{x} = 1$ 之所以重要，是因为它的证明过程完全是用初等的方法，它的使用解决了一部分含有三角函数的极限计算中"$\dfrac{0}{0}$"的不确定型的计算.

公式 $\lim\limits_{x \to 0} \dfrac{\sin x}{x} = 1$ 的推广形式，将公式中的 $x$ 变成一个 $x$ 的函数 $g(x)$，条件必须是在 $x$ 的变化过程中，$g(x)$ 要趋于 0. 即

$$\lim_{g(x) \to 0} \frac{\sin g(x)}{g(x)} = 1$$

【例 2.27】 求 $\lim\limits_{x\to\infty} x\sin\dfrac{1}{x}$.

【解】 法 1：令 $t=\dfrac{1}{x}$，当 $x\to\infty$ 时，$t\to 0$，则

$$\lim\limits_{x\to\infty} x\sin\dfrac{1}{x}=\lim\limits_{x\to\infty}\dfrac{\sin\dfrac{1}{x}}{\dfrac{1}{x}}=\lim\limits_{t\to 0}\dfrac{\sin t}{t}=1$$

法 2：$\lim\limits_{x\to\infty} x\sin\dfrac{1}{x}=\lim\limits_{x\to\infty}\dfrac{\sin\dfrac{1}{x}}{\dfrac{1}{x}}=1$

【例 2.28】 求 $\lim\limits_{x\to 1}\dfrac{\sin(x-1)}{x^2-1}$.

【解】 $\lim\limits_{x\to 1}\dfrac{\sin(x-1)}{x^2-1}=\lim\limits_{x\to 1}\dfrac{\sin(x-1)}{(x-1)(x+1)}=\lim\limits_{x\to 1}\dfrac{\sin(x-1)}{(x-1)}\cdot\lim\limits_{x\to 1}\dfrac{1}{(x+1)}=\dfrac{1}{2}$

【例 2.29】 求 $\lim\limits_{x\to 0}\dfrac{\sin x-\dfrac{1}{2}\sin 2x}{x^3}$.

【解】 $\lim\limits_{x\to 0}\dfrac{\sin x-\dfrac{1}{2}\sin 2x}{x^3}=\lim\limits_{x\to 0}\dfrac{\sin x(1-\cos x)}{x^3}$

$$=\lim\limits_{x\to 0}\left[\dfrac{\sin x}{x}\cdot\dfrac{2\sin^2\dfrac{x}{2}}{4\left(\dfrac{x}{2}\right)^2}\right]$$

$$=\dfrac{1}{2}\lim\limits_{x\to 0}\left(\dfrac{\sin x}{x}\right)\cdot\left(\lim\limits_{x\to 0}\dfrac{\sin\dfrac{x}{2}}{\dfrac{x}{2}}\right)^2=\dfrac{1}{2}$$

2）$\lim\limits_{x\to\infty}\left(1+\dfrac{1}{x}\right)^x=\mathrm{e}$

将公式中的 $x$ 替换成 $n$，公式仍然成立，即

$$\lim\limits_{n\to\infty}\left(1+\dfrac{1}{n}\right)^n=\mathrm{e}$$

若令 $\dfrac{1}{x}=t$，则当 $x\to\infty$ 时，$t\to 0$. 于是有

$$\lim\limits_{x\to\infty}\left(1+\dfrac{1}{x}\right)^x=\lim\limits_{t\to 0}(1+t)^{\frac{1}{t}}=\mathrm{e}\quad\text{或}\quad\lim\limits_{x\to 0}(1+x)^{\frac{1}{x}}=\mathrm{e}$$

（公式证明过程略）

**注　意**

在使用公式时要注意：首先是幂指函数求极限，且是"$1^\infty$"极限不确定型；其次公式的推广形式为

$$\lim_{g(x)\to\infty}\left[1+\frac{k}{g(x)}\right]^{\frac{g(x)}{k}}=\mathrm{e}\quad(k\neq0)$$

或

$$\lim_{h(x)\to0}\left[1+\frac{h(x)}{l}\right]^{\frac{l}{h(x)}}=\mathrm{e}\quad(l\neq0)$$

【例 2.30】　求极限 $\lim\limits_{x\to\infty}\left(1+\dfrac{3}{x}\right)^{x}$.

【解】　法 1：先将 $1+\dfrac{3}{x}$ 改写成 $1+\dfrac{3}{x}=1+\dfrac{1}{\dfrac{x}{3}}$，再令 $t=\dfrac{x}{3}$. 当 $x\to\infty$ 时，有 $t\to\infty$，从而

$$\lim_{x\to\infty}\left(1+\frac{3}{x}\right)^{x}=\lim_{t\to\infty}\left[\left(1+\frac{1}{t}\right)^{t}\right]^{3}=\left[\lim_{t\to\infty}\left(1+\frac{1}{t}\right)^{t}\right]^{3}=\mathrm{e}^{3}$$

法 2：
$$\lim_{x\to\infty}\left(1+\frac{3}{x}\right)^{x}=\lim_{x\to\infty}\left[\left(1+\frac{3}{x}\right)^{\frac{x}{3}}\right]^{3}=\mathrm{e}^{3}$$

【例 2.31】　求极限 $\lim\limits_{x\to0}(1-x)^{\frac{1}{x}}$.

【解】
$$\lim_{x\to0}(1-x)^{\frac{1}{x}}=\lim_{x\to0}\left[1+(-x)\right]^{\frac{1}{x}}$$
$$=\lim_{x\to0}\left\{\left[1+(-x)\right]^{\frac{1}{-x}}\right\}^{-1}=\mathrm{e}^{-1}=\frac{1}{\mathrm{e}}$$

【例 2.32】　求极限 $\lim\limits_{x\to\infty}\left(\dfrac{x}{1+x}\right)^{x}$.

【解】
$$\lim_{x\to\infty}\left(\frac{x}{1+x}\right)^{x}=\lim_{x\to\infty}\frac{1}{\left(1+\frac{1}{x}\right)^{x}}=\frac{1}{\lim\limits_{x\to\infty}\left(1+\frac{1}{x}\right)^{x}}=\frac{1}{\mathrm{e}}$$

【例 2.33】　求极限 $\lim\limits_{x\to\infty}\left(\dfrac{x-3}{x+1}\right)^{x}$.

【解】
$$\lim_{x\to\infty}\left(\frac{x-3}{x+1}\right)^{x}=\lim_{x\to\infty}\left(1-\frac{4}{x+1}\right)^{x}$$
$$=\lim_{x\to\infty}\left\{\left[\left(1-\frac{4}{x+1}\right)^{-\frac{x+1}{4}}\right]^{-4}\cdot\left(1-\frac{4}{x+1}\right)^{-1}\right\}$$
$$=\mathrm{e}^{-4}\cdot1=\frac{1}{\mathrm{e}^{4}}$$

## 习题 2.4

利用两个重要极限求下列各极限.

$(1) \lim\limits_{x \to 0} \dfrac{\sin 2x}{x}$

$(2) \lim\limits_{x \to 0} \dfrac{\sin 3x}{\sin 5x}$

$(3) \lim\limits_{n \to \infty} 3^n \sin \dfrac{x}{3^n}(x \neq 0$ 的常数$)$

$(4) \lim\limits_{x \to 0} \dfrac{x^2}{\sin^2 \dfrac{x}{3}}$

$(5) \lim\limits_{x \to \infty} \left(1 + \dfrac{1}{x}\right)^{-x}$

$(6) \lim\limits_{x \to \infty} \left(1 + \dfrac{2}{x}\right)^{2x}$

$(7) \lim\limits_{x \to \infty} \left(1 - \dfrac{3}{x}\right)^{2x}$

$(8) \lim\limits_{x \to 0} (1 + 2x)^{\frac{1}{x}}$

$(9) \lim\limits_{x \to 0} \dfrac{1 - \cos x}{x^2}$

$(10) \lim\limits_{x \to \infty} \left(\dfrac{x}{x+1}\right)^{3x+3}$

## 2.5 函数的连续性

在实践中,观察各种函数的变化趋势可以发现两种情况:一种是函数随自变量连续不断地变化,如一天中气温的变化,江河中的水流都是随着时间连续不断地变化着的,其函数图像是一条连续不断的曲线,我们称其为"连续";另一种是函数随自变量跳跃地变化,如地震把连绵起伏的地面撕开一条裂缝,据其作出的图像在某点处"断开"了,我们称其为"不连续"或"间断". 为了从数量上刻画函数"连续"与"间断"的特征,我们先讨论函数的增量.

### 2.5.1 函数的增量

在给出函数增量之前,先给出变量增量的概念.

**定义 2.11** 如果变量 $u$ 从初值 $u_1$ 变到终值 $u_2$,那么终值与初值之差 $u_2 - u_1$ 叫作变量的增量,记为 $\Delta u$,即 $\Delta u = u_2 - u_1$. 如图 2.15 所示.

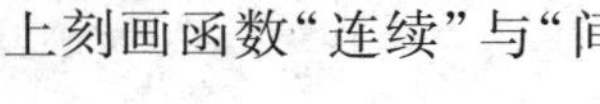

图 2.15

构成函数有两个变量,当自变量改变时,相应的函数也随之改变,所以同函数相联系的有两个增量.

设函数 $y = f(x)$ 在某一区间 $(a,b)$ 上有定义,当自变量 $x$ 由 $x_0$ 变化到 $x$ 时,记 $\Delta x = x - x_0$,称为自变量的增量;相应地,函数 $y = f(x)$ 由初值 $f(x_0)$ 变到终值 $f(x)$,记

$$\Delta y = f(x) - f(x_0) \quad 或 \quad \Delta y = f(x_0 + \Delta x) - f(x_0)$$

称为函数的增量.

关于函数增量的几何意义如图 2.16 所示.

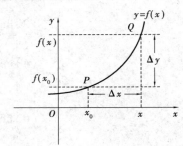

图 2.16

【例 2.34】 设函数 $y = 3x^2 - 1$,在下列条件下,求自变量 $x$ 的增量和函数 $y$ 的增量.

(1)当 $x$ 从 1 变到 1.5 时;

(2)当 $x$ 从 1 变到 0.5 时;

(3)当 $x$ 从 $x_0$ 变到 $x_1$ 时.

【解】 (1) $\Delta x = 1.5 - 1 = 0.5, \Delta y = f(1.5) - f(1) = 5.75 - 2 = 3.75$

(2) $\Delta x = 0.5 - 1 = -0.5, \Delta y = f(0.5) - f(1) = -2.25$

(3) $\Delta x = x_1 - x_0$

$$\begin{aligned} \Delta y &= f(x_1) - f(x_0) = f(x_0 + \Delta x) - f(x_0) \\ &= [3(x_0 + \Delta x)^2 - 1] - (3x_0^2 - 1) = 3\Delta x(2x_0 + \Delta x) \end{aligned}$$

## 2.5.2 函数的连续性

有了函数增量的概念,就可刻画函数"连续"与"间断"的数量特征了.

### 1)函数 $y = f(x)$ 在点 $x_0$ 的连续性

先作出两个函数的图形,如图 2.17(a)所示是一条连续的曲线,而图 2.17(b)是一条不连续(或间断)的曲线.下面,我们来考察在给定点 $x_0$ 及其附近函数的变化性态.

让自变量 $x$ 从 $x_0$ 变到 $x$ 有增量 $\Delta x$,相应的函数增量为 $\Delta y = f(x) - f(x_0) = y - y_0$.当 $\Delta x$ 趋近于 0 时,图 2.15(a)中的 $\Delta y$ 也随着趋近于 0;而图 2.15(b)中的 $\Delta y$ 却趋近于 $MN$,即等于跳跃的长度 $MN$.这样在直观上,图 2.15(a)中看出曲线 $y = f(x)$ 在点 $x_0$ 处是连续,而在图 2.15(b)中看出曲线 $y = f(x)$ 在点 $x_0$ 处是不连续(或间断)的.下面给出函数连续与否的定义.

**定义 2.12** 设函数 $y = f(x)$ 在点 $x_0$ 及其邻域内有定义,如果当自变量 $x$ 在点 $x_0$ 的邻

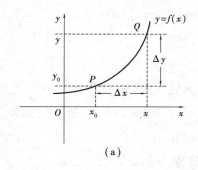 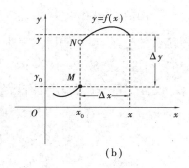

(a)　　　　　　　　　　　(b)

图 2.17

域内的增量 $\Delta x$ 趋近于 0 时,相应的函数 $y = f(x)$ 的增量 $\Delta y = f(x_0 + \Delta x) - f(x_0)$ 也趋近于 0,即

$$\lim_{\Delta x \to 0} \Delta y = 0$$

则称函数 $y = f(x)$ 在点 $x_0$ 处连续;否则就称函数 $y = f(x)$ 在点 $x_0$ 处不连续(或间断).

因 $\Delta x = x - x_0$,当 $\Delta x \to 0$,必有 $x \to x_0$;$\Delta y = f(x) - f(x_0)$,当 $\Delta y \to 0$ 也必有 $f(x) \to f(x_0)$. 因此,函数在点 $x_0$ 处连续的定义又可等价为如下定义.

**定义 2.13**　设函数 $y = f(x)$ 在点 $x_0$ 处及其邻域内有定义,如果有 $\lim_{x \to x_0} f(x) = f(x_0)$,则称函数 $y = f(x)$ 在点 $x_0$ 处连续. 否则就称函数 $y = f(x)$ 在点 $x_0$ 处不连续(或间断).

定义 2.13 所描述的函数在点 $x_0$ 处连续也可理解为其充分必要条件是: $\lim_{x \to x_0} f(x) = f(x_0)$. 或者说,函数在点 $x_0$ 处连续的充分必要是必须同时满足 3 个条件:

(1) $f(x)$ 在 $x_0$ 点有定义;

(2) $\lim\limits_{x \to x_0} f(x)$ 存在;

(3) $\lim\limits_{x \to x_0} f(x) = f(x_0)$.

**【例 2.35】**　讨论函数 $f(x) = \sin x - e^x$ 在点 0 处的连续性.

**【解】**　因函数 $f(x) = \sin x - e^x$ 在点 0 处有定义,且 $f(0) = \sin 0 - e^0 = -1$. 又有 $\lim\limits_{x \to 0} f(x) = \lim\limits_{x \to 0} (\sin x - e^x) = -1$,故 $\lim\limits_{x \to 0} f(x) = f(0) = -1$. 所以函数 $f(x)$ 在点 0 处连续.

## 2) 左连续、右连续

**左连续**　若函数 $y = f(x)$ 在点 $x_0$ 处及其左侧邻域内有定义,且 $\lim\limits_{x \to x_0^-} f(x) = f(x_0)$,则称函数 $f(x)$ 在点 $x_0$ 处左连续.

**右连续**　若函数 $y = f(x)$ 在点 $x_0$ 处及其右侧邻域内有定义,且 $\lim\limits_{x \to x_0^+} f(x) = f(x_0)$,则称函数 $f(x)$ 在点 $x_0$ 处右连续.

**定理 2.5**　函数 $f(x)$ 在点 $x_0$ 处连续的充分必要条件是 $f(x)$ 在点 $x_0$ 处既左连续又右连续. 即

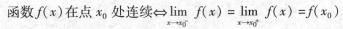

$$函数 f(x) 在点 x_0 处连续 \Leftrightarrow \lim_{x \to x_0^-} f(x) = \lim_{x \to x_0^+} f(x) = f(x_0)$$

当 $x_0$ 是分段函数的分段点时,使用此表达式极为方便.

【例 2. 36】 证明:函数 $y = 3x^2 - 1$ 在点 $x = x_0$ 处连续.

【证明】 设自变量 $x$ 在点 $x_0$ 处有增量 $\Delta x$,则函数的相应增量为:

$$\Delta y = f(x_0 + \Delta x) - f(x_0) = [3(x_0 + \Delta x)^2 - 1] - (3x_0^2 - 1) = 6x_0 \Delta x + 3(\Delta x)^2$$

于是 
$$\lim_{\Delta x \to 0} \Delta y = \lim_{\Delta x \to 0} [6x_0 \Delta x + 3(\Delta x)^2] = 0$$

所以由定义知:函数 $y = 3x^2 - 1$ 在点 $x = x_0$ 处连续.

【例 2. 37】 作出函数 $f(x) = \begin{cases} 1 & x > 1 \\ x & -1 \leqslant x \leqslant 1 \end{cases}$ 的图像,

并讨论函数 $f(x)$ 在点 $x = 1$ 处的连续性.

【解】 $f(x) = \begin{cases} 1 & x > 1 \\ x & -1 \leqslant x \leqslant 1 \end{cases}$ 的图像如图 2. 18 所示.

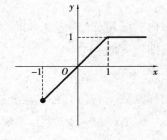

函数 $f(x)$ 在 $[-1, +\infty)$ 内有定义.

因为 $f(1-0) = \lim_{x \to 1^-} f(x) = \lim_{x \to 1^-} x = 1, f(1+0) = \lim_{x \to 1^+} f(x) = \lim_{x \to 1^+} 1 = 1$,且 $f(1) = 1$,即得

图 2. 18

$$\lim_{x \to 1^-} f(x) = \lim_{x \to 1^+} f(x) = f(1) = 1$$

故函数 $f(x) = \begin{cases} 1 & x > 1 \\ x & -1 \leqslant x \leqslant 1 \end{cases}$ 在点 $x = 1$ 处连续.

【例 2. 38】 讨论下列各函数在指定点处的连续性.

(1) $f(x) = \dfrac{x^2 - 1}{x - 1}$,在 $x = 1$ 处.

(2) $f(x) = \begin{cases} x+1 & x > 0 \\ 2 & x = 0 \\ e^x & x < 0 \end{cases}$,在 $x = 0$ 处.

【解】 (1) 如图 2. 19 所示,因为 $f(x) = \dfrac{x^2 - 1}{x - 1}$ 在 $x = 1$ 处无定义,所以 $x = 1$ 为函数

$f(x) = \dfrac{x^2 - 1}{x - 1}$ 的间断点.

(2) 如图 2. 20 所示,因为 $f(x) = \begin{cases} x+1 & x > 0 \\ 2 & x = 0 \\ e^x & x < 0 \end{cases}$ 在 $x = 0$ 处有定义,且 $f(0) = 2$.

但 $f(0-0) = \lim_{x \to 0^-} f(x) = \lim_{x \to 0^-} e^x = 1, f(0+0) = \lim_{x \to 0^+} f(x) = \lim_{x \to 0^+} (x+1) = 1$,所以

$$\lim_{x \to 0} f(x) = 1 \neq f(0) = 2$$

故 $x = 0$ 是函数 $f(x)$ 的间断点.

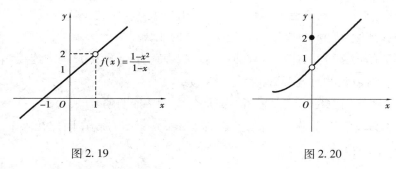

图 2.19 　　　　　　　　　　　图 2.20

### 3）函数的间断点及分类

根据定义 2.13 可知,函数 $y = f(x)$ 在点 $x_0$ 处连续必须满足 3 个条件,如果一个函数在某点处不满足其中的一条,那么该函数在该点处就不连续(或间断).

在例 2.38 中,尽管 $x = 1$ 是间断点, $x = 0$ 也是间断点,但造成间断的原因不一样,由此需要对间断点进行分类. 常见的间断点通常分为第一类间断点和第二类间断点. 表 2.2 和表 2.3 分别列出了两类函数间断点的判定方法.

表 2.2

| 第一类间断点 | |
| --- | --- |
| 可去间断点 | 跳跃间断点 |
| （1） $\lim\limits_{x \to x_0} f(x)$ 存在,但 $f(x)$ 在 $x_0$ 处无定义; <br> （2） $\lim\limits_{x \to x_0} f(x)$ 存在,但 $\lim\limits_{x \to x_0} f(x) \neq f(x_0)$ | $f(x_0 - 0)$ 与 $f(x_0 + 0)$ 都存在,但 $f(x_0 - 0) \neq f(x_0 + 0)$ |

表 2.3

| 第二类间断点 | |
| --- | --- |
| 无穷间断点 | 其 　他 |
| $\lim\limits_{x \to x_0} f(x) = \infty$ | 不属于前述各种情况的其他情况 |

在例 2.38（1）中,从图 2.19 可看出,要使该函数在 $x = 1$ 处连续,只要补充函数在 $x = 1$ 的定义,令 $f(1) = 2$,则函数在 $x = 1$ 连续,所以称 $x = 1$ 为该函数的第一类可去间断点.

同样在例 2.38（2）中,从图 2.20 可知,要使该函数在 $x = 0$ 处连续,只要改变函数在 $x = 0$ 的定义,令 $f(0) = 1$,则函数在 $x = 0$ 连续,所以称 $x = 0$ 为该函数的第一类可去间断点.

凡是可去间断点,均可补充或改变函数在该点的定义,使函数在该点连续.

### 4）函数 $y = f(x)$ 在区间上的连续性

**定义 2.14** 如果函数 $f(x)$ 在开区间 $(a, b)$ 内每一点都连续,则称 $f(x)$ 在开区间 $(a, b)$

内连续，$(a,b)$ 称为函数的连续区间；如果函数 $f(x)$ 在开区间 $(a,b)$ 内连续且在左端点 $a$ 处右连续，同时在右端点 $b$ 处左连续，则称 $f(x)$ 在闭区间 $[a,b]$ 上连续.

连续函数在连续区间的图像是一条连续不断的曲线.

由连续函数的定义可知，连续函数的和、差、积、商（分母不为 0）仍为连续函数；连续函数经有限次复合所得到的复合函数仍为连续函数.

**定理 2.6** 初等函数在其定义区间上都是连续的.（证明略）

由定理 2.6 知，若 $f(x)$ 在点 $x_0$ 处连续，即有 $\lim\limits_{x \to x_0} f(x) = f(x_0)$. 因此在求 $\lim\limits_{x \to x_0} f(x)$ 的极限时，只需计算 $f(x_0)$ 的值就可以了.

**【例 2.39】** 求下列函数的极限.

$(1) \lim\limits_{x \to \frac{\pi}{2}} \ln \sin x$ $\quad$ $(2) \lim\limits_{x \to 0} \dfrac{\ln(1+x^2)}{\cos x}$ $\quad$ $(3) \lim\limits_{x \to 4} \dfrac{\sqrt{x+5}-3}{x-4}$

**【解】** $(1)$ $x = \dfrac{\pi}{2}$ 是函数 $y = \ln \sin x$ 定义域中的点即为函数的连续，所以

$$\lim_{x \to \frac{\pi}{2}} \ln \sin x = \ln \sin \frac{\pi}{2} = \ln 1 = 0$$

$(2)$ $x = 0$ 是函数 $y = \dfrac{\ln(1+x^2)}{\cos x}$ 定义域中的点，所以

$$\lim_{x \to 0} \frac{\ln(1+x^2)}{\cos x} = \frac{\ln(1+0)}{\cos 0} = 0$$

$(3)$ $x = 4$ 不是函数 $f(x) = \dfrac{\sqrt{x+5}-3}{x-4}$ 定义域内的点，不能将 $x = 4$ 代入函数计算. 应先对 $f(x)$ 作变形，再用函数的连续性求极限.

$$\lim_{x \to 4} \frac{\sqrt{x+5}-3}{x-4} = \lim_{x \to 4} \frac{(\sqrt{x+5}-3)(\sqrt{x+5}+3)}{(x-4)(\sqrt{x+5}+3)}$$

$$= \lim_{x \to 4} \frac{1}{(\sqrt{x+5}+3)} = \frac{1}{\sqrt{4+5}+3} = \frac{1}{6}$$

**【例 2.40】** 求 $\lim\limits_{x \to \frac{\pi}{9}} \ln(2 \cos 3x)$.

**【解】** $\lim\limits_{x \to \frac{\pi}{9}} \ln(2 \cos 3x) = \ln\left[\lim\limits_{x \to \frac{\pi}{9}} (2 \cos 3x)\right] = \ln\left(2 \cos \dfrac{\pi}{3}\right) = \ln 1 = 0$

**【例 2.41】** 求 $\lim\limits_{x \to 0} e^{\ln(1-\sin x)}$.

**【解】** $\lim\limits_{x \to 0} e^{\ln(1-\sin x)} = e^{\lim\limits_{x \to 0} [\ln(1-\sin x)]} = e^{\ln(1-\sin 0)} = e^0 = 1$

## 5）闭区间 $[a,b]$ 上连续性的性质

若函数 $f(x)$ 在闭区间 $[a,b]$ 上连续，则函数 $f(x)$ 有下面的重要性质.

**定理 2.7（介值定理）** 如果函数 $y = f(x)$ 在闭区间 $[a,b]$ 上连续，且在此区间的端点取

得不同的函数值 $f(a)=A$,$f(b)=B(A\neq B)$,$C$ 是 $A$ 与 $B$ 之间的任一实数($A<C<B$),则在开区间 $(a,b)$ 内至少有一点 $\xi(a<\xi<b)$,使得 $f(\xi)=C(a<\xi<b)$.(证明略)

定理 2.7 的几何解释:如图 2.21 所示,$y=f(x)$ 在闭区间 $[a,b]$ 上连续,曲线与水平直线 $y=C(A<C<B)$ 至少相交于一点,交点坐标为 $(\xi,f(\xi))$,其中 $f(\xi)=C$.

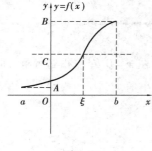
图 2.21

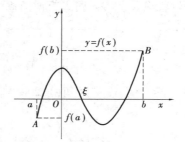
图 2.22

**推论**(零点定理)　若函数 $y=f(x)$ 在闭区间 $[a,b]$ 上连续,且 $f(a)$ 与 $f(b)$ 异号,则在区间 $(a,b)$ 内至少有一点 $\xi$,使得 $f(\xi)=0$,即方程 $f(x)=0$ 在 $(a,b)$ 内至少存在一实根 $x=\xi$.(证明略)

推论的几何解释:如图 2.22 所示,如果点 $A$ 与点 $B$ 分别在 $x$ 轴上、下两侧,则连接 $A,B$ 的曲线 $y=f(x)$ 至少与 $x$ 轴有一个交点.

**【例 2.42】**　证明三次代数方程 $x^3-4x^2+1=0$ 在区间 $(0,1)$ 内至少有一个实根.

**【证明】**　令 $f(x)=x^3-4x^2+1$.

因为 $f(x)=x^3-4x^2+1$ 是初等函数,所以它在 $[0,1]$ 上连续,且 $f(0)=1>0$,$f(1)=-2<0$. 由零点定理可知,在 $(0,1)$ 内至少有一点 $\xi$,使得 $f(\xi)=0$,即有 $\xi^3-4\xi^2+1=0(0<\xi<1)$. 等式说明方程 $x^3-4x^2+1=0$ 在 $(0,1)$ 内至少有一个实数根 $x=\xi$.

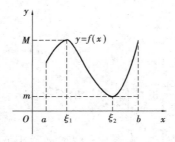
图 2.23

**定理 2.8**(最大最小值定理)　如果函数 $y=f(x)$ 在闭区间 $[a,b]$ 上连续,则 $f(x)$ 在闭区间 $[a,b]$ 上必取最大值与最小值.(证明略)

如图 2.23 所示,函数 $y=f(x)$ 在 $[a,b]$ 上连续,且 $m\leqslant f(x)\leqslant M(a\leqslant x\leqslant b)$,则在 $[a,b]$ 上存在 $\xi_1$ 和 $\xi_2$,在 $x=\xi_1$ 处取得最大值 $f(\xi_1)=M$,在 $x=\xi_2$ 处取得最小值 $f(\xi_2)=m$.

**注　意**

（1）如果函数 $f(x)$ 不是在闭区间而是在开区间内连续，定理 2.8 的结论不一定成立；

（2）如果函数在闭区间上有间断点，定理 2.8 的结论也不一定成立．

例如，函数 $y = x^2 + 1$ 在开区间 $(-1,1)$ 内是连续的，在 $x = 0$ 处取得最小值，但在这个区间内没有最大值；而在区间 $(1,2)$ 内既无最大值也无最小值．

## 习题 2.5

1. 已知函数 $y = 3 - x^2$，试求当 $x = 1$，$\Delta x_1 = 0.1$，$\Delta x_2 = -0.1$，$\Delta x_3 = 0.01$ 时，函数对应的增量 $\Delta y_1, \Delta y_2, \Delta y_3$．

2. 设函数 $f(x) = \begin{cases} 2x - 1 & 0 < x \leqslant 1 \\ 2 - x & 1 < x \leqslant 3 \end{cases}$，求：

（1）$\lim\limits_{x \to \frac{1}{2}} f(x)$；（2）$\lim\limits_{x \to 1} f(x)$；（3）$\lim\limits_{x \to 2} f(x)$．

3. 求下列极限的值．

（1）$\lim\limits_{x \to 0} \sqrt{x^2 - 3x + 2}$

（2）$\lim\limits_{x \to \infty} e^{\frac{1}{x}}$

（3）$\lim\limits_{x \to 5} \dfrac{\sqrt{x - 1} - 2}{x - 5}$

（4）$\lim\limits_{x \to \frac{\pi}{2}} \dfrac{\cos x}{\cos \frac{x}{2} - \sin \frac{x}{2}}$

（5）$\lim\limits_{x \to 0} \dfrac{1}{x} \ln(1 - 2x)$

（6）$\lim\limits_{x \to 0} \dfrac{e^x - 1}{x}$

4. 作函数 $f(x) = \begin{cases} 1 & x \leqslant 2 \\ x + 3 & x > 2 \end{cases}$ 的图像，并讨论函数在 $x = 2$ 处的连续性．

5. 已知函数 $f(x) = \begin{cases} x^2 + 1 & x > 0 \\ 2x + b & x \leqslant 0 \end{cases}$ 在点 $x = 0$ 处连续，求 $b$ 的值．

6. 设函数 $f(x) = \dfrac{x + 1}{x^2 - 1}$，指出函数 $f(x)$ 的间断点，并判断其类型，若是第一类可去间断点，如何在间断点处补充定义使其连续？

7. 设函数 $f(x)$ 在闭区间 $[1,2]$ 上连续，且 $1 < f(x) < 2$．证明：至少存在 $\xi \in (1,2)$，使得 $f(\xi) = \xi$．

# 本章小结

1. 基本内容

1）极限的概念

● 数列的极限

若数列 $\{y_n\}$ 与某一个确定的常数 $A$，有

$$\lim_{n \to \infty} y_n = A \quad 或 \quad 当 n \to \infty 时, y_n \to A$$

则称数列 $\{y_n\}$ 在 $n$ 趋于无穷大时以 $A$ 为极限（收敛于 $A$）；否则称数列 $\{y_n\}$ 是发散的.

● $x \to \infty$ 时函数的极限

若有 $\lim\limits_{x \to \infty} f(x) = A$（$A$ 为确定的常数）或 当 $x \to \infty$ 时, $f(x) \to A$，那么 $A$ 叫作函数 $f(x)$ 当 $x \to \infty$ 时的极限.

● $x \to x_0$ 时函数的极限

若有 $\lim\limits_{x \to x_0} f(x) = A$（$A$ 为确定的常数）或 当 $x \to x_0$ 时, $f(x) \to A$，则称 $A$ 为函数 $f(x)$ 当 $x \to x_0$ 时的极限.

2）无穷小量与无穷大量

● 无穷小量

如果

$$\lim_{x \to x_0} f(x) = 0（或 \lim_{x \to \infty} f(x) = 0）$$

则称 $f(x)$ 为当 $x \to x_0$（或 $x \to \infty$）时的无穷小量.

● 无穷小量的性质

性质 1　有限个无穷小量的代数和为无穷小量.

性质 2　有界函数与无穷小量的积为无穷小量.

性质 3　有限个无穷小量的积为无穷小量.

● 无穷大量

如果

$$\lim f(x) = \infty（包含 x \to x_0 或 x \to \infty 的过程）$$

即函数 $f(x)$ 的绝对值无限增大,则称 $f(x)$ 为该过程中的无穷大量.

两者的关系：如果 $\lim f(x) = \infty$，则 $\lim \dfrac{1}{f(x)} = 0$；反之,如果 $\lim f(x) = 0$ 且 $f(x) \neq 0$,

则　$\lim \dfrac{1}{f(x)} = \infty$.

3）极限的四则运算法则

设下列各函数的极限都存在,则有结论:

（1）$\lim[f_1(x) \pm f_2(x) \pm \cdots \pm f_n(x)] = \lim f_1(x) \pm \lim f_2(x) \pm \cdots \pm \lim f_n(x)$

（2）$\lim[f_1(x) \cdot f_2(x) \cdots f_n(x)] = \lim f_1(x) \cdot \lim f_2(x) \cdots \lim f_n(x)$

（3）$\lim kf(x) = k \lim f(x)$    （$k$ 为常数）

（4）$\lim[f(x)]^n = [\lim f(x)]^n$

（5）$\lim \dfrac{f(x)}{g(x)} = \dfrac{\lim f(x)}{\lim g(x)} = \dfrac{A}{B}(B \neq 0)$

4）两个重要极限

（1）$\lim\limits_{x \to 0} \dfrac{\sin x}{x} = 1$

（2）$\lim\limits_{x \to \infty}\left(1 + \dfrac{1}{x}\right)^x = e$    或    $\lim\limits_{t \to 0}(1 + t)^{\frac{1}{t}} = e$

5）函数的连续性

（1）函数 $y = f(x)$ 在点 $x_0$ 处连续:

如果有 $\lim\limits_{x \to x_0} f(x) = f(x_0)$ ,则称函数 $y = f(x)$ 在点 $x_0$ 处连续;否则就称函数 $y = f(x)$ 在点 $x_0$ 处不连续(或间断).

或者,函数 $f(x)$ 在 $x_0$ 处连续必须同时满足 3 个条件:

①函数 $f(x)$ 在 $x_0$ 处有定义;

②$\lim\limits_{x \to x_0} f(x)$ 存在;

③$\lim\limits_{x \to x_0} f(x) = f(x_0)$.

（2）函数 $f(x)$ 在点 $x_0$ 处左连续、右连续满足的条件:

左连续:$\lim\limits_{x \to x_0^-} f(x) = f(x_0)$

右连续:$\lim\limits_{x \to x_0^+} f(x) = f(x_0)$

（3）函数 $f(x)$ 在点 $x_0$ 处连续的充分必要条件是 $f(x)$ 在 $x_0$ 处既左连续又右连续. 即

$$\lim\limits_{x \to x_0^-} f(x) = \lim\limits_{x \to x_0^+} f(x) = f(x_0)$$

（4）函数 $y = f(x)$ 在区间上连续:

$f(x)$ 在开区间 $(a,b)$ 内连续:函数 $f(x)$ 在开区间 $(a,b)$ 内的每一点都连续,称为在 $(a,b)$ 内连续. $(a,b)$ 称为函数的连续区间。

$f(x)$ 在闭区间 $[a,b]$ 上连续:$f(x)$ 在开区间 $(a,b)$ 内的每一点都连续,在 $a$ 点右连续、$b$ 点左连续,则称函数 $f(x)$ 在闭区间 $[a,b]$ 上连续。

（5）函数的间断点及分类:函数 $f(x)$ 在点 $x_0$ 处不连续,则 $x_0$ 是 $f(x)$ 的间断点。

间断点有以下的分类:

| 第一类间断点 | |
|---|---|
| 可去间断点 | 跳跃间断点 |
| (1) $\lim\limits_{x \to x_0} f(x)$ 存在,但 $f(x)$ 在 $x_0$ 处无定义<br>(2) $\lim\limits_{x \to x_0} f(x)$ 存在,但 $\lim\limits_{x \to x_0} f(x) \neq f(x_0)$ | $f(x_0 - 0)$ 与 $f(x_0 + 0)$ 都存在,但 $f(x_0 - 0) \neq f(x_0 + 0)$ |
| 第二类间断点 | |
| 无穷间断点 | 其他 |
| $\lim\limits_{x \to x_0} f(x) = \infty$ | 不属于前述各种情况的其他情况 |

6)闭区间 $[a, b]$ 上连续函数的性质

假设函数 $f(x)$ 在闭区间 $[a, b]$ 上连续,则有下面的结论:

(1)最值性质: $f(x)$ 在闭区间 $[a, b]$ 上必存在最大值和最小值.

(2)介值定理:如果在区间的端点取得不同的函数值 $f(a) = A, f(b) = B$,且 $A < C < B$,则至少有一点 $\xi \in (a, b)$,使得 $f(\xi) = C(a < \xi < b)$.

(3)零点定理:如果 $f(a)$ 与 $f(b)$ 异号,则至少有一点 $\xi \in (a, b)$,使得 $f(\xi) = 0$,即方程 $f(x) = 0$ 在 $(a, b)$ 内至少存在一实根 $x = \xi$.

2. 基本题型及解题方法

(1)利用函数的连续性求极限.

当函数 $f(x)$ 在点 $x_0$ 处连续量,即 $\lim\limits_{x \to x_0} f(x) = f(x_0)$ 时,可以交换函数符号和极限符号,即

$$\lim_{x \to x_0} f(x) = f(\lim_{x \to x_0} x) = f(x_0)$$

(2)利用无穷小与有界变量的乘积仍是无穷小求极限.

(3)利用无穷小与无穷大的倒数关系求极限.

(4)利用等价无穷小替换求极限.

(5)利用两个重要极限求极限.

(6)对于有理分式的极限,可以按照以下方法求极限.

①当 $x \to x_0$ 时,当分母极限不为零时,可直接利用函数的连续性求极限. 当分母极限为零时,又分为两种情况:第一情况,当分子的极限为非零常数时,则可得其极限为无穷大;第二情况,当分子极限也为零时,则分解因式,消去零因子后再求极限.

②当 $x \to \infty$,且 $a_0 \neq 0, b_0 \neq 0$ 时,有理分式的极限一般有:

$$\lim_{x \to \infty} \frac{a_0 x^m + a_1 x^{m-1} + \cdots + a_m}{b_0 x^n + b_1 x^{n-1} + \cdots b_n} = \begin{cases} \dfrac{a_0}{b_0} & m = n \\ 0 & m < n \\ \infty & m > n \end{cases}$$

（7）讨论分段函数在分段点的极限、连续.

利用下面的关系式：

（1）函数 $y = f(x)$ 在 $x_0$ 点有极限 $\Leftrightarrow \lim\limits_{x \to x_0^-} f(x) = \lim\limits_{x \to x_0^+} f(x)$ ，即求出左右极限判断是否相等；

（2）函数 $y = f(x)$ 在 $x_0$ 点连续 $\Leftrightarrow \lim\limits_{x \to x_0^-} f(x) = \lim\limits_{x \to x_0^+} f(x) = f(x_0)$ ，即求出左右极限、函数值判断是否相等.

# 综合练习题 2

1. 填空题.

（1）极限 $\lim\limits_{x \to 0}(1 - 3x)^{\frac{1}{x}} = $ _____.

（2）极限 $\lim\limits_{x \to \infty}\left(\dfrac{x+a}{x-a}\right)^x = $ _____.

（3）若 $\lim\limits_{x \to 1} f(x) = A$ ，则 $f(1-0) = $ _____.

（4）设 $f(x)$ 在 $(-\infty, +\infty)$ 上连续，$\lim\limits_{x \to x_0}\varphi(x) = 2$，则 $\lim\limits_{x \to x_0} f[\varphi(x)] = $ _____.

（5）设 $\alpha(x)$ 是无穷小量，$E(x)$ 是有界函数，则 $\alpha(x)E(x)$ 为 _____.

（6）设 $f(x) = \dfrac{1}{x}\ln(1-x)$ ，若定义 $f(0) = $ _____ ，则 $f(x)$ 在 $x = 0$ 处连续.

（7）函数 $y = \arccos\dfrac{1}{\sqrt{x^2 - 4}}$ 的连续区间为 _____.

（8）设函数 $f(x) = \begin{cases} \dfrac{x}{\sin 3x} & x < 0 \\ 2x + k & x \geqslant 0 \end{cases}$ 在 $x = 0$ 处连续，则 $k = $ _____.

2. 选择题.

（1）$\lim\limits_{x \to \frac{\pi}{2}}\dfrac{\sin x}{x} = $ （      ）.

A. 1　　　　　　B. 0　　　　　　C. $\pi$　　　　　　D. $\dfrac{2}{\pi}$

（2）$\lim\limits_{x \to \infty}\dfrac{\sin x}{x} + \lim\limits_{x \to \infty}\dfrac{x + \cos x}{x + \sin x} = $ （      ）.

A. 1　　　　　　B. 0　　　　　　C. 2　　　　　　D. 不存在

（3）$\lim\limits_{x \to \infty}\dfrac{1}{x}\sin\dfrac{1}{x} = $ （      ）.

A. 1　　　　　　B. 0　　　　　　C. $\infty$　　　　　　D. 不存在

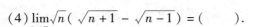

(4)$\lim\limits_{n\to\infty}\sqrt{n}\,(\sqrt{n+1}-\sqrt{n-1})=($ ).

A. 0          B. 1          C. 2          D. 不存在

(5)下列极限正确的是( ).

A. $\lim\limits_{x\to 0}2^{\frac{1}{x}}=\infty$   B. $\lim\limits_{x\to 0}2^{\frac{1}{x}}=0$   C. $\lim\limits_{x\to 0}\sin\dfrac{1}{x}=0$   D. $\lim\limits_{x\to 0}\dfrac{\sin 2x}{x}=2$

(6)函数 $f(x)=\begin{cases}\dfrac{x}{\sin 3x} & x\leqslant 0. \\ 3x+k & x>0\end{cases}$ ,在 $x=0$ 处连续,则 $k=($ ).

A. 3          B. $\dfrac{1}{3}$          C. 2          D. 1

3. 求下列函数的极限.

(1)$\lim\limits_{x\to 0^+}\dfrac{x}{\sqrt{1-\cos x}}$

(2)$\lim\limits_{x\to 2}\dfrac{x^2-4}{\sqrt{x-1}-1}$

(3)$\lim\limits_{x\to 3}\dfrac{\sqrt{1+5x}-4}{\sqrt{x}-\sqrt{3}}$

(4)$\lim\limits_{x\to +\infty}\dfrac{\sqrt{x^2+1}}{2x+1}$

(5)$\lim\limits_{n\to\infty}\dfrac{(n-1)^3}{n^4+1}$

(6)$\lim\limits_{\Delta x\to 0}\dfrac{\sqrt{x+\Delta x}-\sqrt{x}}{\Delta x}$

(7)$\lim\limits_{n\to\infty}\dfrac{\cos\dfrac{n\pi}{2}}{n}$

(8)$\lim\limits_{x\to 1}\dfrac{x+\ln(2-x)}{4\arctan x}$

(9)$\lim\limits_{x\to 1}\dfrac{x^3-1}{x^2-1}$

(10)$\lim\limits_{x\to 0}\dfrac{x}{\ln(1+x)}$

(11)$\lim\limits_{x\to 1}\dfrac{\sin(1-x)}{x^2-1}$

(12)$\lim\limits_{x\to 1}\left(\dfrac{1}{1-x}-\dfrac{3}{1-x^3}\right)$

(13)$\lim\limits_{n\to\infty}\dfrac{1+2+3+\cdots+n}{3n^2+2n+5}$

(14)$\lim\limits_{x\to 0}\dfrac{\tan 3x}{\sin 5x}$

(15)$\lim\limits_{x\to 0}\ln\dfrac{x}{\sin x}$

(16)$\lim\limits_{x\to 0}\dfrac{\ln(1+x)}{x}$

(17)$\lim\limits_{x\to\frac{\pi}{2}}(1+\cos x)^{\sec x}$

4. 试证:当 $x\to 1$ 时,$f(x)=\dfrac{x^2-1}{|x-1|}$ 的极限不存在.

5. 设 $f(x)=\begin{cases}x^2 & 0\leqslant x\leqslant 1 \\ 1+x & x>1\end{cases}$ ,作函数 $f(x)$ 的图像,并讨论 $f(x)$ 在 $x=1$ 和 $x=0$ 处的连续性.

6. 证明:方程 $x^5-2x^2+x+1=0$ 在区间 $(-1,1)$ 内至少有一个实根.

# 导数与微分

导数与微分是微分学的基本概念,是微积分学发展的理论基础. 导数与微分其本质就是研究具有函数关系的变量之间的瞬时变化率,反映出当自变量的增量趋于零的过程中函数的变化性态.

导数与微分在实际中有着广泛的应用,比如求变速运动的瞬时速度、求曲线在给定点的切线、研究最优化的问题等,都会用到变化率的思想,而变化率思想用在数学上就是导数与微分问题. 本章主要介绍一元函数的导数与微分内容.

## 3.1 导数的概念

### 3.1.1 引例

1)曲线的切线斜率

设有曲线 $y = f(x)$,如图 3.1 所示. 求过该曲线上给定的点 $M(x_0, y_0)$ 的切线斜率.

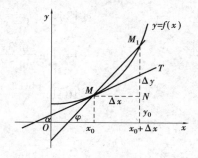

图 3.1

首先,当自变量有增量 $\Delta x (\Delta x \neq 0)$,相应的函数增量 $\Delta y = f(x_0 + \Delta x) - f(x_0)$,对应曲线上另外一点 $M_1(x_0 + \Delta x, y_0 + \Delta y)$,在直角三角形 $MM_1N$ 中割线 $MM_1$ 的斜率为

$$K_{MM_1} = \frac{\Delta y}{\Delta x} = \frac{f(x_0 + \Delta x) - f(x_0)}{\Delta x}$$

当 $\Delta x$ 变化时,割线 $MM_1$ 的斜率 $\tan \varphi$ 也随之变化,当 $|\Delta x| \to 0$ 时,割线 $MM_1$ 的极限位

置即为切线 $MT$,因此,当 $\Delta x \to 0$ 时, $K_{MM_1}$ 的极限为切线 $MT$ 的斜率,即

$$K = \lim_{\Delta x \to 0} \frac{\Delta y}{\Delta x} = \lim_{\Delta x \to 0} \frac{f(x_0 + \Delta x) - f(x_0)}{\Delta x}$$

### 2)变速直线运动的瞬时速度

设有一质点作变速直线运动,其所经过的路程 $s$ 是时间 $t$ 的函数,即 $s = s(t)$. 当时间由 $t_0$ 改变到 $t_0 + \Delta t$ 时 $(\Delta t \neq 0)$,质点在 $\Delta t$ 这段时间内所经过的路程 $\Delta s = s(t_0 + \Delta t) - s(t_0)$,于是质点从 $t_0$ 改变到 $t_0 + \Delta t$ 这段时间内的平均速度为

$$\bar{v} = \frac{\Delta s}{\Delta t} = \frac{s(t_0 + \Delta t) - s(t_0)}{\Delta t}$$

由于质点运动的速度是变化的,所以, $\bar{v}$ 不能精确地刻画出质点在 $t = t_0$ 时刻速度变化的快慢,显然 $\Delta t$ 越小,平均速度 $\bar{v}$ 就越接近 $t_0$ 时刻的瞬时速度 $v(t_0)$. 所以当 $\Delta t \to 0$ 时,如果 $\bar{v}$ 的极限存在,则此极限就是质点在 $t_0$ 时刻的瞬时速度,即

$$v(t_0) = \lim_{\Delta t \to 0} \frac{\Delta s}{\Delta t} = \lim_{\Delta t \to 0} \frac{s(t_0 + \Delta t) - s(t_0)}{\Delta t}$$

## 3.1.2  导数的定义

上述例子是两个不同领域的问题,各自表示不同的实际含义,但无论是求切线斜率还是求瞬时速度,共同点都是先求函数增量与自变量增量的比值(平均变化率),再求自变量增量趋于 0 时的极限,这个特殊的极限就称为函数的导数.

### 1)函数在点 $x_0$ 处的导数

**定义** 3.1  设函数 $y = f(x)$ 在点 $x_0$ 及其邻域内有定义,当 $x$ 在点 $x_0$ 处取得增量 $\Delta x$,相应的函数增量 $\Delta y = f(x_0 + \Delta x) - f(x_0)$,如果 $\Delta y$ 与 $\Delta x$ 之比 $\frac{\Delta y}{\Delta x}$ 当 $\Delta x \to 0$ 时的极限存在,则称函数 $y = f(x)$ 在点 $x_0$ 处可导,并称这一极限值为函数 $y = f(x)$ 在点 $x_0$ 处的导数(微商),记为 $f'(x_0)$,即

$$f'(x_0) = \lim_{\Delta x \to 0} \frac{\Delta y}{\Delta x} = \lim_{\Delta x \to 0} \frac{f(x_0 + \Delta x) - f(x_0)}{\Delta x}$$

也可记为 $y' \big|_{x=x_0}$, $\dfrac{\mathrm{d}y}{\mathrm{d}x} \big|_{x=x_0}$ 或 $\dfrac{\mathrm{d}f(x)}{\mathrm{d}x} \big|_{x=x_0}$.

因 $\Delta x = x - x_0$,且当 $\Delta x \to 0$ 时,必有 $x \to x_0$,所以上述导数的定义也可以有如下的表现形式

$$f'(x_0) = \lim_{x \to x_0} \frac{f(x) - f(x_0)}{x - x_0}$$

### 2）函数在区间内的导数

**定义 3.2** 如果函数 $y = f(x)$ 在区间 $I$ 内每一点处都可导，则称函数 $y = f(x)$ 在区间 $I$ 内可导. 此时，对任一点 $x \in I$，都有对应的一个导数值 $f'(x)$ 与之对应，也就是构成了一个新的函数 $f'(x)$，这个新的函数就称为 $y = f(x)$ 的导函数，即

$$f'(x) = \lim_{\Delta x \to 0} \frac{\Delta y}{\Delta x} = \lim_{\Delta x \to 0} \frac{f(x + \Delta x) - f(x)}{\Delta x}$$

也可记为 $y'$，$\dfrac{dy}{dx}$，$\dfrac{df(x)}{dx}$.

显然，函数 $y = f(x)$ 在点 $x_0$ 处的导数就是导函数在点 $x_0$ 处的函数值，即

$$f'(x_0) = f'(x) \Big|_{x = x_0}$$

**【例 3.1】** 用定义求函数 $y = f(x) = 3x^2 + 2$ 在 $x = 4$ 处的导数.

**【解】**  $\Delta y = f(4 + \Delta x) - f(4)$

$\qquad\qquad = \left[ 3(4 + \Delta x)^2 + 2 \right] - (3 \times 4^2 + 2) = 24\Delta x + 3(\Delta x)^2$

得  $\qquad\qquad \dfrac{\Delta y}{\Delta x} = \dfrac{24\Delta x + 3(\Delta x)^2}{\Delta x} = 24 + 3\Delta x$

所求导数为  $\qquad f'(4) = \lim\limits_{\Delta x \to 0} \dfrac{\Delta y}{\Delta x} = \lim\limits_{\Delta x \to 0} (24 + 3\Delta x) = 24$

### 3）单侧导数

单侧导数包括左导数和右导数，在导数定义中，只需将极限替换为单侧极限，则可给出单侧导数的定义.

**定义 3.3** 设函数 $y = f(x)$ 在点 $x_0$ 及其左侧邻域内有定义，如果极限

$$\lim_{\Delta x \to 0^-} \frac{\Delta y}{\Delta x} = \lim_{\Delta x \to 0^-} \frac{f(x_0 + \Delta x) - f(x_0)}{\Delta x}$$

存在，则此极限值为函数在点 $x_0$ 处的左导数，记为 $f'_-(x_0)$. 类似地，如果极限

$$\lim_{\Delta x \to 0^+} \frac{\Delta y}{\Delta x} = \lim_{\Delta x \to 0^+} \frac{f(x_0 + \Delta x) - f(x_0)}{\Delta x}$$

存在，则此极限值为函数在点 $x_0$ 处的右导数，记为 $f'_+(x_0)$.

左、右导数也可以表示为：

$$f'_-(x_0) = \lim_{x \to x_0^-} \frac{\Delta y}{\Delta x} = \lim_{x \to x_0^-} \frac{f(x) - f(x_0)}{x - x_0}$$

$$f'_+(x_0) = \lim_{x \to x_0^+} \frac{\Delta y}{\Delta x} = \lim_{x \to x_0^+} \frac{f(x) - f(x_0)}{x - x_0}$$

**定理 3.1** 函数 $y = f(x)$ 在点 $x_0$ 处可导的充要条件是左、右导数都存在并且相等.

此定理主要用于讨论函数在某点的导数是否存在，特别是分段函数在分段点的导数是

否存在的讨论.

**定义 3.4** 如果函数 $y = f(x)$ 在开区间 $(a, b)$ 内可导,并且 $f'_+(a)$ 及 $f'_-(b)$ 都存在,则称函数 $y = f(x)$ 在闭区间 $[a, b]$ 上可导.

## 3.1.3 导数的几何意义

由引例知道,如果函数 $f(x)$ 在点 $x_0$ 处可导,则 $f'(x_0)$ 是曲线 $y = f(x)$ 在切点 $(x_0, f(x_0))$ 处的切线斜率,从而曲线在该点处的切线方程为

$$y - f(x_0) = f'(x_0)(x - x_0)$$

当 $f'(x_0) \neq 0$ 时,有法线方程

$$y - f(x_0) = -\frac{1}{f'(x_0)}(x - x_0)$$

特别地,当 $f'(x_0) = 0$ 时,切线是平行于 $x$ 轴的直线 $y = f(x_0)$,而法线是平行于 $y$ 轴的直线 $x = x_0$;当 $f'(x_0) = \infty$ 时,切线是平行于 $y$ 轴的直线 $x = x_0$,而法线是平行于 $x$ 轴的直线 $y = f(x_0)$.

**【例 3.2】** 在曲线 $y = x^2$ 上求一点,使该点的切线平行于直线 $y = 4x - 5$,并求此切线方程.

**【解】** 因为 $y' = 2x$,所求切线平行于直线 $y = 4x - 5$,所以得 $2x = 4$,即 $x = 2$,所求的点为 $(2, 4)$,且过该点的切线方程为 $y - 4 = 4(x - 2)$,即 $y = 4x - 4$.

## 3.1.4 函数可导与连续的关系

**定理 3.2** 如果函数 $f(x)$ 在点 $x_0$ 处可导,则函数 $f(x)$ 在点 $x_0$ 处一定连续.

因为 $f'(x_0) = \lim\limits_{\Delta x \to 0} \dfrac{f(x_0 + \Delta x) - f(x_0)}{\Delta x}$,由函数极限与无穷小量的关系,可得

$$\frac{f(x_0 + \Delta x) - f(x_0)}{\Delta x} = f'(x_0) + \alpha(\Delta x)$$

则 $f(x_0 + \Delta x) - f(x_0) = [f'(x_0) + \alpha(\Delta x)]\Delta x$

当 $\Delta x \to 0$,$\lim[f'(x_0) + a(\Delta x)]\Delta x = 0$,即

则 $$\lim\limits_{\Delta x \to 0}[f(x_0 + \Delta x) - f(x_0)] = 0$$

故 $f(x)$ 在点 $x_0$ 处连续.

注 意

定理 3.2 的逆命题不成立,即函数连续不一定可导.

【例 3.3】　证明:函数 $f(x)=\begin{cases}-x & x\leqslant0 \\ x^2 & x>0\end{cases}$ 在点 $x=0$ 处连续但不可导.

【证明】　因为　$\lim\limits_{x\to0^-}f(x)=\lim\limits_{x\to0^-}(-x)=0$, $\lim\limits_{x\to0^+}f(x)=\lim\limits_{x\to0^+}(x^2)=0$

而 $f(0)=0$,从而函数在 $x=0$ 处的左、右极限存在且相等,并与函数值相等. 所以 $f(x)$ 在点 $x=0$ 处连续,又因为

$$f'_-(0)=\lim_{\Delta x\to0^-}\frac{f(0+\Delta x)-f(0)}{\Delta x}=\lim_{\Delta x\to0^-}\frac{-\Delta x}{\Delta x}=-1$$

$$f'_+(0)=\lim_{\Delta x\to0^+}\frac{f(0+\Delta x)-f(0)}{\Delta x}=\lim_{\Delta x\to0^+}\frac{(\Delta x)^2}{\Delta x}=0$$

左、右导数存在但不相等,所以函数 $f(x)$ 在点 $x_0$ 处不可导.

【例 3.4】　设函数 $f(x)=\begin{cases}1+\sin 2x & x\leqslant0 \\ a+bx & x>0\end{cases}$,试确定 $a,b$,使 $f(x)$ 在点 $x=0$ 处可导.

【解】　要使函数 $f(x)$ 在点 $x=0$ 处可导,则函数在点 $x=0$ 处必连续,则有

$$\lim_{x\to0^-}f(x)=f(0)=\lim_{x\to0^+}f(x)$$

即 $\lim\limits_{x\to0^-}(1+\sin 2x)=1=\lim\limits_{x\to0^+}(a+bx)$,得出 $a=1$.

又　　　　　$$f'_-(0)=\lim_{x\to0^-}\frac{f(x)-f(0)}{x-0}=\lim_{x\to0^-}\frac{\sin 2x}{x}=2$$

$$f'_+(0)=\lim_{x\to0^+}\frac{f(x)-f(0)}{x-0}=\lim_{x\to0^+}\frac{(a+bx)-1}{x}=b\quad(因 a=1)$$

由 $f'_-(0)=f'_+(0)$,得出 $b=2$,所以 $a=1$、$b=2$ 时函数在 $x=0$ 处可导.

## 3.1.5　基本求导公式

利用导数的定义求导比较复杂。所以我们一般先利用导数的定义来求出一些基本初等函数的导数,并把这些基本初等函数的导数作为求导公式使用,这样就使得求导的过程相对简单。

其求导的步骤是:求增量→算比值→取极限. 下面通过几个实例给出基本的求导公式.

【例 3.5】　求常量函数 $f(x)=C$（$C$ 为常数）的导数.

【解】　$f'(x)=\lim\limits_{\Delta x\to0}\dfrac{f(x+\Delta x)-f(x)}{\Delta x}=\lim\limits_{\Delta x\to0}\dfrac{C-C}{\Delta x}=0$

即　　　　　　　　　　　　　　$(C)'=0$

所以得出常数的导数等于零.

【例 3.6】　求正弦函数 $f(x)=\sin x$ 的导数.

【解】　$f'(x)=\lim\limits_{\Delta x\to0}\dfrac{f(x+\Delta x)-f(x)}{\Delta x}=\lim\limits_{\Delta x\to0}\dfrac{\sin(x+\Delta x)-\sin x}{\Delta x}$

$$= \lim_{\Delta x \to 0} \frac{1}{\Delta x} \cdot 2 \cos \left( x + \frac{\Delta x}{2} \right) \sin \frac{\Delta x}{2}$$

$$= \lim_{\Delta x \to 0} \cos \left( x + \frac{\Delta x}{2} \right) \cdot \frac{\sin \left( \frac{\Delta x}{2} \right)}{\frac{\Delta x}{2}} = \cos x$$

由此可得　$(\sin x)' = \cos x$

类似地，可以求得

$$(\cos x)' = -\sin x$$

【例 3.7】　求幂函数 $y = x^\mu$ （$\mu$ 为实数）的导数.

【解】先求出函数 $y = x^n$（$n$ 为正整数）的导数.

$$f'(x) = \lim_{\Delta x \to 0} \frac{f(x + \Delta x) - f(x)}{\Delta x} = \lim_{\Delta x \to 0} \frac{(x + \Delta x)^n - x^n}{\Delta x}$$

$$= \lim_{\Delta x \to 0} \left[ nx^{n-1} + \frac{n(n-1)}{2} x^{n-2} \Delta x + \cdots + (\Delta x)^{n-1} \right] = nx^{n-1}$$

即　　　　　　　　　　　　　　$(x^n)' = nx^{n-1}$

将上述公式里的 $n$ 换成 $\mu$ 公式仍然成立，即 $(x^\mu)' = \mu x^{\mu-1}$

现将基本求导公式归纳如下：

（1）$(C)' = 0$　（$C$ 为常数）　　　　　（2）$(x^\mu)' = \mu x^{\mu-1}$　（$\mu$ 为任意实数）

（3）$(\sin x)' = \cos x$　　　　　　　　　（4）$(\cos x)' = -\sin x$

（5）$(\tan x)' = \sec^2 x$　　　　　　　　（6）$(\cot x)' = -\csc^2 x$

（7）$(\sec x)' = \sec x \tan x$　　　　　　（8）$(\csc x)' = -\csc x \cot x$

（9）$(a^x)' = a^x \ln a$　（$a > 0, a \neq 1$）　（10）$(e^x)' = e^x$

（11）$(\log_a x)' = \dfrac{1}{x \ln a}$　（$a > 0, a \neq 1$）　（12）$(\ln x)' = \dfrac{1}{x}$

（13）$(\arcsin x)' = \dfrac{1}{\sqrt{1 - x^2}}$　　　（14）$(\arccos x)' = -\dfrac{1}{\sqrt{1 - x^2}}$

（15）$(\arctan x)' = \dfrac{1}{1 + x^2}$　　　　（16）$(\text{arccot } x)' = -\dfrac{1}{1 + x^2}$

# 习题 3.1

1. 用导数的定义求下列函数的导数.

（1）$f(x) = x^3 - 1$，求 $f'(x)$，$f'(4)$　　　　　（2）$f(x) = \sqrt{x}$，求 $f'(x)$，$f'(4)$

2. 设函数 $f(x)$ 在点 $x_0$ 处可导,求下列极限.

(1) $\lim\limits_{\Delta x \to 0} \dfrac{f(x_0 + 2\Delta x) - f(x_0)}{\Delta x}$

(2) $\lim\limits_{h \to 0} \dfrac{f(x_0 - h) - f(x_0)}{h}$

3. 求下列函数的导数.

(1) $y = x^4$

(2) $y = \sqrt[3]{x^2}$

(3) $y = x^{-3}$

(4) $y = \dfrac{x^2 \sqrt{x}}{\sqrt[4]{x}}$

4. 设 $f(x) = \cos x$,求 $f'\left(\dfrac{\pi}{6}\right)$,$f'\left(\dfrac{\pi}{3}\right)$.

5. 求曲线 $y = \dfrac{1}{x}$ 在点 $(1,1)$ 处的切线方程和法线方程.

6. 设函数 $f(x)$ 在点 $x_0$ 处可导,且 $f(x_0) = 1$,求 $\lim\limits_{x \to x_0} f(x)$.

# 3.2  函数的求导法则

## 3.2.1  导数的四则运算法则

**定理 3.3**  如果函数 $u = u(x)$ 及 $v = v(x)$ 都在点 $x$ 处可导,那么它们的和、差、积、商(除分母为零的点外)都在点 $x$ 处可导,且

(1) $[u(x) + v(x)]' = u'(x) + v'(x)$

(2) $[u(x)v(x)]' = u'(x)v(x) + u(x)v'(x)$

(3) $\left[\dfrac{u(x)}{v(x)}\right]' = \dfrac{u'(x)v(x) - u(x)v'(x)}{v^2(x)}$   $(v(x) \neq 0)$

(证明略)

**注 意**

法则(1)可推广到有限个可导函数代数和的情形,例如

$$[u_1(x) \pm u_2(x) \pm \cdots \pm u_n(x)]' = u_1'(x) \pm u_2'(x) \pm \cdots \pm u_n'(x)$$

法则(2)可推广到 3 个可导函数之积的情形,例如

$$[u(x)v(x)w(x)]' = u'(x)v(x)w(x) + u(x)v'(x)w(x) + u(x)v(x)w'(x)$$

在法则(2)中,如果 $v(x)$ 为常数 $C$,则因 $(C)' = 0$,故有 $[Cu(x)]' = Cu'(x)$,即常数因子可以提到求导符号外.

在法则(3)中,如果 $u(x) = C$($C$ 为常数,$v(x) \neq 0$),则有简化公式

$$\left[\dfrac{C}{v(x)}\right]' = -\dfrac{Cv'(x)}{v^2(x)}$$

【例 3.8】 求 $y = 2x^3 - 5x^2 + 3x - 7$ 的导数.

【解】 $y' = (2x^3 - 5x^2 + 3x - 7)' = (2x^3)' - (5x^2)' + (3x)' - (7)'$

$\qquad = 2 \times 3x^2 - 5 \times 2x + 3 = 6x^2 - 10x + 3$

【例 3.9】 求 $y = x^3 + 4\cos x - \sin \dfrac{\pi}{2}$ 的导数.

【解】 $y' = \left( x^3 + 4\cos x - \sin \dfrac{\pi}{2} \right)' = 3x^2 - 4\sin x$

【例 3.10】 求 $y = \tan x$ 的导数.

【解】 $y' = (\tan x)' = \left( \dfrac{\sin x}{\cos x} \right)' = \dfrac{(\sin x)' \cos x - \sin x (\cos x)'}{\cos^2 x}$

$\qquad = \dfrac{\cos^2 x + \sin^2 x}{\cos^2 x} = \dfrac{1}{\cos^2 x} = \sec^2 x$

即 $(\tan x)' = \sec^2 x$

【例 3.11】 求 $y = \sec x$ 的导数.

【解】 $y' = (\sec x)' = \left( \dfrac{1}{\cos x} \right)' = \dfrac{(1)' \cdot \cos x - 1 \cdot (\cos x)'}{\cos^2 x}$

$\qquad = \dfrac{\sin x}{\cos^2 x} = \sec x \tan x$

即 $(\sec x)' = \sec x \tan x$

用类似的方法,还可以求得余切函数及余割函数的导数公式:

$$(\cot x)' = -\csc^2 x$$

$$(\csc x)' = -\csc x \cot x$$

【例 3.12】 求 $y = e^x(\sin x + \cos x)$ 的导数.

【解】 $y' = [e^x(\sin x + \cos x)]' = e^x(\sin x + \cos x) + e^x(\cos x - \sin x)$

$\qquad = 2e^x \cos x$

## 3.2.2 复合函数求导法则

**定理 3.4** 若函数 $u = g(x)$ 在点 $x$ 处可导,而 $y = f(u)$ 在点 $u = g(x)$ 处可导,则复合函数 $y = f[g(x)]$ 在点 $x$ 处可导,且其导数为

$$\frac{\mathrm{d}y}{\mathrm{d}x} = f'(u) \cdot g'(x) \quad \text{或} \quad \frac{\mathrm{d}y}{\mathrm{d}x} = \frac{\mathrm{d}y}{\mathrm{d}u} \cdot \frac{\mathrm{d}u}{\mathrm{d}x}$$

注意

(1)复合函数的求导公式也可推广到可导函数的有限次复合的情形. 例如,设 $y = f(u), u = g(v), v = \varphi(x)$ 都可导,则 $\dfrac{\mathrm{d}y}{\mathrm{d}x} = f'(u) \cdot g'(v) \cdot \varphi'(x)$.

（2）复合函数的求导法则可叙述为：复合函数的导数，等于函数对中间变量的导数乘以中间变量对自变量的导数. 这一法则又称为复合函数的链锁法则.

---

【例 3.13】　求函数 $y = \sin 2x$ 的导数.

【解】　$y' = (\sin 2x)'$

$\qquad = \cos 2x(2x)'$

$\qquad = 2\cos 2x$

【例 3.14】　求函数 $y = \sin^5 x - \sin x^5$ 的导数.

【解】　$y' = (\sin^5 x)' - (\sin x^5)'$

$\qquad = 5\sin^4 x(\sin x)' - \cos x^5(x^5)'$

$\qquad = 5(\sin^4 x \cos x - x^4 \cos x^5)$

【例 3.15】　求函数 $y = \mathrm{e}^{\cos\frac{1}{x}}$ 的导数.

【解】　$y' = \left(\mathrm{e}^{\cos\frac{1}{x}}\right)' = \mathrm{e}^{\cos\frac{1}{x}} \cdot \left(\cos\frac{1}{x}\right)' = \mathrm{e}^{\cos\frac{1}{x}} \cdot \left(-\sin\frac{1}{x}\right) \cdot \left(\frac{1}{x}\right)'$

$\qquad = \frac{1}{x^2}\mathrm{e}^{\cos\frac{1}{x}} \cdot \sin\frac{1}{x}$

【例 3.16】　求函数 $y = \sqrt[3]{\cot\dfrac{x}{2}}$ 的导数.

【解】　$y' = \left(\sqrt[3]{\cot\dfrac{x}{2}}\right)' = \dfrac{1}{3}\left(\cot\dfrac{x}{2}\right)^{-\frac{2}{3}} \cdot \left(\cot\dfrac{x}{2}\right)'$

$\qquad = -\dfrac{1}{6}\sqrt[3]{\tan^2\dfrac{x}{2}} \cdot \csc^2\dfrac{x}{2}$

【例 3.17】　求函数 $y = \ln(x^2 + \mathrm{e}^{-x})$ 的导数.

【解】　$y' = \left[\ln(x^2 + \mathrm{e}^{-x})\right]' = \dfrac{1}{(x^2 + \mathrm{e}^{-x})}\left[(x^2 + \mathrm{e}^{-x})\right]'$

$\qquad = \dfrac{2x - \mathrm{e}^{-x}}{x^2 + \mathrm{e}^{-x}}$

【例 3.18】　已知 $f(x)$ 可导，求 $y = f(\sin^2 x) + f(\cos^2 x)$ 的导数.

【解】　$y' = \left[f(\sin^2 x) + f(\cos^2 x)\right]'$

$\qquad = 2\sin x \cos x f'(\sin^2 x) - 2\cos x \sin x f'(\cos^2 x)$

$\qquad = \sin 2x\left[f'(\sin^2 x) - f'(\cos^2 x)\right]$

### 3.2.3　隐函数的导数

具有函数关系的两个变量 $x, y$，其函数关系的表现形式可以是多种多样的. 如即将学习的隐函数及参数函数的表现形式. 到目前为止, 前面定义的函数称为显函数, 即由 $y = f(x)$ 所表示的函数, 如 $y = 3 \sin x - 2^x$, $f(x) = \ln x + \sqrt{x}$ 等. 显函数的特点是: 因变量放在等号的左端, 含有自变量的解析式放在等号的右端, 并且明显地将因变量表示出来.

**隐函数** 由方程 $F(x, y) = 0$ 所确定的 $y$ 是 $x$ 的函数称为隐函数, 如 $x^2 + y^2 = 4$, $\log_a x - \sin(xy^2) = y$.

隐函数的特点是: $x$ 与 $y$ 的函数关系隐含在方程 $F(x, y) = 0$ 中. 一般地, 显函数可以隐化为隐函数, 如 $y = 3 \sin x - 2^x$ 隐化为 $y - 3 \sin x + 2^x = 0$; 但隐函数不一定都能显化为显函数, 如 $\cos(x + y) = \ln(3x - 2) - x^2$. 而对隐函数求导数并不需要将函数显化, 可直接对方程求导. 下面通过例题来体会这种方法.

【例 3.19】 求方程 $e^y - e + xy = 0$ 所确定的隐函数 $y$ 的导数.

【解】 方程两边同时对 $x$ 求导数, 注意 $y = y(x)$.

得 $\dfrac{d}{dx}(e^y - e + xy) = 0$

即 $e^y \dfrac{dy}{dx} + y + x \dfrac{dy}{dx} = 0$

从而 $\dfrac{dy}{dx} = -\dfrac{y}{x + e^y}$ $(x + e^y \neq 0)$

【例 3.20】 求方程 $\dfrac{x^2}{16} + \dfrac{y^2}{9} = 1$ 在点 $M\left(2, \dfrac{3}{2}\sqrt{3}\right)$ 处的切线方程.

【解】 由导数的几何意义, 可得切线的斜率为

$$k = y' \Big|_{x=2}$$

对上述椭圆方程的两边分别对 $x$ 求导, 有

$$\frac{x}{8} + \frac{2}{9}y \cdot y' = 0$$

从而 $y' = \dfrac{-9x}{16y}$

当 $x = 2$ 时, 将 $y = \dfrac{3}{2}\sqrt{3}$ 代入上式

$$k = y' \Big|_{x=2} = -\frac{\sqrt{3}}{4}$$

于是所求的切线方程为

$$y - \frac{3}{2}\sqrt{3} = -\frac{\sqrt{3}}{4}(x - 2)$$

即 $\sqrt{3}x + 4y - 8\sqrt{3} = 0$

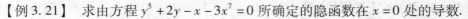

【例3.21】 求由方程 $y^5 + 2y - x - 3x^7 = 0$ 所确定的隐函数在 $x = 0$ 处的导数.

【解】 方程两边同时对 $x$ 求导,有

$$5y^4 y' + 2y' - 1 - 21x^6 = 0$$

由此得 $y' = \dfrac{1 + 21x^6}{5y^4 + 2}$

因为当 $x = 0$ 时,从原方程得 $y = 0$,所以

$$y' \Big|_{x=0} = \frac{1}{2}$$

从以上例子可以看出隐函数求导的步骤:

①方程两边同时对自变量 $x$ 求导,这时 $y$ 是 $x$ 的函数;

②遇到 $y$ 的函数时先对 $y$ 求导,再乘以 $y$ 对 $x$ 的导数;

③从所得关系式中解出 $y'$,就是所求的隐函数的导数.

## 3.2.4  对数求导法

形如 $y = u(x)^{v(x)}$ $(u(x) \neq 0, v(x) \neq 0)$ 的函数称为幂指函数. 直接使用前面介绍的求导法则不能求出幂指函数的导数,对于这类函数,可以先在函数两边取对数,然后在等式两边同时对自变量 $x$ 求导,最后解出所求导数. 这种方法称为对数求导法.

【例3.22】 设 $y = x^{\sin x}$ $(x > 0)$,求 $y'$.

【解】 该函数是幂指函数,先在两边取对数,得

$$\ln y = \sin x \cdot \ln x$$

再在两边分别对 $x$ 求导,有

$$\frac{1}{y} y' = \cos x \ln x + \sin x \cdot \frac{1}{x}$$

于是

$$y' = y \left( \cos x \ln x + \sin x \cdot \frac{1}{x} \right)$$

$$= x^{\sin x} \left( \cos x \ln x + \sin x \cdot \frac{1}{x} \right)$$

【例3.23】 设 $y = \dfrac{\sqrt{(x-1)(x-2)}}{(x-3)(x-4)}$,求 $y'$.

【解】 两边取对数,得

$$\ln y = \frac{1}{2} [\ln(x-1) + \ln(x-2)] - [\ln(x-3) + \ln(x-4)]$$

上式两边分别对 $x$ 求导,有

$$\frac{1}{y} y' = \frac{1}{2} \left( \frac{1}{x-1} + \frac{1}{x-2} \right) - \left( \frac{1}{x-3} + \frac{1}{x-4} \right)$$

于是

$$y' = \frac{y}{2} \left( \frac{1}{x-1} + \frac{1}{x-2} \right) - y \left( \frac{1}{x-3} + \frac{1}{x-4} \right)$$

## 3.2.5　由参数方程所确定的函数的求导法

**定理 3.5**　如果 $x = \varphi(t)$，$y = \psi(t)$ 都是可导的，且 $\varphi'(t) \neq 0$，则由参数方程

$\begin{cases} x = \varphi(t) \\ y = \psi(t) \end{cases}$ 所确定的函数 $y = y(x)$ 也可导，且 $\dfrac{\mathrm{d}y}{\mathrm{d}x} = \dfrac{\dfrac{\mathrm{d}y}{\mathrm{d}t}}{\dfrac{\mathrm{d}x}{\mathrm{d}t}} = \dfrac{\psi'(t)}{\varphi'(t)}$.

**【例 3.24】**　求摆线的参数方程 $\begin{cases} x = a(t - \sin t) \\ y = a(1 - \cos t) \end{cases}$ 所表示的函数 $y = y(x)$ 的导数.

**【解】**　$\dfrac{\mathrm{d}y}{\mathrm{d}x} = \dfrac{\dfrac{\mathrm{d}y}{\mathrm{d}t}}{\dfrac{\mathrm{d}x}{\mathrm{d}t}} = \dfrac{a \sin t}{a(1 - \cos t)} = \cot \dfrac{t}{2}$

**【例 3.25】**　求椭圆 $\begin{cases} x = a \cos t \\ y = b \sin t \end{cases}$ 在 $t = \dfrac{\pi}{4}$ 处的切线方程.

**【解】**　当 $t = \dfrac{\pi}{4}$ 时，椭圆上的相应点 $M_0$ 的坐标是：

$$x_0 = a \cos \frac{\pi}{4} = \frac{a\sqrt{2}}{2} \qquad y_0 = b \sin \frac{\pi}{4} = \frac{b\sqrt{2}}{2}$$

曲线在点 $M_0$ 的切线的斜率为：

$$\frac{\mathrm{d}y}{\mathrm{d}x} \bigg|_{t=\frac{\pi}{4}} = \frac{(b \sin t)'}{(a \cos t)'} \bigg|_{t=\frac{\pi}{4}} = \frac{b \cos t}{-a \sin t} \bigg|_{t=\frac{\pi}{4}} = -\frac{b}{a}$$

代入点斜式方程即得椭圆在点 $M_0$ 处的切线方程：

$$y - \frac{b\sqrt{2}}{2} = -\frac{b}{a} \left( x - \frac{a\sqrt{2}}{2} \right)$$

化简后得

$$bx + ay - \sqrt{2}\,ab = 0$$

## 3.2.6　高阶导数

**定义 3.5**　如果函数 $f(x)$ 的导数 $f'(x)$ 在点 $x$ 处可导，即

$$(f'(x))' = \lim_{\Delta x \to 0} \frac{f'(x + \Delta x) - f'(x)}{\Delta x}$$

存在，则称 $(f'(x))'$ 为函数 $f(x)$ 在点 $x$ 处的二阶导数，记为

$$f''(x), y'', \frac{\mathrm{d}^2 y}{\mathrm{d}x^2} \quad \text{或} \quad \frac{\mathrm{d}^2 f(x)}{\mathrm{d}x^2}$$

类似地,二阶导数的导数称为三阶导数,记为

$$f'''(x), y''', \frac{\mathrm{d}^3 y}{\mathrm{d}x^3} \quad \text{或} \quad \frac{\mathrm{d}^3 f(x)}{\mathrm{d}x^3}$$

一般地,$f(x)$ 的 $n-1$ 阶导数的导数称为 $f(x)$ 的 $n$ 阶导数,记为

$$f^{(n)}(x), y^{(n)}, \frac{\mathrm{d}^n y}{\mathrm{d}x^n} \quad \text{或} \quad \frac{\mathrm{d}^n f(x)}{\mathrm{d}x^n}$$

**注 意**

二阶和二阶以上的导数统称为高阶导数. 相应地,$f(x)$ 称为零阶导数;$f'(x)$ 称为一阶导数.

【例 3.26】 设 $y = ax^2 + bx + c$,求 $y''$.

【解】 $y' = 2ax + b \qquad y'' = 2a$

【例 3.27】 设 $y = \sin \omega x$,求 $y$ 的二阶导数.

【解】 $y' = \omega \cos \omega x \qquad y'' = -\omega^2 \sin \omega x$

【例 3.28】 求 $y = \mathrm{e}^x$ 的 $n$ 阶导数.

【解】 $y' = \mathrm{e}^x, y'' = \mathrm{e}^x, y''' = \mathrm{e}^x, y^{(4)} = \mathrm{e}^x \cdots,$

一般地,可得

$$y^{(n)} = (\mathrm{e}^x)^{(n)} = \mathrm{e}^x$$

【例 3.29】 求幂函数 $y = x^\mu$($\mu$ 为任意常数)的 $n$ 阶求导公式.

【解】 $y' = \mu x^{\mu-1}, y'' = \mu(\mu-1)x^{\mu-2}, y''' = \mu(\mu-1)(\mu-2)x^{\mu-3}$

一般地,可得 $\qquad y^{(n)} = \mu(\mu-1)(\mu-2)\cdots(\mu-n+1)x^{\mu-n}$

【例 3.30】 求 $y = \ln(1+x)$ 的 $n$ 阶导数.

【解】 $y' = \dfrac{1}{1+x}, y'' = -\dfrac{1}{(1+x)^2}, y''' = \dfrac{1 \cdot 2}{(1+x)^3}, y^{(4)} = -\dfrac{1 \cdot 2 \cdot 3}{(1+x)^4}$

一般地,可得 $\qquad y^{(n)} = [\ln(1+x)]^{(n)} = (-1)^{n-1}\dfrac{(n-1)!}{(1+x)^n}$

通过对以上例题的分析可知,高阶导数计算没有专门的方法,只不过是累积求导数的次数.

## 习题 3.2

1. 求下列函数的导数.

$(1) y = x^3 + 2 \sin x + \log_2 5$

$(2) y = x^4 - \dfrac{4}{x^3}$

$(3) y = a^x + e^x$

$(4) y = \sqrt{x} + \ln x - 4$

$(5) y = \log_3 x + 2 \cos x$

$(6) y = \dfrac{1}{2} \arctan x - \sqrt{\sqrt{x}}$

$(7) y = e^x \cos x$

$(8) y = x \sin x \ln x$

$(9) y = \dfrac{x}{1 + \sin x}$

2. 求下列函数的导数.

$(1) y = \sqrt{2 - 4x}$

$(2) y = \ln \cos \dfrac{1}{x}$

$(3) y = \sin^5 x$

$(4) y = \sin x^5$

$(5) y = e^{\sqrt{\sin 2x}}$

$(6) y = \sqrt[3]{1 + e^{2x}}$

$(7) y = e^{-x} \cos e^x$

$(8) y = x \arcsin \dfrac{x}{2} + \sqrt{4 - x^2}$

3. 求下列方程所确定的隐函数的导数 $\dfrac{dy}{dx}$.

$(1) e^x - e^y = \sin(xy)$

$(2) y^2 \cos x = x^2 \sin y$

$(3) x^3 + y^3 - 3xy = 0$

4. 求下列函数的导数.

$(1) y = x^{\ln x}$

$(2) y = x^5 \sqrt{\dfrac{1 - x}{1 + x^2}}$

5. 求下列参数方程所确定的函数的导数 $\dfrac{dy}{dx}$.

$(1) \begin{cases} x = \theta(1 - \sin \theta) \\ y = \theta \cos \theta \end{cases}$

$(2) \begin{cases} x = e^t \sin t \\ y = e^t \cos t \end{cases}$

6. 求下列函数的二阶导数.

$(1) y = e^{2x-1}$

$(2) y = (1 + x^2) \arctan x$

$(3) f(x) = \dfrac{2x^3 + \sqrt{x} + 4}{x}$

$(4) f(x) = \dfrac{e^x}{x}$

7. 求下列函数的 $n$ 阶导数.

$(1) y = x \ln x$

$(2) y = a^x (a > 0, a \neq 1)$

## 3.3　函数的微分

函数的导数表示函数的变化率,它描述了函数变化的快慢程度.在工程技术和经济活动中,有时还需要了解当自变量取得一个微小的增量时,函数相应增量的改变.一般来说,计算函数增量 $\Delta y$ 的精确值是比较困难的,所以,往往需要运用简便的方法计算它的近似值.这就是函数微分所要解决的问题.本节将学习微分的概念、运算法则与基本公式,并介绍微分在近似计算中的应用.

### 3.3.1　引例

设有一个边长为 $x$ 的金属片,受热后边长伸长了 $\Delta x$（见图3.2）,问其面积增加了多少?

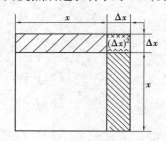

图 3.2

设正方形金属片的面积为 $y$ ,面积与边长的函数关系为 $y = x^2$ ,受热后边长由 $x$ 变到 $x + \Delta x$ ,面积相应地得到增量

$$\Delta y = (x + \Delta x)^2 - x^2 = 2x\Delta x + (\Delta x)^2$$

上式右端第一项是关于 $\Delta x$ 的一次项,且是 $\Delta y$ 的主要部分,称为 $\Delta y$ 的线性主部;第二项 $(\Delta x)^2$ 是比 $\Delta x(\Delta x \to 0)$ 高阶的无穷小,它在 $\Delta y$ 中所起的作用很微小,可以忽略不计.所以

$$\Delta y \approx 2x\Delta x$$

由于 $f'(x) = 2x$ ,所以上式可以写成

$$\Delta y \approx f'(x)\Delta x$$

这个结论具有一般性,由此引出微分的定义.

### 3.3.2　微分的概念

**定义 3.6**　设函数 $y = f(x)$ 在某区间内有定义, $x$ 及 $x + \Delta x$ 在该区间内,如果函数的增量

$$\Delta y = f(x + \Delta x) - f(x)$$

可表示为
$$\Delta y = A \cdot \Delta x + o(\Delta x)$$

其中，$A$ 是与 $\Delta x$ 无关而仅与 $x$ 相关的函数，则称函数 $y = f(x)$ 可微，并且称 $A \cdot \Delta x$ 为函数 $y = f(x)$ 在 $x$ 处相应于自变量的改变量 $\Delta x$ 的微分，记作 $\mathrm{d}y$，即

$$\mathrm{d}y = A \cdot \Delta x$$

微分与导数的关系：假设函数 $f(x)$ 在 $x$ 处可导，则导数为

$$f'(x) = \lim_{\Delta x \to 0} \frac{f(x + \Delta x) - f(x)}{\Delta x} = \lim_{\Delta x \to 0} \frac{\Delta y}{\Delta x}$$

在微分的定义中 $\Delta y = A \cdot \Delta x + o(\Delta x)$，两边同时除以 $\Delta x$，得

$$\frac{\Delta y}{\Delta x} = A + \frac{o(\Delta x)}{\Delta x}$$

所以
$$f'(x) = \lim_{\Delta x \to 0} \frac{\Delta y}{\Delta x} = \lim_{\Delta x \to 0} \left( A + \frac{o(\Delta x)}{\Delta x} \right) = A$$

于是
$$\mathrm{d}y = f'(x) \Delta x$$

由此得到一个非常重要的结论：函数 $y = f(x)$ 在点 $x$ 处可微的充分必要条件是函数 $y = f(x)$ 在点 $x$ 处可导。函数在一个点导数存在与微分存在是等价的概念。

设 $y = x$，则 $\mathrm{d}x = x' \cdot \Delta x = \Delta x$，所以

$$\mathrm{d}y = f'(x) \mathrm{d}x$$

$y = f(x)$ 在点 $x$ 处可导，且有

$$\mathrm{d}y = f'(x) \mathrm{d}x \Leftrightarrow \frac{\mathrm{d}y}{\mathrm{d}x} = f'(x)$$

即函数的导数等于函数的微分与自变量的微分的商，因此导数又称为"微商".

【例 3.31】　求函数 $y = x^3$ 当 $x = 2$，$\Delta x = 0.02$ 时的微分.

【解】　先求函数在任一点的微分

$$\mathrm{d}y = f'(x) \Delta x = (x^3)' \Delta x = 3x^2 \Delta x$$

再求函数当 $x = 2$，$\Delta x = 0.02$ 时的微分

$$\mathrm{d}y \bigg|_{\substack{x=2 \\ \Delta x = 0.02}} = 3x^2 \Delta x \bigg|_{\substack{x=2 \\ \Delta x = 0.02}} = 3 \times 2^2 \times 0.02 = 0.24$$

【例 3.32】　求函数 $y = x^2$ 在 $x = 1$ 和 $x = 3$ 处的微分.

【解】　先求函数的微分 $\mathrm{d}y = y' \mathrm{d}x = 2x \mathrm{d}x$

再分别求函数 $y = x^2$ 在 $x = 1$ 和 $x = 3$ 处的微分

$$\mathrm{d}y \bigg|_{x=1} = (x^2)' \bigg|_{x=1} \mathrm{d}x = 2\mathrm{d}x$$

$$\mathrm{d}y \bigg|_{x=3} = (x^2)' \bigg|_{x=3} \mathrm{d}x = 6\mathrm{d}x$$

## 3.3.3　微分的几何意义

设图 3.3 为函数 $y = f(x)$ 的图形，过曲线上一点 $M(x, y)$ 作切线 $MT$，设 $MT$ 的倾斜角

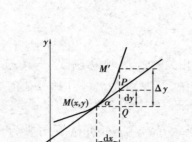

图 3.3

为 $\alpha$，则

$$\tan \alpha = f'(x)$$

当自变量有增量 $\Delta x$ 时，切线 $MT$ 的纵坐标相应地有增量

$$QP = \tan \alpha \Delta x = f'(x) \Delta x = \mathrm{d}y$$

因此，函数 $y = f(x)$ 在点 $x$ 处的微分的几何意义就是，曲线 $y = f(x)$ 在点 $M(x,y)$ 处的切线 $MT$ 的纵坐标对应于 $\mathrm{d}x$ 的增量 $QP$，即 $QP = \mathrm{d}y$.

### 3.3.4 微分的运算法则

#### 1）微分的基本公式

由 $\mathrm{d}y = f'(x)\mathrm{d}x$ 可知，求函数的微分只要求出它的导数 $f'(x)$，再乘以自变量的微分即可. 所以由导数的基本公式及导数的运算法则可直接得到微分的基本公式和运算法则.

(1) $\mathrm{d}(C) = 0$  （$C$ 为常数）

(2) $\mathrm{d}(x^\mu) = \mu x^{\mu-1}\mathrm{d}x$

(3) $\mathrm{d}(\sin x) = \cos x\mathrm{d}x$

(4) $\mathrm{d}(\cos x) = -\sin x\mathrm{d}x$

(5) $\mathrm{d}(\tan x) = \sec^2 x\mathrm{d}x$

(6) $\mathrm{d}(\cot x) = -\csc^2 x\mathrm{d}x$

(7) $\mathrm{d}(\sec x) = \sec x \tan x\mathrm{d}x$

(8) $\mathrm{d}(\csc x) = -\csc x \cot x\mathrm{d}x$

(9) $\mathrm{d}(a^x) = a^x \ln a\mathrm{d}x$

(10) $\mathrm{d}(e^x) = e^x\mathrm{d}x$

(11) $\mathrm{d}(\log_a x) = \dfrac{1}{x \ln a}\mathrm{d}x$

(12) $\mathrm{d}(\ln x) = \dfrac{1}{x}\mathrm{d}x$

(13) $\mathrm{d}(\arcsin x) = \dfrac{1}{\sqrt{1-x^2}}\mathrm{d}x$

(14) $\mathrm{d}(\arccos x) = -\dfrac{1}{\sqrt{1-x^2}}\mathrm{d}x$

(15) $\mathrm{d}(\arctan x) = \dfrac{1}{1+x^2}\mathrm{d}x$

(16) $\mathrm{d}(\mathrm{arccot}\, x) = -\dfrac{1}{1+x^2}\mathrm{d}x$

#### 2）函数的和、差、积、商的微分法则

设 $u(x)$ 和 $v(x)$ 都是 $x$ 的可微函数，后面用 $u, v$ 表示，$C$ 为常数，则有

(1) $\mathrm{d}(u \pm v) = \mathrm{d}u \pm \mathrm{d}v$

(2) $\mathrm{d}(Cu) = C\mathrm{d}u$

$(3) \mathrm{d}(uv) = v\mathrm{d}u + u\mathrm{d}v$ $\qquad (4) \mathrm{d}\left(\dfrac{u}{v}\right) = \dfrac{v\mathrm{d}u - u\mathrm{d}v}{v^2} \quad (v \neq 0)$

### 3)复合函数的微分

设函数 $y = f(u), u = \varphi(x)$ 都是可导函数,则复合函数 $y = f(\varphi(x))$ 的微分为

$$\mathrm{d}y = f'(\varphi(x))\varphi'(x)\mathrm{d}x = f'(u)\varphi'(x)\mathrm{d}x = f'(u)\mathrm{d}u$$

即 $\qquad\qquad\qquad\qquad\qquad \mathrm{d}y = f'(u)\mathrm{d}u$

上式与 $\mathrm{d}y = f'(x)\mathrm{d}x$ 比较可知,不论 $u$ 是自变量还是中间变量,函数 $y = f(u)$ 的微分总保持同一形式,这一性质称为一阶微分的形式的不变性.

根据这一性质,上面所得到的微分基本公式中的 $x$ 都可以换成可微函数 $u$,例如 $\mathrm{d}(\sin u) = \cos u\mathrm{d}u$,这里 $u$ 是 $x$ 的可微函数.

【例 3.33】 设 $y = x\sin 2x$,求 $\mathrm{d}y$.

【解】 $\begin{aligned}[t]\mathrm{d}y &= \mathrm{d}(x\sin 2x) = \sin 2x\mathrm{d}x + x\mathrm{d}(\sin 2x)\\ &= \sin 2x\mathrm{d}x + 2x\cos 2x\mathrm{d}x = (\sin 2x + 2x\cos 2x)\mathrm{d}x\end{aligned}$

【例 3.34】 求函数 $y = \mathrm{e}^{1-3x}\cos x$ 的微分.

【解】 法 1:应用积的微分法则,得

$$\begin{aligned}\mathrm{d}y &= \mathrm{d}(\mathrm{e}^{1-3x}\cos x) = \cos x\mathrm{d}(\mathrm{e}^{1-3x}) + \mathrm{e}^{1-3x}\mathrm{d}(\cos x)\\ &= (\cos x)\mathrm{e}^{1-3x}(-3\mathrm{d}x) + \mathrm{e}^{1-3x}(-\sin x)\mathrm{d}x\\ &= -\mathrm{e}^{1-3x}(3\cos x + \sin x)\mathrm{d}x\end{aligned}$$

法 2:先求出导数

$$\begin{aligned}y' &= \mathrm{e}^{1-3x}(1-3x)'\cos x + \mathrm{e}^{1-3x}(-\sin x)\\ &= -\mathrm{e}^{1-3x}(3\cos x + \sin x)\end{aligned}$$

所以得微分　$\mathrm{d}y = -\mathrm{e}^{1-3x}(3\cos x + \sin x)\mathrm{d}x$

从计算上看,微分的运算完全可以先求出导数再表示为微分的形式.

【例 3.35】 设 $y = \ln^2(1-x)$,求 $\mathrm{d}y$.

【解】 $y' = 2\ln(1-x)[\ln(1-x)]' = 2\ln(1-x) \cdot \dfrac{-1}{1-x}$

所以 $\qquad \mathrm{d}y = \dfrac{2}{x-1}\ln(1-x)\mathrm{d}x$

【例 3.36】 已知 $y = \mathrm{e}^{f(\sqrt{x})}$,求 $\mathrm{d}y$.

【解】 $y' = \mathrm{e}^{f(\sqrt{x})}\left[f(\sqrt{x})\right]' = \mathrm{e}^{f(\sqrt{x})}f'\left(\sqrt{x}\right)\dfrac{1}{2\sqrt{x}}$

得微分　$\mathrm{d}y = \mathrm{e}^{f(\sqrt{x})}f'\left(\sqrt{x}\right)\dfrac{1}{2\sqrt{x}}\mathrm{d}x$

【例 3.37】 求由方程 $\arctan\dfrac{y}{x} = \ln(x^2 + y^2)$ 所确定的隐函数 $y$ 的微分 $\mathrm{d}y$.

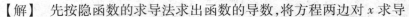

【解】 先按隐函数的求导法求出函数的导数，将方程两边对 $x$ 求导

$$\frac{1}{1+\left(\dfrac{y}{x}\right)^2}\left(\frac{y}{x}\right)'=\frac{1}{x^2+y^2}(x^2+y^2)'$$

即

$$\frac{x^2}{x^2+y^2}\left(\frac{y'x-y}{x^2}\right)=\frac{2(x+yy')}{x^2+y^2}$$

化简并求解得　$y'=\dfrac{2x+y}{x-2y}$

所以　$\mathrm{d}y=y'\mathrm{d}x=\dfrac{2x+y}{x-2y}\mathrm{d}x$

## 3.3.5　微分在近似计算中的应用

数学来源于实践又指导实践，在工程技术的近似计算中，常常在满足工程质量要求的近似程度或满足足够精度的条件下，来追求计算的简单化.

在指定点 $x_0$，当 $|\Delta x|$ 充分小（通常记为 $|\Delta x|\ll1$）时，有 $\Delta y\approx\mathrm{d}y$，于是有近似公式：

$$f(x_0+\Delta x)\approx f(x_0)+f'(x_0)\Delta x\qquad(|\Delta x|\ll1)$$

近似公式给出了函数 $f(x)$ 在 $x_0$ 处自变量有微小改变时相应函数值的改变. 由于 $\Delta x=x-x_0$ 或 $x=x_0+\Delta x$，上述近似公式也可表示为

$$f(x)\approx f(x_0)+f'(x_0)(x-x_0)\qquad(|x-x_0|\ll1)$$

在选取 $x_0$ 时，一般要求 $f(x_0)$ 和 $f'(x_0)$ 都比较容易计算，下面以例题给予说明.

【例3.38】　计算 $\sqrt[3]{9}$ 的近似值.

【解】　令 $f(x)=\sqrt[3]{x}$，得 $f'(x)=\dfrac{1}{3}x^{-\frac{2}{3}}$.

由 $f(x_0+\Delta x)\approx f(x_0)+f'(x_0)\Delta x$，得

$$\sqrt[3]{x_0+\Delta x}=\sqrt[3]{x_0^2}+\frac{1}{3}x_0^{\frac{2}{3}}\Delta x$$

取 $x_0=1,\Delta x=\dfrac{1}{8}$

则　$\sqrt[3]{9}=\sqrt[3]{8+1}=2\times\sqrt[3]{\left(1+\dfrac{1}{8}\right)}\approx2\left(1+\dfrac{1}{3}\times\dfrac{1}{8}\right)=2.083\,4$

【例3.39】　证明：$\mathrm{e}^{-x}\approx1-x\quad(|x|\ll1)$

【证明】　令 $f(x)=\mathrm{e}^{-x}$，得 $f'(x)=-\mathrm{e}^{-x}$

由 $f(x)\approx f(x_0)+f'(x_0)(x-x_0)\quad(|x-x_0|\ll1)$

取 $x_0=0$，得

$$f(x)\approx f(0)+f'(0)x\quad(|x|\ll1)$$

故　$\mathrm{e}^{-x}\approx1-x\quad(|x|\ll1)$

工程技术中常用近似公式有：

(1) $e^{-x} \approx 1 - x$ $(|x| \ll 1)$  (2) $\sin x \approx x$ $(|x| \ll 1)$    (3) $\tan x \approx x$ $(|x| \ll 1)$

(4) $\arcsin x \approx x$ $(|x| \ll 1)$ (5) $\arctan x \approx x$ $(|x| \ll 1)$  (6) $\ln(1+x) \approx x$ $(|x| \ll 1)$

(7) $\sqrt[h]{1+x} \approx 1 + \dfrac{1}{h}x$ $(|x| \ll 1)$

## 习题 3.3

1. 已知函数 $y = x^2 + 2x + 1$，计算当 $x$ 由 2 变到 1.99 时的 $\Delta y$ 及 $\mathrm{d}y$.

2. 求下列函数在指定点的微分.

(1) $y = \dfrac{x}{1+x^2}, x = 0$

(2) $y = \tan^2(1+2x^2), x = 1$

3. 求下列函数的微分.

(1) $y = e^{1-3x}\cos 2x$

(2) $y = [\ln(1+\sin 2x)]^2$

(3) $y = \arctan\dfrac{1-x^2}{1+x^2}$

(4) $y = \dfrac{x}{\sqrt{x^2+1}}$

(5) $x^2 + y^2 = 1$

(6) $xy - \ln y = 1$

4. 计算下列各题的近似值.

(1) $\sqrt{25.04}$

(2) $\cos 29°$

## 本章小结

1. 基本内容

1) 导数的概念

(1) 导数的定义：$f'(x) = \lim\limits_{\Delta x \to 0} \dfrac{f(x+\Delta x) - f(x)}{\Delta x}$，或 $y'$，$\dfrac{\mathrm{d}y}{\mathrm{d}x}$.

函数在点 $x_0$ 处的导数：$f'(x_0)$，$y'\big|_{x=x_0}$，$\dfrac{\mathrm{d}y}{\mathrm{d}x}\Big|_{x=x_0}$.

(2) 导数的几何意义：$f'(x_0)$ 表示曲线 $y = f(x)$ 在切点 $(x_0, y_0)$ 处的切线的斜率.

切线方程：$y - y_0 = f'(x_0)(x - x_0)$，若 $f'(x_0) = 0$，切线平行于 $x$ 轴.

法线方程：$y - y_0 = \dfrac{1}{f'(x_0)}(x - x_0)(f'(x_0) \neq 0)$，若 $f'(x_0) = 0$，法线平行于 $y$ 轴.

(3) 可导与连续的关系：函数连续是函数可导的必要而非充分条件. 或者说：可导一定

连续,但连续不一定可导.

（4）导数的运算法则:假设下列各函数的导数都存在,则

代数和的导数: $[u(x) \pm v(x)]' = u'(x) \pm v'(x)$

乘积的导数: $[u(x)v(x)]' = u'(x)v(x) + u(x)v'(x)$

商的导数: $\left[\dfrac{u(x)}{v(x)}\right]' = \dfrac{u'(x)v(x) - u(x)v'(x)}{v^2(x)}$ $\quad (v(x) \neq 0)$

2）特殊函数求导

（1）复合函数求导:若函数 $y = f(u)$、$u = g(x)$ 均可导,则复合函数 $y = f[g(x)]$ 也可导,且其导数为

$$\frac{\mathrm{d}y}{\mathrm{d}x} = f'(u) \cdot g'(x) \quad \text{或} \quad \frac{\mathrm{d}y}{\mathrm{d}x} = \frac{\mathrm{d}y}{\mathrm{d}u} \cdot \frac{\mathrm{d}u}{\mathrm{d}x}$$

称此种运算方法为复合函数求导的链锁规则.

（2）隐函数求导法:由方程 $F(x,y) = 0$ 所确定的隐函数 $y = f(x)$ 的导数。首先两边对 $x$ 求导,并且将 $y$ 视为 $x$ 的隐函数,再解出 $y'$.

（3）对数求导法:先两边取自然对数,然后用隐函数求导方法.

（4）参数方程求导法:设参数方程 $\begin{cases} x = \varphi(t) \\ y = \psi(t) \end{cases}$,则 $\dfrac{\mathrm{d}y}{\mathrm{d}x} = \dfrac{\frac{\mathrm{d}y}{\mathrm{d}t}}{\frac{\mathrm{d}x}{\mathrm{d}t}} = \dfrac{\psi'(t)}{\varphi'(t)}$.

（5）高阶导数:二阶及二阶以上的导数称为高阶导数.

函数 $f(x)$ 的一阶导数的导数称作二阶导数,记为 $f''(x)$, $y''$, $\dfrac{\mathrm{d}^2 y}{\mathrm{d}x^2}$, $\dfrac{\mathrm{d}^2 f}{\mathrm{d}x^2}$,即

$$f''(x) = (f'(x))' = \lim_{\Delta x \to 0} \frac{f'(x + \Delta x) - f'(x)}{\Delta x}$$

类似地,函数 $f(x)$ 的 $n-1$ 阶导数的导数称为 $f(x)$ 的 $n$ 阶导数,记为 $f^{(n)}(x)$,

$$y^{(n)}, \frac{\mathrm{d}^n y}{\mathrm{d}x^n}, \frac{\mathrm{d}^n f}{\mathrm{d}x^n}.$$

3）函数的微分

函数 $y = f(x)$ 的微分记为 $\mathrm{d}y$。函数 $f(x)$ 可导的充分必要条件是 $f(x)$ 可微,并且有 $\mathrm{d}y = f'(x)\mathrm{d}x$ 或 $\dfrac{\mathrm{d}y}{\mathrm{d}x} = f'(x)$.

4）微分近似计算公式

$$f(x_0 + \Delta x) \approx f(x_0) + f'(x_0)\Delta x \quad (|\Delta x| \ll 1)$$
$$f(x) \approx f(x_0) + f'(x_0)(x - x_0) \quad (|x - x_0| \ll 1)$$

2. 基本题型及解题方法

（1）求曲线 $y = f(x)$ 的切线方程、法线方程;

（2）讨论分段函数在分段点的导数；

（3）复合函数求导；

（4）隐函数求导法；

（5）对数求导法；

（6）参数方程求导法；

（7）求函数的高阶导数；

（8）求函数的微分：主要是利用导数与微分的关系

$$dy = f'(x)dx \quad 或 \quad \frac{dy}{dx} = f'(x)$$

先求出函数的导数 $f'(x) = \dfrac{dy}{dx}$，再写成微分 $dy = f'(x)dx$.

# 综合练习题 3

1. 填空题.

（1）设函数 $f(x)$ 在点 $x_0$ 处可导，则 $\lim\limits_{h \to 0} \dfrac{f(x_0 + h) - f(x_0 - h)}{h} = $ _____.

（2）函数 $f(x) = (x^3 - a^3)h(x)$，且 $h(x)$ 在点 $x = a$ 处连续，则 $f'(a) = $ _____.

（3）设函数 $f\left(\dfrac{1}{x}\right) = x^2 + \dfrac{1}{x} + 1$，则 $f'(x) = $ _____.

（4）设曲线 $y = x\ln x$，则该曲线平行于直线 $l:2x + 3y + 3 = 0$ 的切线方程为_____.

（5）设质点沿直线作非匀速运动，其运动方程为 $s = t^2 + 2t$，速度为位移的一阶导数，加速度为位移的二阶导数，则当时间 $t = 1$ 时的速度为_____，加速度为_____.

（6）设 $y = \ln\tan x$ 则 $y' = $ _____.

（7）$f(x) = \sin x + \ln x$，则 $f'(1) = $ _____.

（8）由方程 $2y - x = \sin y$ 确定 $y = f(x)$，则 $dy = $ _____.

（9）设 $y = x^n$，则 $y^{(n)} = $ _____.

（10）已知 $f(x) = e^{x^2} + \sin x$，则 $f'(0) = $ _____.

2. 选择题.

（1）下列函数中，在 $x = 0$ 处可导的是（　　）.

   A. $y = \ln x$                              B. $y = |\cos x|$

   C. $y = |x|$                                D. $y = \begin{cases} x^2 & x \leqslant 0 \\ x & x > 0 \end{cases}$

（2）曲线 $y = x^2 - x$ 在点 $(1, 0)$ 处的切线方程是（　　）.

A. $y = 2x - 2$          B. $y = -2x + 2$

C. $y = 2x + 2$          D. $y = -2x - 2$

（3）若 $y = f(u)$ 在 $u$ 处可导，且 $u = \sin x$，则 $\mathrm{d}y$ 等于（　　　）.

     A. $f'(\sin x)\mathrm{d}x$          B. $[f(\sin x)]'\mathrm{d}\sin x$

     C. $f'(\sin x)\cos x\mathrm{d}x$          D. $[f(\sin x)]'\cos x\mathrm{d}x$

（4）若 $y = \mathrm{e}^{f(x)}$，其中 $f(x)$ 二阶可导，则 $y'' = $（　　　）.

     A. $\mathrm{e}^{f(x)}$          B. $\mathrm{e}^{f(x)}f''(x)$

     C. $\mathrm{e}^{f(x)}[f'(x) + f''(x)]$          D. $\mathrm{e}^{f(x)}\{[f'(x)]^2 + f''(x)\}$

（5）设 $f(x) = x(x-1)(x-2)\cdots(x-99)(x-100)$，则 $f'(0)$ 等于（　　　）.

     A. $-100$          B. 0          C. 100          D. 100!

（6）半径为 $R$ 的金属圆片，加热后，半径伸长了 $\Delta R$，则面积 $S$ 的微分 $\mathrm{d}S$ 是（　　　）.

     A. $\pi R\Delta R$          B. $2\pi R\Delta R$          C. $\pi\Delta R$          D. $2\pi\Delta R$

（7）下列各式正确的是（　　　）.

     A. $\mathrm{e}^{-x}\mathrm{d}x = \mathrm{d}\mathrm{e}^{-x}$      B. $x\mathrm{d}x = \mathrm{d}x^2$      C. $\ln x\mathrm{d}x = \mathrm{d}\dfrac{1}{x}$      D. $4\mathrm{d}x = \mathrm{d}(4x)$

（8）设函数 $y = x(x-1)(x-2)(x-3)(x-4)(x-5)$，则 $y'(0) = $（　　　）.

     A. 0          B. $-5!$          C. 5!          D. $-15$

（9）设函数 $y = \mathrm{e}^{xy}$ 则 $\mathrm{d}y = $（　　　）.

     A. $\mathrm{e}^{xy}\mathrm{d}y$      B. $(1+x)\mathrm{d}y$      C. $\dfrac{y\mathrm{e}^{xy}}{1 - x\mathrm{e}^{xy}}\mathrm{d}y$      D. $\dfrac{x\mathrm{e}^{xy}}{1 - y\mathrm{e}^{xy}}\mathrm{d}y$

（10）设函数 $y = x^3 + 5x^2 - 8x + 9$ 在点 $x$ 处的一阶导数为 0，则 $x = $（　　　）.

     A. $\dfrac{2}{3}$ 或 4      B. $-\dfrac{2}{3}$ 或 4      C. $\dfrac{2}{3}$ 或 $-4$      D. $-\dfrac{2}{3}$ 或 $-4$

3. 计算下列函数的导数.

（1）$y = \dfrac{1+x}{\sqrt{1-x}}$             （2）$y = x\sec^2 x - \tan x$

（3）$y = x\sin x\ln x$             （4）$y = \sqrt{1-x^2}\arcsin x$

（5）$y = \arccos\dfrac{1-x}{2}$          （6）$y = 2\dfrac{x}{\ln x}$

4. 求下列隐函数的导数 $\dfrac{\mathrm{d}y}{\mathrm{d}x}$.

（1）$x^3 + y^3 - 3axy = 0$          （2）$xy = \mathrm{e}^{x+y}$

（3）$x^y = \tan(x+y)$            （4）$y\sin x = \cos(x-y)$

5. 利用对数求导法则求下列函数的导数.

（1）$y = (1+x^2)^{\sin x}$          （2）$y = \dfrac{\sqrt{x+2}(3-x)^4}{(x+1)^5}$

（3）$x^y = y^x$　　　　　　　　　　　　（4）$y = \sqrt{\dfrac{x(x+2)}{x-1}}$

6. 求下列函数的微分 $\mathrm{d}y$.

（1）$y = \mathrm{e}^{-x}\cos(3-x)$　　　　　　　（2）$y = \mathrm{e}^{x^2}\cos x$

（3）$y = f(\sin^2 x)$　　　　　　　　　（4）$y = f^2(\cos\sqrt{x})$

7. 设函数 $f(x) = \begin{cases} ax+1 & x \leqslant 2 \\ x^2+b & x > 2 \end{cases}$ 在 $x = 2$ 处可导，试确定常数 $a, b$ 的值.

8. 计算下列各式的近似值.

（1）$\tan 136°$　　　　　　　　　　　（2）$\sqrt[3]{996}$

# 导数的应用

导数在自然科学和社会经济学中有着极其广泛的应用. 本章将在介绍微分中值定理的基础上,运用"洛必达法则"求不确定型的极限;利用导数研究函数的单调性、凹凸性等函数的基本性态,简单介绍函数图像的描绘.

## 4.1 洛必达法则

### 4.1.1 微分中值定理

1)罗尔(Rolle)定理

**定理 4.1** 如果函数 $f(x)$ 满足:

(1)在闭区间 $[a,b]$ 上连续;

(2)在开区间 $(a,b)$ 内可导;

(3)在区间两端点处的函数值相等,即 $f(a) = f(b)$.

则在开区间 $(a,b)$ 内至少存在一点 $\xi$,使得 $f'(\xi) = 0$.(证明略)

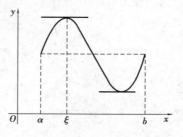

图 4.1

罗尔定理的几何意义:如图 4.1 所示,满足定理条件的函数在几何图形上是一条平滑的曲线,即曲线的每一点都有切线存在,两端点的纵坐标相等,则在此曲线上至少存在一点 $\xi$ 使得曲线在该点的切线与 $x$ 轴平行.

【例 4.1】 验证函数 $f(x) = x^2 - 4$ 在 $[-2,2]$ 上满足罗尔定理的条件,并求出定理中的 $\xi$.

【解】 因为函数 $f(x) = x^2 - 4$ 在闭区间 $[-2,2]$ 上连续;又因 $f'(x) = 2x$,所以在开区间 $(-2,2)$ 内可导;且 $f(2) = f(-2) = 0$.

故函数 $f(x) = x^2 - 4$ 在 $[-2,2]$ 上满足罗尔定理的条件,则在开区间 $(-2,2)$ 内至少存在一点 $\xi$,使得 $f'(\xi) = 0$,解此方程 $f'(\xi) = 0$,即 $2\xi = 0$,得 $\xi = 0$.

【例4.2】　不求函数 $f(x) = (x-1)(x-2)(x-3)(x-4)$ 的导数,说明 $f'(x) = 0$ 的实根个数.

【解】　函数 $f(x)$ 在 $(-\infty, +\infty)$ 内可导,且 $f(1) = f(2) = f(3) = f(4) = 0$,故函数 $f(x)$ 在闭区间 $[1,2],[2,3],[3,4]$ 上都满足罗尔定理的条件,在此三个区间上分别使用罗尔定理,可得在开区间 $(1,2),(2,3)$ 和 $(3,4)$ 内各至少存在一点 $\xi_1,\xi_2$ 和 $\xi_3$,使得 $f'(\xi_1) = 0$,$f'(\xi_2) = 0$ 和 $f'(\xi_3) = 0$.

又因 $f'(x)$ 为三次多项式,至多有 3 个实根. 所以恰有 3 个实根,分别在 $(1,2),(2,3)$ 和 $(3,4)$ 内.

## 2)拉格朗日(Lagrange)中值定理

定理4.2　如果函数 $f(x)$ 满足:

(1)在闭区间 $[a,b]$ 上连续;

(2)在开区间 $(a,b)$ 内可导.

则至少存在一点 $\xi \in (a,b)$,使得

$$f'(\xi) = \frac{f(b) - f(a)}{b - a} \quad 或 \quad f(b) - f(a) = f'(\xi)(b - a) \quad (b \neq a)$$

(证明略)

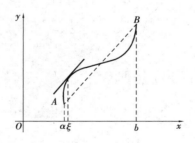

图 4.2

拉格朗日中值定理的几何意义:如图 4.2 所示,满足定理条件的函数 $f(x)$,在几何上是区间 $[a,b]$ 内的一条连续光滑的曲线,即每一点 $(x,f(x))$ 的切线均存在. 则该曲线在开区间 $(a,b)$ 内至少存在一点 $\xi$,使得该点处的切线与弦 $AB$ 平行.

在拉格朗日中值定理中,如果 $f(a) = f(b)$ 则得 $f'(\xi) = 0$,切线平行于 $x$ 轴,是罗尔定理的结论,所以罗尔定理是拉格朗日中值定理的特殊情况.

【例4.3】假设函数 $f(x)$ 和 $g(x)$ 在开区间 $(a,b)$ 内有 $f'(x) \equiv g'(x)$,则在开区间 $(a,b)$ 内

恒有　　　　　　　　$f(x) = g(x) = C$ 或 $f(x) = g(x) + C$($C$ 为常数)

【证明】　令 $\varphi(x) = f(x) - g(x)$,则 $\varphi'(x) = f'(x) - g'(x) = 0$.

任取两点 $x_1,x_2 \in (a,b)$ 且 $x_1 \neq x_2$，在闭区间 $[x_1,x_2]$ 上函数 $\varphi(x)$ 满足拉格朗日定理的条件，必有 $\xi \in (x_1,x_2)$ 使得

$$\varphi(x_2) - \varphi(x_1) = \varphi'(\xi)(x_2 - x_1)$$

又因 $\varphi'(\xi) = 0$，所以

$$\varphi(x_2) - \varphi(x_1) = 0 \text{ 即 } \varphi(x_2) = \varphi(x_1)$$

由 $x_1,x_2$ 的任意性可知，函数 $\varphi(x)$ 在 $(a,b)$ 内必恒等于常数 $C$，即 $\varphi(x) = C$，亦即

$$f(x) - g(x) = C \text{ 或 } f(x) = g(x) + C$$

我们知道，常数的导数等于零，本例题利用拉格朗日定理证明了导数为零的函数必为常数。这个结论在后面积分学研究中非常有用。

【例 4.4】 试证：当 $x > 0$ 时，$\cos x > 1 - \dfrac{1}{2}x^2$.

【证明】 令 $f(x) = \cos x - 1 + \dfrac{1}{2}x^2 (x > 0)$，则

$$f'(x) = x - \sin x$$

在区间 $[0,x]$ 上应用拉格朗日定理，至少存在一点 $\xi \in (0,x)$，使得

$$f(x) - f(0) = f'(\xi)(x - 0) = (\xi - \sin \xi) \cdot x$$

因 $f(0) = 0$，在充分小的区间 $(0,x)$ 内有 $(\xi - \sin\xi) > 0$，所以 $f(x) > 0$，即

$$f(x) = \cos x - 1 + \frac{1}{2}x^2 > 0$$

从而得

$$\cos x > 1 - \frac{1}{2}x^2$$

## 4.1.2 洛必达(L'Hospital)法则

如果两个函数 $f(x),g(x)$ 在自变量 $x$ 的某一变化过程的极限都为零或都为无穷大，则 $\dfrac{f(x)}{g(x)}$ 在该过程中的极限可能存在，也可能不存在，此形式函数极限称为未定式或称为不确定型，这类函数极限的计算往往比较困难. 因此我们引进洛必达法则.

### 1) "$\dfrac{0}{0}$"型未定式的极限

如果 $\lim f(x) = \lim g(x) = 0$，则 $\lim \dfrac{f(x)}{g(x)}$ 的极限就称为 $\dfrac{0}{0}$ 型未定式极限.

定理 4.3（洛必达法则） 设函数 $f(x)$ 和 $g(x)$ 在 $x_0$ 的某去心邻域内有定义且满足条件：

(1) $\lim\limits_{x \to x_0} f(x) = 0, \lim\limits_{x \to x_0} g(x) = 0$；

(2) 在 $x_0$ 的去心邻域内 $f'(x), g'(x)$ 都存在，且 $g'(x) \neq 0$；

（3）$\lim\limits_{x \to x_0} \dfrac{f'(x)}{g'(x)}$ 存在或为 $\infty$.

则
$$\lim_{x \to x_0} \frac{f(x)}{g(x)} = \lim_{x \to x_0} \frac{f'(x)}{g'(x)}$$

说明：当 $x \to \infty$ 时，洛必达法则仍成立.

【例 4.5】　求极限 $\lim\limits_{x \to 0} \dfrac{\sin x}{x}$.

【解】　因 $\lim\limits_{x \to 0} \sin x = 0$，$\lim\limits_{x \to 0} x = 0$，则 $\lim\limits_{x \to 0} \dfrac{\sin x}{x}$ 是 $\dfrac{0}{0}$ 的未定式，所以

$$\lim_{x \to 0} \frac{\sin x}{x} = \lim_{x \to 0} \frac{(\sin x)'}{x'} = \lim_{x \to 0} \frac{\cos x}{1} = 1$$

【例 4.6】　求极限 $\lim\limits_{x \to 0} \dfrac{\arctan x}{x}$.

【解】　$\lim\limits_{x \to 0} \dfrac{\arctan x}{x} \left( \dfrac{0}{0} 型 \right) = \lim\limits_{x \to 0} \dfrac{(\arctan x)'}{(x)'} = \lim\limits_{x \to 0} \dfrac{\dfrac{1}{1+x^2}}{1} = 1$

【例 4.7】　求极限 $\lim\limits_{x \to 0} \dfrac{\ln(1+ax)}{x}$ $(a \neq 0)$.

【解】　$\lim\limits_{x \to 0} \dfrac{\ln(1+ax)}{x} \left( \dfrac{0}{0} 型 \right) = \lim\limits_{x \to 0} \dfrac{[\ln(1+ax)]'}{(x)'} = \lim\limits_{x \to 0} \dfrac{\dfrac{a}{1+ax}}{1} = a$

【例 4.8】　求极限 $\lim\limits_{x \to 2} \dfrac{2x^3 - 11x^2 + 20x - 12}{x^3 - x^2 - 8x + 12}$.

【解】　$\lim\limits_{x \to 2} \dfrac{2x^3 - 11x^2 + 20x - 12}{x^3 - x^2 - 8x + 12} \left( \dfrac{0}{0} 型 \right) = \lim\limits_{x \to 2} \dfrac{6x^2 - 22x + 20}{3x^2 - 2x - 8} \left( \dfrac{0}{0} 型 \right)$

$$= \lim_{x \to 2} \frac{12x - 22}{6x - 2} = \frac{1}{5}$$

在例 4.7 中两次重复使用洛必达法则，理论上洛必达法则是充分条件，在满足定理的条件下且 $f(x)$，$g(x)$ 有任意阶导数，则有

$$\lim_{x \to x_0} \frac{f(x)}{g(x)} = \lim_{x \to x_0} \frac{f'(x)}{g'(x)} = \lim_{x \to x_0} \frac{f''(x)}{g''(x)}$$

$$= \cdots = \lim_{x \to x_0} \frac{f^{(n)}(x)}{g^{(n)}(x)} = \cdots$$

【例 4.9】　求极限 $\lim\limits_{x \to 0} \dfrac{x^2 \sin \dfrac{1}{x}}{\sin x}$.

【解】　$\lim\limits_{x \to 0} \dfrac{x^2 \sin \dfrac{1}{x}}{\sin x} \left( \dfrac{0}{0} 型 \right) = \lim\limits_{x \to 0} \dfrac{\left( x^2 \sin \dfrac{1}{x} \right)'}{(\sin x)'}$

$$= \lim_{x \to 0} \frac{2x \sin \dfrac{1}{x} - \cos \dfrac{1}{x}}{\cos x}$$

很显然分子的极限是振荡性不存在，而分母的极限存在，故 $\lim\limits_{x \to 0} \dfrac{2x \sin \dfrac{1}{x} - \cos \dfrac{1}{x}}{\cos x}$ 不存在，此时洛必达法则失效. 需用其他方法来求此极限.

把分子分母同除以 $x$ 得 $\lim\limits_{x \to 0} \dfrac{x \sin \dfrac{1}{x}}{\dfrac{\sin x}{x}}$，分子 $\lim\limits_{x \to 0} x \sin \dfrac{1}{x} = 0$（是无穷小量与有界变量的积），$\lim\limits_{x \to 0} \dfrac{\sin x}{x} = 1$.

所以 $\lim\limits_{x \to 0} \dfrac{x^2 \sin \dfrac{1}{x}}{\sin x} = \lim\limits_{x \to 0} \dfrac{x \sin \dfrac{1}{x}}{\dfrac{\sin x}{x}} = 0$.

## 2）"$\dfrac{\infty}{\infty}$"型未定式的极限

如果 $\lim \dfrac{f(x)}{g(x)}$ 中，分子、分母的极限均为无穷大，即 $\lim f(x) = \infty$，$\lim g(x) = \infty$，此时就把极限 $\lim \dfrac{f(x)}{g(x)}$ 称为"$\dfrac{\infty}{\infty}$"型未定式极限.

**定理 4.4（洛必达法则）**  设函数 $f(x)$ 和 $g(x)$ 在 $x_0$ 的某去心邻域内有定义且满足条件：

（1）$\lim\limits_{x \to x_0} f(x) = \infty$，$\lim\limits_{x \to x_0} g(x) = \infty$；

（2）在 $x_0$ 的去心邻域内 $f'(x)$，$g'(x)$ 都存在，且 $g'(x) \neq 0$；

（3）$\lim\limits_{x \to x_0} \dfrac{f'(x)}{g'(x)}$ 存在或为 $\infty$.

则

$$\lim_{x \to x_0} \frac{f(x)}{g(x)} = \lim_{x \to x_0} \frac{f'(x)}{g'(x)}$$

同样，当 $x \to \infty$ 时，定理仍成立.

【例 4.10】 求极限 $\lim\limits_{x \to +\infty} \dfrac{\ln x}{x}$.

【解】 $\lim\limits_{x \to +\infty} \dfrac{\ln x}{x} \left( \dfrac{\infty}{\infty} 型 \right) = \lim\limits_{x \to +\infty} \dfrac{(\ln x)'}{(x)'} = \lim\limits_{x \to +\infty} \dfrac{1}{x} = 0$

【例 4.11】 求极限 $\lim\limits_{x \to +\infty} \dfrac{5^x}{x^2}$.

【解】　$\lim\limits_{x\to+\infty}\dfrac{5^x}{x^2}\left(\dfrac{\infty}{\infty}型\right)=\lim\limits_{x\to+\infty}\dfrac{(5^x)'}{(x^2)'}=\lim\limits_{x\to+\infty}\dfrac{5^x\ln5}{2x}\left(\dfrac{\infty}{\infty}型\right)$

$$=\lim\limits_{x\to+\infty}\dfrac{(5^x\ln5)'}{(2x)'}=\lim\limits_{x\to+\infty}\dfrac{5^x\ln^2 5}{2}=\infty$$

【例 4.12】　极限 $\lim\limits_{x\to0^+}\dfrac{\ln\sin x}{\ln x}$.

【解】　$\lim\limits_{x\to0^+}\dfrac{\ln\sin x}{\ln x}\left(\dfrac{\infty}{\infty}型\right)=\lim\limits_{x\to0^+}\dfrac{(\ln\sin x)'}{(\ln x)'}$

$$=\lim\limits_{x\to0^+}\dfrac{x\cos x}{\sin x}=\lim\limits_{x\to0^+}\dfrac{\cos x}{\dfrac{\sin x}{x}}=1.$$

综合上述例题分析得出:无论是"$\dfrac{0}{0}$"型还是"$\dfrac{\infty}{\infty}$"型的未定式,使用洛必达法则求极限时,求解的程序都一致,首先正确判定是否为"$\dfrac{0}{0}$"或"$\dfrac{\infty}{\infty}$"型,然后对分子、分母分别求导数.

在未定式极限中除"$\dfrac{0}{0}$"型与"$\dfrac{\infty}{\infty}$"型外,还有其他一些类型,一般是将其他类型转化成这两个基本类型后,再用洛必达法则.下面通过几个实例说明这种方法.

【例 4.13】　求极限 $\lim\limits_{x\to0^+}x\ln x$.

【解】　因为 $\lim\limits_{x\to0^+}x=0,\lim\limits_{x\to0^+}\ln x=\infty$,所以 $\lim\limits_{x\to0^+}x\ln x$ 是无穷小量乘无穷大量的未定式(记为 $0\cdot\infty$ 型),不能直接使用洛必达法则.

$$\lim\limits_{x\to0^+}x\ln x(0\cdot\infty型)=\lim\limits_{x\to0^+}\dfrac{\ln x}{\dfrac{1}{x}}\left(\dfrac{\infty}{\infty}型\right)$$

$$=\lim\limits_{x\to0^+}(-x)=0.$$

【例 4.14】　求极限 $\lim\limits_{x\to1}\left(\dfrac{x}{x-1}-\dfrac{2}{x^2-1}\right)$.

【解】　$\lim\limits_{x\to1}\left(\dfrac{x}{x-1}-\dfrac{2}{x^2-1}\right)(\infty-\infty型)=\lim\limits_{x\to1}\dfrac{x^2+x-2}{x^2-1}\left(\dfrac{0}{0}型\right)$

$$=\lim\limits_{x\to1}\dfrac{2x+1}{2x}=\dfrac{3}{2}.$$

【例 4.15】　求极限 $\lim\limits_{x\to0}(\csc x-\cot x)$.

【解】　$\lim\limits_{x\to0}(\csc x-\cot x)\quad(\infty-\infty型)$

$$=\lim\limits_{x\to0}\left(\dfrac{1}{\sin x}-\dfrac{\cos x}{\sin x}\right)=\lim\limits_{x\to0}\dfrac{1-\cos x}{\sin x}\left(\dfrac{0}{0}\right)$$

$$=\lim\limits_{x\to0}\dfrac{\sin x}{\cos x}=0.$$

【例 4.16】 求极限 $\lim\limits_{x\to1} x^{\frac{1}{1-x}}$.

【解】 $\lim\limits_{x\to1} x^{\frac{1}{1-x}}$（$1^\infty$ 型）

$$= \lim_{x\to1} e^{\ln x^{\frac{1}{1-x}}}$$

$$= \lim_{x\to1} e^{\frac{1}{1-x}\ln x}$$

$$= e^{\lim\limits_{x\to1}\frac{\ln x}{1-x}}\left(\frac{0}{0}\text{型}\right) = e^{\lim\limits_{x\to1}\frac{\frac{1}{x}}{-1}} = e^{-1}.$$

【例 4.17】 求极限 $\lim\limits_{x\to0^+} x^{\tan x}$.

【解】 $\lim\limits_{x\to0^+} x^{\tan x}$（$0^0$ 型）$= \lim\limits_{x\to0^+} e^{\ln x^{\tan x}} = \lim\limits_{x\to0^+} e^{\tan x\ln x}$

$$= e^{\lim\limits_{x\to0^+}\frac{\ln x}{\cot x}}\left(\frac{\infty}{\infty}\text{型}\right) = e^{\lim\limits_{x\to0^+}\frac{\frac{1}{x}}{-\csc^2 x}}$$

$$= e^{\lim\limits_{x\to0^+} -\frac{\sin x}{x}\cdot\sin x} = e^0 = 1.$$

# 习题 4.1

1. 下列函数是否满足罗尔定理？若满足，求出 $\xi$.

(1) $f(x) = x^2 - 2x + 3$，在区间 $[-1,3]$ 上；

(2) $f(x) = \dfrac{1}{2x^2 + 1}$，在区间 $[-1,1]$ 上.

2. 函数 $f(x) = x^2$ 在区间 $[-1,2]$ 上是否满足拉格朗日中值定理？若满足，求出 $\xi$.

3. 求下列函数的极限.

(1) $\lim\limits_{x\to0} \dfrac{\sin 5x}{\sin 2x}$

(2) $\lim\limits_{x\to0^+} \dfrac{\ln(1+x)}{x}$

(3) $\lim\limits_{x\to m} \dfrac{x^a - m^a}{x^b - m^b}$ （$a,b$ 为常数）

(4) $\lim\limits_{x\to-\infty} \dfrac{\ln(e^x + 1)}{e^x}$

(5) $\lim\limits_{x\to0} \dfrac{\arcsin 2x}{\arctan 3x}$

(6) $\lim\limits_{x\to0} \dfrac{x - x\cos x}{x - \sin x}$

4. 求下列函数的极限.

(1) $\lim\limits_{x\to+\infty} \dfrac{x^2}{e^x}$

(2) $\lim\limits_{x\to0^+} \dfrac{\ln x}{\cot x}$

(3) $\lim\limits_{x\to0^+} \dfrac{\ln \tan x}{\ln x}$

(4) $\lim\limits_{x\to+\infty} \dfrac{\ln(e^x + 1)}{e^x}$

5. 求下列函数的极限.

$（1）\lim\limits_{x\to 0^+} x^2 \ln x$

$（2）\lim\limits_{x\to 0^+} \sin x \ln x$

$（3）\lim\limits_{x\to 1}\left(\dfrac{x}{x-1}-\dfrac{1}{\ln x}\right)$

$（4）\lim\limits_{x\to 0^+} x^x$

## 4.2　函数的单调性与极值

### 4.2.1　函数的单调性

第 1 章已经介绍了函数在某区间上的单调性（包括单调增加和单调减少），但直接运用定义来判定函数的单调性显得非常困难，对一些复杂函数甚至无法判断. 这一节将讨论用导数符号判定函数的单调性.

设函数 $f(x)$ 在闭区间 $[a,b]$ 上连续，在 $(a,b)$ 内可导，如果函数在 $[a,b]$ 上是单调增加的函数，则此曲线上任意一点的切线的倾斜角为锐角，即 $f'(x)>0$；如果函数在 $[a,b]$ 上是单调减少的函数，则此曲线上任意一点的切线的倾斜角为钝角，即 $f'(x)<0$. 故函数的单调性与其导数的符号一致.

**定理 4.5**　设函数 $f(x)$ 在 $[a,b]$ 上连续，在 $(a,b)$ 内可导，则有结论：

（1）若在 $(a,b)$ 内，$f'(x)>0$，则函数 $f(x)$ 在区间 $[a,b]$ 上单调增加；

（2）若在 $(a,b)$ 内，$f'(x)<0$，则函数 $f(x)$ 在区间 $[a,b]$ 上单调减少.

**【证明】**　在 $(a,b)$ 内任取两点 $x_1,x_2$，并设 $x_1<x_2$，由于函数 $f(x)$ 在 $(a,b)$ 内可导，所以函数 $f(x)$ 在区间 $[x_1,x_2]$ 上满足拉格朗日中值定理的条件，于是至少存在一点 $\xi\in(x_1,x_2)$，使得 $f(x_2)-f(x_1)=f'(\xi)(x_2-x_1)$，于是：

（1）因 $f'(x)>0$，则 $f'(\xi)>0$，又 $x_1<x_2$，故
$f(x_2)-f(x_1)=f'(\xi)(x_2-x_1)>0$ 即
$$f(x_2)>f(x_1)$$
所以函数 $f(x)$ 在区间 $[a,b]$ 上单调增加；

（2）因 $f'(x)<0$，则 $f'(\xi)<0$，又 $x_1<x_2$，故
$f(x_2)-f(x_1)=f'(\xi)(x_2-x_1)<0$ 即
$$f(x_2)<f(x_1)$$
所以函数 $f(x)$ 在区间 $[a,b]$ 上单调减少.

如果函数 $f(x)$ 在 $[a,b]$ 上单调增加，习惯上称 $f(x)$ 是区间 $[a,b]$ 上的增函数，区间 $[a,b]$ 称为函数的单调递增区间；如果函数 $f(x)$ 在 $[a,b]$ 上单调减少，习惯上称 $f(x)$ 是区间 $[a,b]$ 上的减函数，区间 $[a,b]$ 称为函数的单调递减区间.

**【例 4.18】**　求函数 $f(x)=\dfrac{1}{2}x^2 e^{-x}$ 的单调区间.

【解】 函数的定义域是$(-\infty,+\infty)$,且

$$f'(x)=xe^{-x}-\frac{1}{2}x^2e^{-x}=\frac{x}{2}e^{-x}(2-x)$$

令 $$f'(x)=0\Rightarrow\frac{x}{2}e^{-x}(2-x)=0$$

解得$x=0$、$x=2$,并将函数定义域分成了三个区间$(-\infty,0]$、$(0,2]$、$(2,+\infty)$.

当$0<x<2$时,$f'(x)>0$,则$[0,2]$为函数的单调递增区间;

当$x<0$或$x>2$时,$f'(x)<0$,则$(-\infty,0)\cup(2,+\infty)$为函数的单调递减区间.

利用函数的单调性可以证明某些不等式.

【例4.19】 用函数的单调性证明:当$x>1$时,$e^x>ex$.

【证明】 设函数$f(x)=e^x-ex$,则$f'(x)=e^x-e$.

当$x>1$时,$f'(x)=e^x-e>0$.故函数$f(x)$在区间$(1,+\infty)$上单调增加.

由定义可得$f(x)>f(1)$,而$f(1)=e-e=0$,所以

$$f(x)>0 \text{ 即 } e^x-ex>0$$

故当$x>1$时,$e^x>ex$.

## 4.2.2 函数的极值

**定义4.1** 设函数$f(x)$在点$x_0$及其邻域内有定义,对此邻域内任意一点$x(x\neq x_0)$,恒有$(1)f(x)<f(x_0)$,则称$f(x_0)$为函数$f(x)$的极大值,$x_0$称为函数$f(x)$的一个极大值点;$(2)f(x)>f(x_0)$,则称$f(x_0)$为函数$f(x)$的极小值,$x_0$称为函数$f(x)$的一个极小值点.

函数极值是一个局部性概念,极大值即局部相对最大,极小值即局部相对最小;函数在某区间上极值可能有多个且极大值并不一定大于极小值,如图4.3所示.

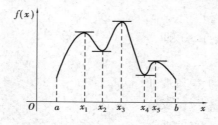

图4.3

**定理4.6**(极值存在的必要条件) 如果函数$f(x)$在$x_0$处可导,且在点$x_0$处取得极值,则必有$f'(x_0)=0$.

定理的逆定理不成立,若$f'(x_0)=0$但函数$f(x)$在$x_0$处不一定取得极值,例如:函数$f(x)=x^3$在点$x=0$处的导数为零,但函数在该点不取得极值.

导数为零的点称为函数的驻点,即若$f'(x_0)=0$,$x_0$是$f(x)$的驻点.定理4.6说明可导函数的极值点一定为驻点,但驻点不一定为极值点.

函数 $f(x)$ 在导数不存在的连续点也可能取得极值,例如:函数 $f(x)=|x|$ 在 $x=0$ 处导数不存在,但函数在该点取得极小值.

把驻点和导数不存在的连续点统称为函数的可能极值点.

**定理** 4.7(极值存在的第一充分条件) 已知函数 $f(x)$ 在 $x_0$ 的邻域内连续,且在 $x_0$ 的去心邻域内可导,则有

(1)当 $x<x_0$ 时,$f'(x)>0$,当 $x>x_0$ 时,$f'(x)<0$,则 $f(x_0)$ 为函数 $f(x)$ 的极大值,$x_0$ 为极大值点;

(2)当 $x<x_0$ 时,$f'(x)<0$,当 $x>x_0$ 时,$f'(x)>0$,则 $f(x_0)$ 为函数 $f(x)$ 的极小值,$x_0$ 为极小值点;

(3)当 $x<x_0$ 和 $x>x_0$ 时,恒有 $f'(x)>0$ 或 $f'(x)<0$,则 $f(x_0)$ 不是函数 $f(x)$ 的极值.

由此总结出求极值的一般步骤:

(1)确定函数的定义域,并求 $f'(x)$;

(2)令 $f'(x)=0$,求出驻点和导数 $f'(x)$ 不存在的连续点,并按从小到大的顺序来划分定义域,并绘出表;

(3)在表格中讨论 $f'(x)$ 的符号,确定出极值点并求得极值.

【例 4.20】 求函数 $f(x)=3x^4-4x^3+1$ 的极值.

【解】 函数的定义域为:$(-\infty,+\infty)$,$f'(x)=12x^3-12x^2=12x^2(x-1)$.

令 $f'(x)=0$,得 $x_1=0$,$x_2=1$,列表讨论如表 4.1 所示.

表 4.1

| $x$ | $(-\infty,0)$ | $0$ | $(0,1)$ | $1$ | $(1,+\infty)$ |
|---|---|---|---|---|---|
| $f'(x)$ | $-$ | $0$ | $-$ | $0$ | $+$ |
| $f(x)$ | ↘ | 无极值 | ↘ | 极小值 | ↗ |

从表 4.1 中观察得:极小值 $=f(1)=0$,无极大值.

【例 4.21】 求函数 $f(x)=x+\sqrt{1-x}$ 的极值.

【解】 函数 $f(x)$ 的定义域为:$(-\infty,1]$,$f'(x)=1-\dfrac{1}{2}(1-x)^{-\frac{1}{2}}=\dfrac{2\sqrt{1-x}-1}{2\sqrt{1-x}}$.

令 $f'(x)=0$,得 $x_1=\dfrac{3}{4}$,导数 $f'(x)$ 不存在的连续点为 $x_2=1$,列表讨论如表 4.2 所示.

表 4.2

| $x$ | $\left(-\infty,\dfrac{3}{4}\right)$ | $\dfrac{3}{4}$ | $\left(\dfrac{3}{4},1\right)$ |
|---|---|---|---|
| $f'(x)$ | $+$ | $0$ | $-$ |
| $f(x)$ | ↗ | 极大值 | ↘ |

从表 4.2 中观察得，极大值 $=f\left(\dfrac{3}{4}\right)=\dfrac{5}{4}$，无极小值.

**定理** 4.8（极值存在的第二充分条件）　函数 $f(x)$ 在 $x_0$ 的邻域内有一、二阶导数存在，且 $f'(x_0)=0$（即 $x_0$ 为驻点），$f''(x_0)\neq0$. 则有

（1）若 $f''(x_0)>0$，则 $f(x_0)$ 为极小值；

（2）若 $f''(x_0)<0$，则 $f(x_0)$ 为极大值.

**【例 4.22】**　求函数 $f(x)=2x^3-6x^2-18x+7$ 的极值.

**【解】**　函数的定义域是 $(-\infty,+\infty)$，

$$f'(x)=6x^2-12x-18=6(x+1)(x-3)$$

令 $f'(x)=0$，得 $x_1=-1,x_2=3$，又

$$f''(x)=12x-12=12(x-1)$$

可得：$f''(-1)=-24<0$，故极大值为 $f(-1)=17$；

$f''(3)=24>0$，故极小值为 $f(3)=-47$.

## 4.2.3　函数的最值

函数的最值是指最大值和最小值，函数的极值与最值是两个不同的概念. 函数的极值反映的是函数的局部最大或最小，而函数的最值反映的全局或整个定义域的最大或最小.

一般情况下函数的极值不一定是最值，极值点也不一定是最值点，但在一定条件下，极值与最值又有着紧密的联系.

求函数 $f(x)$ 在区间 $[a,b]$ 上最大值和最小值的方法是：先求出函数在 $(a,b)$ 内所有极值及 $f(a),f(b)$，再进行比较，其中最大者即为此区间上的最大值，最小者即为此区间上的最小值.

**【例 4.23】**　求函数 $f(x)=x^4-8x^2+6,x\in[-1,3]$ 上的最值.

**【解】**　$f'(x)=4x^3-16x=4x(x-2)(x+2)$

令 $f'(x)=0$，得 $x_1=-2,x_2=0,x_3=2$. 计算驻点处函数值和两端点函数值：

$$f(0)=6,f(2)=-10,f(-1)=-1,f(3)=15$$

比较上面的函数值可得，函数在此闭区间上的最大值 $=f(3)=15$，最小值 $=f(2)=-10$.

**【例 4.24】**　如图 4.4 所示，在半径为 $R$ 的半球内，内接一圆柱体，求当圆柱体的高为多少时其体积最大？

**【解】**　设圆柱体的高为 $x$，则底半径 $r=\sqrt{R^2-x^2}$，于是其体积

$$V=\pi(R^2-x^2)x \quad (0<x<R)$$

则　$V'=\pi(R^2x-x^3)'=\pi(R^2-3x^2)$

令 $V'=0$，得 $x=\pm\dfrac{\sqrt{3}}{3}R$.（负值舍去）

又　$V'' = -6\pi x$,得 $V''\left(\dfrac{\sqrt{3}}{3}R\right) = 2\sqrt{3}\,\pi R < 0$

故当高为$\dfrac{\sqrt{3}}{3}R$ 时,体积最大.

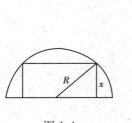

图 4.4

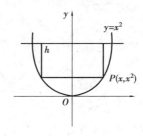

图 4.5

【例 4.25】　在抛物线 $y = x^2$ 与直线 $y = h(h > 0)$ 所围成的图形内,内接一矩形(矩形的一边在直线上),求矩形的最大面积.

【解】　如图 4.5 所示,设 $P(x,x^2)$ 则矩形长为 $2x$,宽为 $h - x^2$,于是面积

$$S = 2x(h - x^2) \quad (0 < x < \sqrt{h})$$

令 $S' = 2(hx - x^3)' = 2(h - 3x^2) = 0$,得 $x = \pm\sqrt{\dfrac{h}{3}}$(负值舍去)

$$S'' = -12x \quad S''\left(\sqrt{\dfrac{h}{3}}\right) = -12\sqrt{\dfrac{h}{3}} < 0$$

故当矩形长为 $2\sqrt{\dfrac{h}{3}}$,宽为 $\dfrac{2}{3}h$ 时,矩形的面积最大且最大面积为 $S = \dfrac{4}{9}\sqrt{3h}\,h$.

【例 4.26】　将一段长为 $a$ 的铁丝分成两段,一段围成圆形,另一段围成正方形,问怎样分才能使所围成的两个图形的面积之和最小?

【解】　设铁丝一段长为 $x$,则另一段长为 $a - x$,长为 $x$ 的一段围成圆,长为 $a - x$ 的一段围成正方形,则

圆的面积:$\pi\left(\dfrac{x}{2\pi}\right)^2 = \dfrac{x^2}{4\pi}$

正方形的面积:$\left(\dfrac{a - x}{4}\right)^2 = \dfrac{(a - x)^2}{16}$

于是两图形面积之和为

$$y = \dfrac{x^2}{4\pi} + \dfrac{(a - x)^2}{16} \quad (0 < x < a)$$

求导得

$$y' = \dfrac{x}{2\pi} - \dfrac{a - x}{8}$$

令 $y' = \dfrac{x}{2\pi} - \dfrac{a-x}{8} = 0$，得 $x = \dfrac{a\pi}{4+\pi}$.

又　$y'' = \dfrac{1}{2\pi} + \dfrac{1}{8} > 0$

此时 $a - x = \dfrac{4a}{4+\pi}$，则当铁丝分成两段长分别为 $\dfrac{a\pi}{4+\pi}, \dfrac{4a}{4+\pi}$ 时，就能使所围成的两图形的面积之和最小.

# 习题 4.2

1. 证明不等式：当 $0 < x < 1$ 时，$e^x \leqslant \dfrac{1}{1-x}$.

2. 求下列函数的单调区间与极值.

(1) $f(x) = x^2 - 2x + 5$；

(2) $f(x) = \dfrac{1}{3}x^3 - 2x^2 + 3x + 1$；

(3) $f(x) = x^2 e^{-x}$；

(4) $f(x) = x - \ln(1+x)$.

3. 求下列函数的最值.

(1) $f(x) = \dfrac{x-1}{x+1}, [0,4]$；

(2) $f(x) = x + 3(1-x)^{\frac{1}{3}}, [-1,2]$.

4. 要造一个体积为 $V$ 的圆柱形油罐，问圆柱的底面半径 $r$ 与高 $h$ 的比为多少时，圆柱形油罐的表面积最小？

5. 生产某种商品 $x$ 单位的总成本函数为：$c(x) = \dfrac{1}{12}x^2 + 20x + 300$，每单位产品的售价是 140 元，问生产多少单位时利润最大？并求出最大利润。

## 4.3　曲线的凹凸性及曲率

### 4.3.1　曲线的凹凸性与拐点

1）曲线的凹凸性

**定义 4.2**　如果在某区间内，曲线弧总是位于其切线的上方，则称曲线在这个区间上是凹的（见图 4.6）；如果曲线弧总是位于切线的下方，则称曲线在这个区间上是凸的（见图 4.7）。

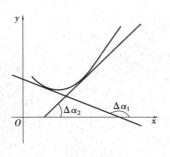

图 4.6                      图 4.7

由图 4.6 可知,当曲线是凹的时,曲线 $y = f(x)$ 的切线斜率 $f'(x) = \tan x$ 随着 $x$ 的增加而增加,即 $f'(x)$ 是增函数;反之,由图 4.7 可知,当曲线是凸的时,$f'(x) = \tan x$ 随着 $x$ 的增加而减少,即 $f'(x)$ 是减函数.

**定理 4.9**(凹凸性的判定定理)     设函数 $f(x)$ 在区间 $(a,b)$ 内存在二阶导数,那么

(1)如果 $x \in (a,b)$ 时,恒有 $f''(x) > 0$,则曲线 $f(x)$ 在 $(a,b)$ 内是凹的,$(a,b)$ 称为凹区间;

(2)如果 $x \in (a,b)$ 时,恒有 $f''(x) < 0$,则曲线 $f(x)$ 在 $(a,b)$ 内是凸的,$(a,b)$ 称为凸区间.

**【例 4.27】**     讨论函数 $y = x^3 - x^2 - 2x + 1$ 的凹凸性.

**【解】**     函数的定义域为:$(-\infty, +\infty)$,求一阶、二阶导数得

$$y' = 3x^2 - 2x - 2, \ y'' = 6x - 2 = 6\left(x - \frac{1}{3}\right)$$

当 $x < \frac{1}{3}$ 时,$y'' = 6\left(x - \frac{1}{3}\right) < 0$,则曲线在 $\left(-\infty, \frac{1}{3}\right)$ 内是凸的;

当 $x > \frac{1}{3}$ 时,$y'' = 6\left(x - \frac{1}{3}\right) > 0$,则曲线在 $\left(\frac{1}{3}, +\infty\right)$ 内是凹的.

## 2)曲线的拐点

**定义 4.3**     设 $y = f(x)$ 在 $[a,b]$ 上连续,则在该区间内曲线 $y = f(x)$ 凹与凸的分界点称为曲线的拐点.

拐点存在的范围:函数 $f(x)$ 的拐点 $x_0$ 包含在 $f''(x) = 0$ 的点和 $f''(x)$ 不存在的连续点中,或者说 $f''(x) = 0$ 的点和 $f''(x)$ 不存在的连续点,可能是拐点. 再进一步判定:如果在 $x_0$ 处左右两边的二阶导数的符号是相反的,则 $x_0$ 为拐点;否则 $x_0$ 不是拐点.

由此我们可以得出判定曲线凹凸与拐点的步骤如下:

(1)求出函数的定义域以及函数的 $f'(x), f''(x)$;

(2)求出 $f''(x) = 0$ 及 $f''(x)$ 不存在的连续点,并按从小到大的顺序分函数的定义域为若干区间;

(3)列表讨论 $f''(x)$ 在各区间上的符号,从而确定函数在各区间上的凹凸及拐点.

【例 4.28】　求曲线 $y = \dfrac{1}{x^2 + 1}$ 的凹凸区间与拐点.

【解】　函数的定义域为 $(-\infty, +\infty)$，求一阶、二阶导数得

$$y' = -2x(1 + x^2)^{-2},\quad y'' = \frac{6x^2 - 2}{(1 + x^2)^3}$$

令 $y'' = \dfrac{6x^2 - 2}{(1 + x^2)^3} = 0$，得 $x_1 = -\dfrac{\sqrt{3}}{3}, x_2 = \dfrac{\sqrt{3}}{3}$.

列表讨论，如表 4.3 所示.

表 4.3

| $x$ | $\left(-\infty, -\dfrac{\sqrt{3}}{3}\right)$ | $-\dfrac{\sqrt{3}}{3}$ | $\left(-\dfrac{\sqrt{3}}{3}, \dfrac{\sqrt{3}}{3}\right)$ | $\dfrac{\sqrt{3}}{3}$ | $\left(\dfrac{\sqrt{3}}{3}, +\infty\right)$ |
|---|---|---|---|---|---|
| $f''(x)$ | + | 0 | − | 0 | + |
| $f(x)$ | $\smile$ | $\left(-\dfrac{\sqrt{3}}{3}, \dfrac{3}{4}\right)$ 拐点 | $\frown$ | $\left(\dfrac{\sqrt{3}}{3}, \dfrac{3}{4}\right)$ 拐点 | $\smile$ |

由表 4.3 可见，曲线在区间 $\left(-\infty, -\dfrac{\sqrt{3}}{3}\right)$，$\left(\dfrac{\sqrt{3}}{3}, +\infty\right)$ 内为凹；在区间 $\left(-\dfrac{\sqrt{3}}{3}, \dfrac{\sqrt{3}}{3}\right)$ 内

为凸的；曲线的拐点是 $\left(-\dfrac{\sqrt{3}}{3}, \dfrac{3}{4}\right)$，$\left(\dfrac{\sqrt{3}}{3}, \dfrac{3}{4}\right)$，如图 4.8 所示.

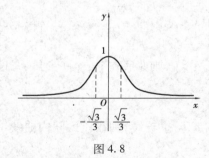

图 4.8

【例 4.29】　求曲线 $y = x + e^{-x}$ 的凹凸区间与拐点.

【解】　$y' = 1 - e^{-x}, y'' = e^{-x}$

在定义域 **R** 内恒有 $y'' > 0$. 所以，曲线在 **R** 内都是凹的，曲线没有拐点.

## 4.3.2　曲线的渐近线

渐近线：函数 $y = f(x)$ 在自变量 $x$ 的某一个变化过程中，函数曲线与一直线无限接近但永远不相交，则此直线为曲线在该过程中的渐近线. 渐近线在坐标平面上与坐标轴的相对位置有水平渐近线、垂直渐近线等。

## 1）水平渐近线

若函数 $y = f(x)$ 的定义域是无限区间，且有

$$\lim_{x \to \infty} f(x) = A \quad （A 为常数）$$

则直线 $y = A$ 是曲线 $y = f(x)$ 的一条水平渐近线.

【例 4.30】　求曲线 $f(x) = a^x + b(0 < a < 1, b > 0)$ 的水平渐近线.

【解】　因为 $\lim\limits_{x \to +\infty} (a^x + b) = b$，所以 $y = b$ 是曲线的一条水平渐近线，如图 4.9 所示.

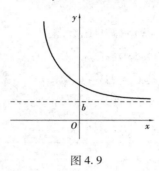

图 4.9

## 2）垂直渐近线

若 $f(x)$ 在 $x_0$ 处有

$$\lim_{x \to x_0^+} f(x) = \infty$$

则直线 $x = x_0$ 是曲线 $y = f(x)$ 的一条垂直渐近线.

例如：$y = \log_a(x - b)(0 < a < 1, b > 0)$，因为 $\lim\limits_{x \to b^+} \log_a(x - b) = +\infty$，所以 $x = b$ 是曲线的一条垂直渐近线，如图 4.10 所示；

$y = \tan x$ 是我们熟悉的正切函数，因为 $\lim\limits_{x \to \frac{\pi}{2}^-} \tan x = +\infty$，$\lim\limits_{x \to -\frac{\pi}{2}^+} \tan x = -\infty$，所以 $x = \frac{\pi}{2}$，$x = -\frac{\pi}{2}$ 都是曲线的垂直渐近线，如图 4.11 所示.

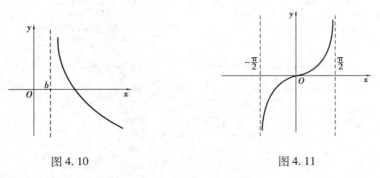

图 4.10　　　　　　　　　　图 4.11

曲线的垂直渐近线通常都是在函数的无穷间断点处存在.

我们综合函数的单调性、极值以及函数的凹凸性、拐点，结合初等函数的基本性质，参

照下面的作图步骤可作出复杂函数的图像.

（1）确定函数的定义域、周期及奇偶性；

（2）讨论函数的单调性与极值；

（3）确定曲线的凹凸区间与拐点；

（4）确定曲线的所有渐近线；

（5）由曲线方程计算出一些特殊点，特别是曲线与坐标轴的交点；

（6）描绘出函数图像.

【例 4.31】　作出 $y = x^3 - 6x^2 + 9x - 4$ 的函数图像.

【解】　函数的定义域：$(-\infty, +\infty)$，求得

$$y' = 3x^2 - 12x + 9, \quad y'' = 6x - 12$$

令 $y' = 0$，得 $x_1 = 1, x_2 = 3$；令 $y'' = 0$，得 $x_3 = 2$. 列表分析，如表 4.4 所示.

表 4.4

| $x$ | $(-\infty, 1)$ | 1 | $(1,2)$ | 2 | $(2,3)$ | 3 | $(3, +\infty)$ |
|---|---|---|---|---|---|---|---|
| $y'$ | + | 0 | — | | — | 0 | + |
| $y''$ | — | | — | 0 | + | | + |
| $y$ | ↗ | 极大值 0 | ↘ | $(2, -2)$ 拐点 | ↘ | 极小值 −4 | ↗ |

经分析此函数无渐近线；在坐标系上描上几个特殊点（拐点、极值和坐标轴的交点），绘出该函数的图像，如图 4.12 所示.

【例 4.32】　作出 $y = xe^x$ 的函数图像.

【解】　函数的定义域为：$(-\infty, +\infty)$，求出函数的一、二阶导数为：

$$y' = e^x + xe^x, \quad y'' = 2e^x + xe^x$$

令 $y' = 0$，得 $x_1 = -1$；令 $y'' = 0$，得 $x_2 = -2$. 列表分析，如表 4.5 所示.

表 4.5

| $x$ | $(-\infty, -2)$ | −2 | $(-2, -1)$ | −1 | $(-1, +\infty)$ |
|---|---|---|---|---|---|
| $y'$ | — | | — | 0 | + |
| $y''$ | — | 0 | + | | + |
| $y$ | ↘ | $\left(-2, -\dfrac{2}{e^2}\right)$ 拐点 | ↘ | 极小值 $-\dfrac{1}{e}$ | ↗ |

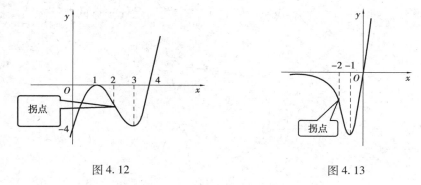

图 4.12　　　　　　　　　　　　　　　图 4.13

因为存在 $\lim\limits_{x\to-\infty}xe^x=0$,故直线 $y=0$ 为水平渐近线,则在坐标系上描上几个特殊点(拐点、极值和坐标轴的交点),绘出函数的图像,如图 4.13 所示.

## *4.3.3　曲线的曲率

曲线的曲率是用来描述曲线在一点的弯曲程度.

假设在以弧长为 $\Delta s$ 的曲线段 $\overparen{P_0N}$ 上,其中 $P_0$,$N$ 分别是曲线段的两个端点,过 $P_0$ 和 $N$ 点的曲线的两切线构成的转角为 $\Delta\alpha$.

通常曲线弯曲程度大的,转角也大;转角相等,其弧的长短也可以不一致,弯曲程度也不同. 在理论上可知,弯曲程度与转角 $\Delta\alpha$ 大小成正比,与弧长 $\Delta s$ 成反比.

在数学中,通常是用 $|\Delta\alpha|$ 与 $|\Delta s|$ 的比值来表示弧线段 $\overparen{P_0N}$ 的弯曲程度,称为 $\overparen{P_0N}$ 的平均曲率,记为

$$\overline{K}=\left|\frac{\Delta\alpha}{\Delta s}\right|$$

当 $\Delta s$ 越小,$\overline{K}$ 值越接近于点 $P_0$ 的弯曲程度.

**定义 4.4**　设 $P_0$ 和 $N$ 是曲线 $f(x)$ 上的两点,当 $N$ 沿曲线趋向于 $P_0$ 时,$\overparen{P_0N}$ 的平均曲率 $\overline{K}=\left|\dfrac{\Delta\alpha}{\Delta s}\right|$ 的极限称为曲线 $y=f(x)$ 在点 $P_0$ 处的曲率,记作 $K$,即

$$K=\lim\limits_{\Delta x\to0}\left|\frac{\Delta\alpha}{\Delta s}\right|$$

由导数定义可知,当 $\lim\limits_{\Delta s\to0}\left|\dfrac{\Delta\alpha}{\Delta s}\right|=\left|\dfrac{\mathrm{d}\alpha}{\mathrm{d}s}\right|$ 存在时,$K$ 可以表示为

$$K=\left|\frac{\mathrm{d}\alpha}{\mathrm{d}s}\right|$$

当我们在曲线 $f(x)$ 上的 $P_0$ 点的法线上取定点 $O$ 作圆,使其半径 $R$ 为曲线 $f(x)$ 在点 $P_0$ 处的曲率 $K$,即 $R=\dfrac{1}{K}$,则称该圆为曲线 $f(x)$ 在 $P_0$ 点处的曲率圆,半径 $R=\dfrac{1}{K}$ 为其曲率半径.

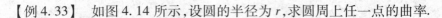

【例 4.33】 如图 4.14 所示，设圆的半径为 $r$，求圆周上任一点的曲率.

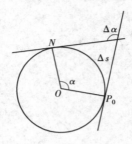

图 4.14

【解】 在图 4.14 上任取 $\overparen{P_0N}$，则有

$$\Delta\alpha = \alpha = \angle P_0ON,\ \Delta s = r\alpha$$

于是

$$\overline{K} = \left|\frac{\Delta\alpha}{\Delta s}\right| = \frac{\alpha}{r\alpha} = \frac{1}{r}$$

故

$$K = \lim_{\Delta s \to 0}\left|\frac{\Delta\alpha}{\Delta s}\right| = \lim_{\Delta s \to 0}\frac{1}{r} = \frac{1}{r}$$

由此可知，圆的半径越小，弯曲程度越大，即曲率越大；半径越大，弯曲程度越小，即曲率越小.

设函数 $y = f(x)$ 的二阶导数存在，先求出 $\boldsymbol{K} = \left|\dfrac{\mathrm{d}\alpha}{\mathrm{d}s}\right|$ 中的 $\mathrm{d}\alpha$ 与 $\mathrm{d}s$.

由导数的几何意义可知，曲线 $y = f(x)$ 在点 $P_0$ 的切线斜率为

$$y' = f(x) = \tan\alpha,\ \alpha = \arctan y'$$

则

$$\mathrm{d}\alpha = \mathrm{d}(\arctan y') = \frac{1}{1 + (y')^2}\mathrm{d}y' = \frac{y''}{1 + (y')^2}\mathrm{d}x$$

设弦 $\overline{P_0N}$ 在两轴上的投影分别为 $\Delta x$ 和 $\Delta y$，则 $\overline{P_0N} = \sqrt{(\Delta x)^2 + (\Delta y)^2}$，当 $N$ 无限接近点 $P_0$ 时，即 $N \to P_0$ 时，$\overline{P_0N} \approx \Delta s$，则

$$\frac{\Delta s}{\Delta x} \approx \frac{\sqrt{(\Delta x)^2 + (\Delta y)^2}}{\Delta x} = \sqrt{1 + \left(\frac{\Delta y}{\Delta x}\right)^2}$$

当 $N \to P_0$ 时，即 $\Delta x \to 0$ 时，得

$$\frac{\mathrm{d}s}{\mathrm{d}x} = \sqrt{1 + (y')^2}$$

即 $\mathrm{d}s = \sqrt{1 + (y')^2}\,\mathrm{d}x$，$\mathrm{d}s$ 称为弧微分. 综上可得曲率的计算公式：

$$\boldsymbol{K} = \left|\frac{\mathrm{d}\alpha}{\mathrm{d}s}\right| = \left|\frac{\dfrac{y''}{1 + (y')^2}\mathrm{d}x}{\sqrt{1 + (y')^2}\,\mathrm{d}x}\right| = \left|\frac{y''}{(1 + (y')^2)^{3/2}}\right|$$

【例4.34】 求抛物线 $y = ax^2 + bx + c (a \neq 0)$ 上的曲率最大点?

【解】 由 $y' = 2ax + b, y'' = 2a$, 得抛物线上任一点 $(x, y)$ 处的曲率为

$$K = \frac{|2a|}{[1 + (2ax + b)^2]^{3/2}}$$

由上式可见, 分母越小, $K$ 就越大. 显然当 $2ax + b = 0$, 即 $x = -\dfrac{b}{2a}$ 时, 分母最小, 此时 $K$ 的值最大, 且 $K_{\max} = |2a|$.

因为当 $x = -\dfrac{b}{2a}$ 时, $y = -\dfrac{b^2 - 4ac}{4a}$, 所以抛物线在顶点 $\left(-\dfrac{b}{2a}, -\dfrac{b^2 - 4ac}{4a}\right)$ 处曲率最大.

# 习题4.3

1. 求曲线 $y = \sqrt[3]{x - 4} + 2$ 的凹凸区间与拐点.

2. 求下列函数的渐近线.

$(1) y = \dfrac{1}{x^2 - 5x + 6}$ $\qquad\qquad$ $(2) y = \dfrac{1}{(x + 2)^3}$

$(3) y = \dfrac{x - 1}{x - 2}$ $\qquad\qquad$ $(4) y = e^{\frac{1}{x}} - 1$

3. 作出下列函数的图像.

$(1) y = x^3 - 6x^2 + 9x - 4$ $\qquad\qquad$ $(2) y = x\sqrt{3 - x}$

$(3) y = \dfrac{x^2}{2 + x^2}$ $\qquad\qquad$ $(4) y = x - \ln(x + 1)$

4. 问当 $a, b$ 为何值时, 点 $(1, 3)$ 是曲线 $y = ax^3 + bx^2$ 的拐点?

*5. 求下列函数的曲率.

$(1) xy = 4$, 在点 $(2, 2)$ 处 $\qquad\qquad$ $(2) y = \dfrac{e^x + e^{-x}}{2}$, 在点 $(0, 1)$ 处

# 本章小结

1. 基本内容

1) 微分中值定理

(1) 罗尔定理: 若函数 $y = f(x)$ 在闭区间 $[a, b]$ 上连续、在开区间 $(a, b)$ 内可导并且 $f(a) = f(b)$, 则在开区间 $(a, b)$ 内至少存在一点 $\xi$, 使得 $f'(\xi) = 0$.

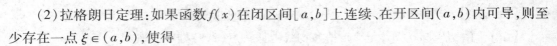

（2）拉格朗日定理：如果函数 $f(x)$ 在闭区间 $[a,b]$ 上连续、在开区间 $(a,b)$ 内可导，则至少存在一点 $\xi \in (a,b)$，使得

$$f'(\xi) = \frac{f(b)-f(a)}{b-a} \quad \text{或} \quad f(b)-f(a) = f'(\xi)(b-a) \quad (b \neq a)$$

2）洛必达法则

若 $\lim \dfrac{f(x)}{g(x)}$ 是 "$\dfrac{0}{0}$" 型或 "$\dfrac{\infty}{\infty}$" 型不定式，在满足定理的条件下，且 $\lim \dfrac{f'(x)}{g'(x)}, \lim \dfrac{f''(x)}{g''(x)}$，

…存在或为 $\infty$ 时，则能确保 $\lim \dfrac{f(x)}{g(x)}$ 存在，并有

$$\lim \frac{f(x)}{g(x)} = \lim \frac{f'(x)}{g'(x)} = \lim \frac{f''(x)}{g''(x)} = \cdots = \lim \frac{f^{(n)}(x)}{g^{(n)}(x)} = \cdots$$

洛必达法则是充分非必要条件，在满足定理的条件下并可以循环使用.

3）函数的单调性

（1）单调递增：若在 $(a,b)$ 内，$f'(x) > 0$，则函数 $f(x)$ 在区间 $[a,b]$ 上单调增加，$[a,b]$ 称为函数的单调递增区间.

（2）单调递增：若在 $(a,b)$ 内，$f'(x) < 0$，则函数 $f(x)$ 在区间 $[a,b]$ 上单调减少，区间 $[a,b]$ 称为函数的单调递减区间.

4）函数的极值

（1）极大值：如果在点 $x_0$ 邻域内任意一点 $x(x \neq x_0)$，有 $f(x) < f(x_0)$，则称 $f(x_0)$ 为函数 $f(x)$ 的一个极大值，$x_0$ 称为极大值点.

（2）极小值：如果在点 $x_0$ 邻域内任意一点 $x(x \neq x_0)$，有 $f(x) > f(x_0)$，则称 $f(x_0)$ 为函数 $f(x)$ 的一个极小值，$x_0$ 称为极小值点.

（3）极值点存在的范围：函数 $f(x)$ 的极值点存在于 $f'(x) = 0$ 的点和 $f'(x)$ 不存在的连续点中. 在几何上极值点就是单调区间的分界点.

（4）极值的判定：

第一充分条件：

当 $x < x_0$ 时，$f'(x) > 0$，当 $x > x_0$ 时，$f'(x) < 0$，则 $f(x_0)$ 为函数 $f(x)$ 的极大值；

当 $x < x_0$ 时，$f'(x) < 0$，当 $x > x_0$ 时，$f'(x) > 0$，则 $f(x_0)$ 为函数 $f(x)$ 的极小值；

当 $x < x_0$ 和 $x > x_0$ 时，恒有 $f'(x) > 0$ 或 $f'(x) < 0$，则 $f(x_0)$ 不是函数 $f(x)$ 的极值.

第二充分条件：

函数 $f(x)$ 在 $x_0$ 及其邻域内有一、二阶导数存在，且 $f'(x_0) = 0$，$f''(x_0) \neq 0$. 则有：

若 $f''(x_0) > 0$，则 $f(x_0)$ 为极小值；

若 $f''(x_0) < 0$，则 $f(x_0)$ 为极大值.

5）函数的最值

函数在整个定义域上函数值最大的就是函数的最大值，函数值最小的就是函数的最小值.

6)函数的凹凸性及其拐点

（1）函数 $f(x)$ 的凹凸性：若 $f(x)$ 在区间 $(a,b)$ 内存在二阶导数，如果 $x \in (a,b)$ 时，恒有 $f''(x)>0$，则曲线 $f(x)$ 在 $(a,b)$ 内是凹的；如果 $x \in (a,b)$ 时，恒有 $f''(x)<0$，则曲线 $f(x)$ 在 $(a,b)$ 内是凸的.

（2）拐点存在的范围：函数 $f(x)$ 的拐点 $x_0$ 包含在 $f''(x)=0$ 的点，和 $f''(x)$ 不存在的连续点中；或者说 $f''(x)=0$ 的点，和 $f''(x)$ 不存在的连续点，可能是拐点.

（3）拐点的判定：如果函数 $f(x)$ 在点 $x_0$ 处左右两边二阶导数 $f''(x)$ 的符号相反，则 $x_0$ 为拐点，或者用 $(x_0,f(x_0))$ 表示；否则 $x_0$ 不是拐点.

2. 基本题型及解题方法

1)用洛必达法则求极限

（1）若 $\lim \dfrac{f(x)}{g(x)}$ 是"$\dfrac{0}{0}$"型或"$\dfrac{\infty}{\infty}$"的基本不确定型，直接应用洛必达法则；

（2）如果是 $(\infty - \infty)$ 或 $0 \cdot \infty$ 等其他类型的不确定型，先转换为"$\dfrac{0}{0}$"或"$\dfrac{\infty}{\infty}$"类型再应用洛必达法则.

2)讨论函数的单调性，确定单调区间和极值

讨论函数的单调性，确定单调区间和极值是同时进行的，其方法般步骤是：

（1）求出函数的定义域和 $f'(x)$；

（2）令 $f'(x)=0$，求出驻点和导数 $f'(x)$ 不存在的连续点，并按从小到大的顺序来划分定义域，并列出表；

（3）在表格中讨论 $f'(x)$ 的符号，确定出单调区间和极值.

3)求函数的函数的最值

（1）求函数 $f(x)$ 在区间 $[a,b]$ 上的最值的方法是：先求出函数在 $(a,b)$ 内所有极值及 $f(a)$、$f(b)$，再进行比较，其中最大者即最大值，最小者即最小值.

（2）求应用问题的最值：先根据实际内容列出函数关系式，再用求极值的方法求出极值点（唯一的极值点就是最值点），最后求出最值.

4)判定曲线凹凸与拐点

其一般步骤为

（1）求出函数的定义域和函数的 $f'(x)$、$f''(x)$；

（2）求出 $f''(x)=0$ 及 $f''(x)$ 不存在的连续点，并按从小到大的顺序分函数的定义域为若干区间；

（3）列表讨论 $f''(x)$ 在各区间上的符号，从而确定函数在各区间上的凹凸及拐点.

5)函数作图

综合函数的单调性、极值以及函数的凹凸点、拐点等信息，作出函数图像.

# 综合练习题 4

1. 填空题.

(1) 已知 $f(x) = x^3 + 3x^2 + a$ 在 $[-3,3]$ 上有最小值 3, 那么在 $[-3,3]$ 上 $f(x)$ 的最大值是_____.

(2) 若 $x_0$ 点为 $y = f(x)$ 的极大值点, 则当 $x > x_0$ 时, $f'(x)$ _____ 0.

(3) 若 $\lim\limits_{x \to a} \dfrac{x^2 - a^2}{x^3 - a^3} = 1$, 则 $a =$ _____.

(4) 若 $x_0$ 是函数 $f(x)$ 的可导极值点, 则必有 $f'(x_0) =$ _____.

(5) 计算 $\lim\limits_{x \to 3} \dfrac{\sqrt{x+1} - 2}{x - 3} =$ _____.

(6) 若函数 $y = f(x)$ 在区间 $(a,b)$ 内单调递增, 则对于 $(a,b)$ 内的任意一点 $x$ 有 $f'(x) =$ _____.

(7) 若函数 $y = f(x)$ 是区间 $(a,b)$ 内的单调递增凹函数, 则 $x \in (a,b)$ 有 $f''(x)$ _____.

(8) 函数 $f(x) = x^3 + 3mx + 1$, 在 $x = \pm 1$ 时取得极值, 则 $m =$ _____.

(9) 函数 $f(x) = \dfrac{x+1}{x-1}$ 的水平渐近线是_____, 垂直渐近线是_____.

2. 选择题.

(1) 下列函数中 (　　) 在区间 $[-1,1]$ 上满足罗尔定理的条件.

 A. $f(x) = \dfrac{1}{x^2}$ 　　　　　　　　　　B. $f(x) = \left| x - \dfrac{1}{2} \right|$

 C. $x^2 + 1$ 　　　　　　　　　　　　D. $x^3 + 1$

(2) 函数 $f(x) = \dfrac{1}{2}(e^x + e^{-x})$ 的极小值点为 (　　).

 A. 0 　　　　　B. $-1$ 　　　　　C. 1 　　　　　D. 2

(3) 若 $f'(x_0) = 0$ 且 $f''(x_0) = 0$, 则函数 $f(x)$ 在 $x_0$ 处 (　　).

 A. 一定有极大值 　　　　　　　　B. 一定有极小值

 C. 不能确定是否有极值 　　　　　D. 一定无极值

(4) 函数 $f(x) = \ln(1 - x^2)$ 的单调递增区间是 (　　).

 A. $(-\infty, +\infty)$ 　　B. $(-1, 0)$ 　　C. $(-\infty, 0)$ 　　D. $(0, 1)$

(5) 若函数 $f(x) = x^3 + ax^2 + 3x - 9$ 在 $x = 3$ 处取得极值, 则 $a = ($ 　　$)$.

 A. $-2$ 　　　　　B. $-3$ 　　　　　C. $-4$ 　　　　　D. $-5$

（6）函数 $f(x)=3x^5-5x^3$ 在 **R** 上有（　　　）.

    A. 1 个极值点　　　　　　　　　　　B. 2 个极值点

    C. 3 个极值点　　　　　　　　　　　D. 4 个极值点

（7）函数 $f(x)=2x^3-3x^2-12x+5$ 在 $[0,3]$ 上的最大值和最小值依次是（　　　）.

    A. 12，$-15$　　　　B. 5，$-15$　　　　C. 5，$-4$　　　　D. $-4$，$-15$

（8）函数 $y=x^3-3x$ 的减区间是（　　　）.

    A. $(-\infty,-1]$　　　　B. $[-1,1]$　　　　C. $[1,+\infty)$　　　　D. $(-\infty,+\infty)$

（9）如果 $x_0\in(a,b)$，$f'(x_0)=0$，$f''(x_0)<0$，则 $x_0$ 一定是 $f(x)$ 的（　　　）.

    A. 极小值点　　　　B. 极大值点　　　　C 最小值点　　　　D. 最大值点

（10）函数 $f(x)$ 在 $(a,b)$ 内恒有 $f'(x)>0$，$f''(x)<0$，则曲线在 $(a,b)$ 内（　　　）.

    A. 单增且凸的　　　　B. 单减且凸的　　　　C. 单增且凹的　　　　D. 单减且凹的

3. 利用洛必达法则求下列极限.

（1）$\lim\limits_{x\to 4}\dfrac{x^2-6x+8}{x^2-x-12}$

（2）$\lim\limits_{x\to 3}\dfrac{\ln(4-x)}{x^2-7x+12}$

（3）$\lim\limits_{x\to 0^+}\dfrac{\ln\sin 2x}{\ln\tan x}$

（4）$\lim\limits_{x\to\frac{\pi}{2}}(\sec x-\tan x)$

4. 求下列函数的极值.

（1）$f(x)=x+\arccos x$

（2）$f(x)=(x-1)^3(2x+3)^2$

5. 讨论函数 $f(x)=2x^3-3x^2+a$ 的单调性；并求函数极大值为 6 时 $a$ 的取值.

6. 求函数 $f(x)=x^4-2x^3-12x^2+x+1$ 的凹凸区间与拐点.

# 5 不定积分

在微分学中我们主要研究的是导数与微分及其应用问题,但在自然科学和工程技术中经常还需要研究相反的问题. 如已知物体的位移是时间的函数 $s=s(t)$,求物体在任一时刻的速度 $v=v(t)$,这可以用导数来计算,即有 $v=s'(t)$. 相反地,已知物体的速度为时间的函数 $v=v(t)$,求物体在任一时刻的移动距离 $s=s(t)$,这就不是微分学能解决的问题了,这类问题就是不定积分所要解决的基本问题.

不定积分是微积分中又一个重要概念. 本章将在导数与微分的基础上学习原函数与不定积分的概念、性质、基本积分公式,重点学习直接积分法、换元积分法和分部积分法,掌握不定积分的概念;熟记基本积分公式,会用公式直接积分,熟练掌握两类换元积分法及基本类型的分部积分法,为学习定积分奠定必要的理论基础及运算技巧.

## 5.1 不定积分的概念

### 5.1.1 原函数

有许多实际问题,要求我们解决微分法的逆运算,这就是要由已知函数的导数去求原来的函数.

**引例 5.1** 若物体作变速直线运动,其运动方程为 $s=s(t)$,已知在任意时刻 $t$ 的速度 $v(t)=at$($a$ 为常数),求物体的运动方程 $s=s(t)$.

**分析** 由导数的物理意义可知:变速直线运动的速度 $v(t)$ 是路程对时间 $t$ 的导数 $v=s'(t)$,故此问题就是已知 $s(t)$ 的导数 $s'(t)$,求 $s(t)$ 的函数关系式问题.

**引例 5.2** 设曲线上任意一点 $(x,y)$ 处切线的斜率 $k=2x$,求曲线的方程.

**分析** 设所求曲线方程为 $y=f(x)$,由导数的几何意义可知:$k=f'(x)$,即 $f'(x)=2x$,故问题转化为已知函数 $f(x)$ 的导数 $f'(x)$,求该函数 $f(x)$ 的表达式.

上述两个问题归纳起来,就是已知某函数的导数求该函数. 为此,引入下述定义.

**定义 5.1** 设 $F(x)$ 与 $f(x)$ 是定义在某一区间 $I$ 上的函数,如果对于该区间内的任意一点 $x$ 恒有

$$F'(x) = f(x) \text{ 或 } \mathrm{d}F(x) = f(x)\mathrm{d}x$$

成立,则称函数 $F(x)$ 为 $f(x)$ 在区间 $I$ 上的一个原函数.

在引例 5.2 中,由于 $(x^2)' = 2x$,所以 $f(x) = x^2$ 是 $2x$ 的一个原函数,并且 $(x^2 + C)' = 2x$,因此 $f(x) = x^2 + C(C$ 为任意常数$)$ 也是 $2x$ 的原函数;类似地,因 $(\sin x)' = \cos x$,所以 $\sin x$ 是 $\cos x$ 的一个原函数,且 $\sin x + c$ 也是 $\cos x$ 的原函数。由此可见,一个函数的原函数如果存在,则不止一个.

**定理** 5.1(原函数族定理) 如果函数 $f(x)$ 在区间 $I$ 上有一个原函数 $F(x)$,那么它就有无穷多个原函数,且任意两个原函数之间仅相差一个常数,且 $f(x)$ 在 $I$ 上的所有原函数可表示为: $F(x) + C$.

**证明** 设函数 $F(x)$ 和 $\Phi(x)$ 都是 $f(x)$ 在 $I$ 上任意原函数,且 $F(x) \neq \Phi(x)$,则有

$$F'(x) = f(x) \qquad \Phi'(x) = f(x)$$

得出

$$[\Phi(x) - F(x)]' = \Phi'(x) - F'(x) = 0$$

若函数的导数恒等于零,则此函数必为常数 $C$,所以

$$\Phi(x) - F(x) = C(C \text{ 为常数}) \text{ 或 } \Phi(x) = F(x) + C$$

故定理的结论成立.

## 5.1.2 不定积分的概念

**定义** 5.2 若 $F(x)$ 是 $f(x)$ 在 $I$ 上的一个原函数,则 $f(x)$ 的所有原函数 $F(x) + C$ 称为 $f(x)$ 在 $I$ 上的不定积分,记为

$$\int f(x)\mathrm{d}x = F(x) + C$$

其中,符号 $\int$ 为积分号,$f(x)$ 称为被积函数,$f(x)\mathrm{d}x$ 称为被积表达式,$x$ 称为积分变量,$C$ 称为积分常数.

由定义 5.2 知: $\int 2x\mathrm{d}x = x^2 + C, \int \cos x\mathrm{d}x = \sin x + C$.

【例 5.1】 求不定积分 $\int \sin x\mathrm{d}x$.

【解】 因为 $(\cos x)' = -\sin x$,所以 $\int \sin x\mathrm{d}x = -\cos x + C$.

【例 5.2】 求不定积分 $\int \mathrm{e}^x\mathrm{d}x$.

【解】 因为 $(\mathrm{e}^x)' = \mathrm{e}^x$,所以 $\int \mathrm{e}^x\mathrm{d}x = \mathrm{e}^x + C$.

【例 5.3】 求不定积分 $\int \dfrac{1}{\sqrt{1-x^2}}\mathrm{d}x$.

【解】　因为 $(\arcsin x)' = \dfrac{1}{\sqrt{1-x^2}}$，所以 $\displaystyle\int \dfrac{1}{\sqrt{1-x^2}}\,\mathrm{d}x = \arcsin x + C.$

**注　意**

不定积分是被积函数的所有原函数，在具体计算时，求得一个原函数，再在后面加上积分常数 $C$.

### 5.1.3　不定积分的几何意义

由问题2可知：$y = \displaystyle\int 2x\mathrm{d}x = x^2 + C$ 当 $C$ 每取一个确定的值（如 $-1,0,1$ 等），就得到 $2x$ 的一个原函数（如 $y = x^2 - 1, y = x^2, y = x^2 + 1$ 等），每一个原函数都对应一条曲线，该曲线称为积分曲线，显然函数 $y = 2x$ 的不定积分 $y = x^2 + C$ 表示了无穷多条积分曲线，构成了一个曲线的集合，称为积分曲线族.

一般情况下，不定积分 $y = \displaystyle\int f(x)\mathrm{d}x = F(x) + C$ 在几何上就表示积分曲线族或称为原函数族。如图 5.1 所示.

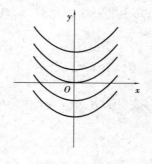

图 5.1

积分曲线族 $y = \displaystyle\int f(x)\mathrm{d}x = F(x) + C$ 具有如下特点：

（1）积分曲线族中每一条曲线，可由其中一条曲线向上或向下平行移动 $|C|$ 个单位得到.

（2）由于 $[F(x) + C]' = f(x)$ 说明积分曲线族中横坐标相同点处的切线斜率相等，都等于 $f(x)$，从而相应点处切线彼此平行.

当需要从积分曲线族中求出过点 $(x_0, y_0)$ 的一条积分曲线时，则只要把 $x_0, y_0$，代入 $y = F(x) + C$ 中，解出 $C$ 即可.

【例5.4】　已知曲线上任意一点的切线斜率为该点横坐标的 2 倍加 3，且曲线过 $(1,2)$

点,求该曲线的方程.

**【解】**　设所求曲线方程为 $y = f(x)$,$M(x,y)$ 为曲线上任意一点,由题意得

$$y' = f'(x) = 2x + 3$$

所以　$y = \int(2x + 3)\mathrm{d}x = x^2 + 3x + C.$

又因为曲线过 $(1,2)$,代入上式得 $C = -2$,故所求曲线方程为

$$y = x^2 + 3x - 2$$

**【例 5.5】**　设一质点以速度 $v = 2\cos t$ 作直线运动,开始时质点的位移为 $S_0$,求该质点的运动规律.

**【解】**　$v = \dfrac{\mathrm{d}S}{\mathrm{d}t} = 2\cos t$,即 $\mathrm{d}S = 2\cos t\mathrm{d}t$

所以　$S = \int\mathrm{d}S = \int 2\cos t\mathrm{d}t = 2\sin t + C.$

把 $S\big|_{t=0} = S_0$ 代入上式得 $C = S_0$,故所求质点运动规律为 $S = 2\sin t + S_0.$

## 5.1.4　不定积分的性质

由不定积分定义,可得到如下性质:

**性质 1**　(1) $\left[\int f(x)\mathrm{d}x\right]' = f(x)$ 或 $\mathrm{d}\left[\int f(x)\mathrm{d}x\right] = f(x)\mathrm{d}x$

(2) $\int F'(x)\mathrm{d}x = F(x) + C$ 或 $\int\mathrm{d}F(x) = F(x) + C$

事实上,对等式 $\int f(x)\mathrm{d}x = F(x) + C$ 两边求导数,得

$$\left[\int f(x)\mathrm{d}x\right]' = [F(x) + C]' = F'(x) = f(x)$$

故(1)式成立.

性质 1 表明:积分与求导互为逆运算.

**性质 2**　$\int[f(x) \pm g(x)]\mathrm{d}x = \int f(x)\mathrm{d}x \pm \int g(x)\mathrm{d}x$

**性质 3**　$\int kf(x)\mathrm{d}x = k\int f(x)\mathrm{d}x$　($k$ 为非零常数)

性质 2 和性质 3 称为不定积分的线性运算,并可以推广到有限多个函数的情形,即

$$\int[k_1f_1(x) \pm k_2f_2(x) \pm \cdots \pm k_nf_n(x)]\mathrm{d}x = k_1\int f_1(x)\mathrm{d}x \pm k_2\int f_2(x)\mathrm{d}x \pm \cdots \pm k_n\int f_n(x)\mathrm{d}x$$

($k_1,k_2,\cdots,k_n$ 为非零常数)

**【例 5.6】**　求不定积分 $\int(3x^2 + \cos x)\mathrm{d}x.$

**【解】**　$\int(3x^2 + \cos x)\mathrm{d}x = \int 3x^2\mathrm{d}x + \int\cos x\mathrm{d}x$

$$= 3\int x^2 dx + \int \cos x dx$$

$$= x^3 + \sin x + C$$

【例 5.7】 已知物体运动的速度 $v = 3t^2$，且 $s(t)\big|_{t=1} = 2$，求该物体的运动方程 $s(t)$.

【解】 因为 $s'(t) = v(t) = 3t^2$

所以 $s(t) = \int 3t^2 dt$

$$= 3\int t^2 dt = t^3 + C$$

代入条件 $s(t)\big|_{t=1} = 2$ 得 $C = 1$，于是所求物体的运动方程为 $s(t) = t^3 + 1$.

# 习题 5.1

1. 验证下列等式是否成立（$C$ 为常数）.

(1) $\displaystyle\int \frac{x}{\sqrt{1+x^2}} dx = \sqrt{1+x^2} + C$    (2) $\displaystyle\int \cos 2x dx = \frac{1}{2}\sin 2x + C$

2. 验证 $F(x) = x(\ln x - 1)$ 是 $f(x) = \ln x$ 的一个原函数.

3. 设某曲线上任意一点处切线斜率为该点横坐标的平方，又知该曲线过原点，求此曲线方程.

4. 物体做变速直线运动，运动速度为 $v = \cos t (\text{m/s})$，当 $t = \dfrac{\pi}{2}$ s 时，物体所经过的路程 $S = 10$ m，求物体的运动方程.

# 5.2 基本积分公式与直接积分法

## 5.2.1 基本积分公式

由于积分是微分的逆运算，所以由基本初等函数的求导公式，可以相应地对照列出基本初等函数的不定积分的公式，如表 5.1 所示.

例如：因为 $\left(\dfrac{1}{\ln a}a^x\right)' = \dfrac{1}{\ln a} \cdot a^x \cdot \ln a = a^x (a>0, a\neq1)$，所以 $\displaystyle\int a^x dx = \dfrac{a^x}{\ln a} + C (a>0, a \neq 1)$. 类似可以得到其他基本初等函数的积分.

表 5.1

| 序号 | $F'(x) = f(x)$ | $\int f(x)\mathrm{d}x = F(x) + C$ （$C$ 为常数） |
|---|---|---|
| 1 | $(kx)' = k$ | $\int k\mathrm{d}x = kx + C$ |
| 2 | $\left(\dfrac{x^{\alpha+1}}{\alpha+1}\right)' = x^{\alpha}$ | $\int x^{\alpha}\mathrm{d}x = \dfrac{x^{\alpha+1}}{\alpha+1} + C$ （$\alpha \neq -1$） |
| 3 | $(\ln|x|)' = \dfrac{1}{x}$ | $\int \dfrac{1}{x}\mathrm{d}x = \ln|x| + C$ |
| 4 | $\left(\dfrac{a^x}{\ln a}\right)' = a^x$ （$a > 0, a \neq 1$） | $\int a^x\mathrm{d}x = \dfrac{a^x}{\ln a} + C$ （$a > 0, a \neq 1$） |
| 5 | $(\mathrm{e}^x)' = \mathrm{e}^x$ | $\int \mathrm{e}^x\mathrm{d}x = \mathrm{e}^x + C$ |
| 6 | $(\sin x)' = \cos x$ | $\int \cos x\mathrm{d}x = \sin x + C$ |
| 7 | $(-\cos x)' = \sin x$ | $\int \sin x\mathrm{d}x = -\cos x + C$ |
| 8 | $(\tan x)' = \sec^2 x = \dfrac{1}{\cos^2 x}$ | $\int \sec^2 x\mathrm{d}x = \tan x + C$ |
| 9 | $(-\cot x)' = \csc^2 x = \dfrac{1}{\sin^2 x}$ | $\int \csc^2 x\mathrm{d}x = -\cot x + C$ |
| 10 | $(\sec x)' = \sec x \tan x$ | $\int \sec x \tan x\mathrm{d}x = \sec x + C$ |
| 11 | $(-\csc x)' = \csc x \cot x$ | $\int \csc x \cot x\mathrm{d}x = -\csc x + C$ |
| 12 | $(\arcsin x)' = \dfrac{1}{\sqrt{1-x^2}}$ | $\int \dfrac{1}{\sqrt{1-x^2}}\mathrm{d}x = \arcsin x + C$ |
| 13 | $(\arctan x)' = \dfrac{1}{1+x^2}$ | $\int \dfrac{1}{1+x^2}\mathrm{d}x = \arctan x + C$ |

## 5.2.2　直接积分法

直接利用不定积分的性质和基本积分公式,或者先对被积函数进行恒等变形,再利用不定积分性质和基本积分公式来求出不定积分的方法称为直接积分法.

【例 5.8】　求 $\int (\mathrm{e}^x + 3\sin x + \sqrt{x})\mathrm{d}x$.

【解】　$\int (\mathrm{e}^x + 3\sin x + \sqrt{x})\mathrm{d}x = \int \mathrm{e}^x\mathrm{d}x + 3\int \sin x\mathrm{d}x + \int x^{\frac{1}{2}}\mathrm{d}x$

$$= e^x - 3 \cos x + \frac{1}{\frac{1}{2} + 1} x^{\frac{1}{2} + 1} + C$$

$$= e^x - 3 \cos x + \frac{2}{3} x^{\frac{3}{2}} + C$$

【例 5.9】　求 $\int e^x 3^x dx$.

【解】　$\int e^x 3^x dx = \int (3e)^x dx = \frac{(3e)^x}{\ln(3e)} + C = \frac{(3e)^x}{1 + \ln 3} + C$

【例 5.10】　求 $\int (x + 1)(x - 1) dx$.

【解】　$\int (x + 1)(x - 1) dx = \int (x^2 - 1) dx = \int x^2 dx - \int dx = \frac{x^3}{3} - x + C$

【例 5.11】　求 $\int \frac{(1 - x)^2}{\sqrt{x}} dx$.

【解】　$\int \frac{(1 - x)^2}{\sqrt{x}} dx = \int \frac{1 - 2x + x^2}{\sqrt{x}} dx = \int (x^{-\frac{1}{2}} - 2x^{\frac{1}{2}} + x^{\frac{3}{2}}) dx$

$$= 2\sqrt{x} - \frac{4}{3} x^{\frac{3}{2}} + \frac{2}{5} x^{\frac{5}{2}} + C$$

【例 5.12】　求 $\int \frac{x^2 - 1}{x + 1} dx$.

【解】　$\int \frac{x^2 - 1}{x + 1} dx = \int (x - 1) dx = \int x dx - \int dx = \frac{1}{2} x^2 - x + C$

【例 5.13】　求 $\int \frac{2x^2 + 1}{x^2(1 + x^2)} dx$.

【解】　$\int \frac{2x^2 + 1}{x^2(1 + x^2)} dx = \int \frac{x^2 + (1 + x^2)}{x^2(1 + x^2)} dx = \int \left( \frac{1}{1 + x^2} + \frac{1}{x^2} \right) dx$

$$= \int \frac{1}{x^2 + 1} dx + \int \frac{1}{x^2} dx = \arctan x - \frac{1}{x} + C$$

【例 5.14】　求 $\int \frac{x^4}{1 + x^2} dx$.

【解】　$\int \frac{x^4}{1 + x^2} dx = \int \frac{x^4 - 1 + 1}{x^2 + 1} dx = \int (x^2 - 1) dx + \int \frac{1}{1 + x^2} dx$

$$= \frac{1}{3} x^3 - x + \arctan x + C$$

──────── 注　意 ────────────────────────────

（1）在求不定积分过程中，当不定积分号尚未完全消失时，就不必加上任意常数（即使有的项已算出了积分结果）；只有当不定积分号彻底消失后，才在表达式的最后加上任意常数,且只能加一个任意常数.

(2)对被积函数所进行的恒等变形是十分重要的,主要是设法化被积函数为和差的形式.

---

【例 5.15】 求 $\int \tan^2 x \, \mathrm{d}x$.

【解】 $\int \tan^2 x \, \mathrm{d}x = \int (\sec^2 x - 1) \, \mathrm{d}x = \int \sec^2 x \, \mathrm{d}x - \int \mathrm{d}x = \tan x - x + C$

【例 5.16】 求 $\int \dfrac{1}{\sin^2 x \, \cos^2 x} \, \mathrm{d}x$.

【解】 $\int \dfrac{1}{\sin^2 x \, \cos^2 x} \, \mathrm{d}x = \int \dfrac{\sin^2 x + \cos^2 x}{\sin^2 x \, \cos^2 x} \, \mathrm{d}x = \int \dfrac{1}{\cos^2 x} \, \mathrm{d}x + \int \dfrac{1}{\sin^2 x} \, \mathrm{d}x$

$= \int \sec^2 x \, \mathrm{d}x + \int \csc^2 x \, \mathrm{d}x = \tan x - \cot x + C$

【例 5.17】 求 $\int \dfrac{\cos 2x}{\cos x - \sin x} \, \mathrm{d}x$.

【解】 $\int \dfrac{\cos 2x}{\cos x - \sin x} \, \mathrm{d}x = \int \dfrac{\cos^2 x - \sin^2 x}{\cos x - \sin x} \, \mathrm{d}x = \int (\cos x + \sin x) \, \mathrm{d}x$

$= \int \cos x \, \mathrm{d}x + \int \sin x \, \mathrm{d}x = \sin x - \cos x + C$

【例 5.18】 设某商品的需求量 $y$ 是价格 $x$ 的函数,该商品的最大需求量为 1 000(即 $x = 0$ 时, $y = 1\ 000$),已知需求量的变化率为 $y' = -1\ 000 \cdot \ln 3 \cdot \left( \dfrac{1}{3} \right)^x$,求需求量 $y$ 与价格 $x$ 的函数关系.

【解】 $y = \int y' \, \mathrm{d}x = \int \left[ -1\ 000 \cdot \ln 3 \cdot \left( \dfrac{1}{3} \right)^x \right] \mathrm{d}x = -1\ 000 \cdot \ln 3 \cdot \int \left( \dfrac{1}{3} \right)^x \mathrm{d}x$

$= -1\ 000 \cdot \ln 3 \cdot \dfrac{\left( \dfrac{1}{3} \right)^x}{\ln \dfrac{1}{3}} + C = 1\ 000 \cdot \left( \dfrac{1}{3} \right)^x + C$

将 $x = 0, y = 1\ 000$ 代入上式,得 $C = 0$,故需求量 $y$ 与价格 $x$ 的函数关系为: $y = 1\ 000 \cdot \left( \dfrac{1}{3} \right)^x$.

## 习题 5.2

求下列不定积分.

(1) $\int x^2 \sqrt{x} \, \mathrm{d}x$

(2) $\int \dfrac{(x - 1)^3}{x^2} \, \mathrm{d}x$

$(3) \int \left( 3x^2 + \sqrt{x} - \dfrac{2}{x} \right) \mathrm{d}x$　　　　$(4) \int \dfrac{3 \times 4^x - 3^x}{4^x} \mathrm{d}x$

$(5) \int \left( 10^x + x^{10} \right) \mathrm{d}x$　　　　$(6) \int \dfrac{3x^4 + 3x^2 - 1}{x^2 + 1} \mathrm{d}x$

$(7) \int \dfrac{5}{x^2 (1 + x^2)} \mathrm{d}x$　　　　$(8) \int \mathrm{e}^x \left( 2^x + \dfrac{\mathrm{e}^{-x}}{\sqrt{1 - x^2}} \right) \mathrm{d}x$

$(9) \int \sin^2 \dfrac{x}{2} \mathrm{d}x$　　　　$(10) \int \left( \sin \dfrac{x}{2} - \cos \dfrac{x}{2} \right)^2 \mathrm{d}x$

$(11) \int \sec x (\sec x - \tan x) \mathrm{d}x$　　　　$(12) \int \dfrac{2 - \sin^2 x}{\cos^2 x} \mathrm{d}x$

# 5.3　换元积分法

利用直接积分法可以处理一些简单的不定积分,但无法解决复合函数的不定积分. 为此,需要引入基于复合函数求导法则的逆运算,求复合函数的不定积分方法——换元积分法(简称换元法). 通常将换元积分法分为第一类换元积分法和第二类换元积分法两类,下面分别介绍它们.

## 1)第一类换元积分法(凑微分法)

**引例** 5.3　求 $\int \cos 3x \mathrm{d}x$.

**分析**　因为被积函数 $\cos 3x$ 是一个复合函数,故它不能用直接积分法求出,若引入中间变量 $u = 3x, x = \dfrac{1}{3}u, \mathrm{d}x = \dfrac{1}{3}\mathrm{d}u$,代入积分有

$$\int \cos 3x \mathrm{d}x = \int \cos u \left( \frac{1}{3}\mathrm{d}u \right) = \frac{1}{3}\sin u + C \xrightarrow{\text{回代 } u = 3x} \frac{1}{3}\sin 3x + C$$

可以验证积分结果是正确的,这一方法用于计算某些复合函数的积分相当有效.

**定理** 5.2　若 $\int f(u)\mathrm{d}u = F(u) + C$,且 $u = \varphi(x)$ 可微,则

$$\int f[\varphi(x)]\varphi'(x)\mathrm{d}x = F[\varphi(x)] + C$$

**证明**　因为 $F'(u) = f(u), u = \varphi(x)$ 可微,所以

$$[F(\varphi(x))]' = F'_u \cdot u'_x = f(u)\varphi'(x) = f[\varphi(x)]\varphi'(x)$$

即　　　　　　　　　　$[F(\varphi(x))]' = f[\varphi(x)]\varphi'(x)$

两边积分,可得　　　$\int f[\varphi(x)]\varphi'(x)\mathrm{d}x = F[\varphi(x)] + C$

故定理成立.

由定理 5.2 知:若 $\int f(u)\mathrm{d}u = F(u) + C$,则求 $\int f[\varphi(x)]\varphi'(x)\mathrm{d}x$ 可采用下面的方法:

$$\int f[\varphi(x)]\varphi'(x)\mathrm{d}x \xrightarrow{\text{凑微分}} \int f[\varphi(x)]\mathrm{d}[\varphi(x)] \xrightarrow{\text{令} u = \varphi(x)}$$

$$\int f(u)\mathrm{d}u = F(u) + C \xrightarrow{\text{回代}} F[\varphi(x)] + C$$

上式表明:第一类换元积分法最关键的一步是将 $\varphi'(x)\mathrm{d}x$ 变成 $\mathrm{d}[\varphi(x)]$,即凑出恰当的微分,故第一类换元法又称为凑微分法.

【例 5.19】 求 $\int \sin 2x\mathrm{d}x$.

【解】 $\int \sin 2x\mathrm{d}x = \dfrac{1}{2}\int \sin 2x\mathrm{d}(2x) \xrightarrow{\text{令} u = 2x} \dfrac{1}{2}\int \sin u\mathrm{d}u$

$$= -\dfrac{1}{2}\cos u + C \xrightarrow{\text{回代}} -\dfrac{1}{2}\cos 2x + C$$

【例 5.20】 求 $\int (3x - 1)^4\mathrm{d}x$.

【解】 $\int (3x - 1)^4\mathrm{d}x = \dfrac{1}{3}\int (3x - 1)^4\mathrm{d}(3x - 1) \xrightarrow{\text{令} u = 3x - 1} \dfrac{1}{3}\int u^4\mathrm{d}u$

$$= \dfrac{1}{3} \cdot \dfrac{1}{5}u^5 + C = \dfrac{1}{15}u^5 + C \xrightarrow{\text{回代}} \dfrac{1}{15}(3x - 1)^5 + C$$

由以上两例可以看出:一般对于不定积分 $\int f(ax + b)\mathrm{d}x$,总可以把 $\mathrm{d}x$ 凑微分为 $\mathrm{d}x = \dfrac{1}{a}\mathrm{d}(ax + b)$,于是 $\int f(ax + b)\mathrm{d}x = \dfrac{1}{a}\int f(ax + b)\mathrm{d}(ax + b)$,实际上这里所做的变换是 $u = ax + b$,只是不写出这一步而已.

【例 5.21】 求 $\int \sin^2 x \cos x\mathrm{d}x$.

【解】 $\int \sin^2 x \cos x\mathrm{d}x = \int \sin^2 x\mathrm{d}(\sin x) \xrightarrow{\text{令} u = \sin x} \int u^2\mathrm{d}u$

$$= \dfrac{1}{3}u^3 + C \xrightarrow{\text{回代}} \dfrac{1}{3}\sin^3 x + C$$

【例 5.22】 求 $\int x\mathrm{e}^{x^2}\mathrm{d}x$.

【解】 $\int x\mathrm{e}^{x^2}\mathrm{d}x = \dfrac{1}{2}\int \mathrm{e}^{x^2}\mathrm{d}x^2 \xrightarrow{\text{令} u = x^2} \dfrac{1}{2}\int \mathrm{e}^u\mathrm{d}u = \dfrac{1}{2}\mathrm{e}^u + C \xrightarrow{\text{回代}} \dfrac{1}{2}\mathrm{e}^{x^2} + C$

当凑微分法比较熟悉后,设中间变量的过程可以省略.

【例 5.23】 求 $\int \tan x\mathrm{d}x$.

【解】 $\int \tan x\mathrm{d}x = \int \dfrac{\sin x}{\cos x}\mathrm{d}x = -\int \dfrac{1}{\cos x}\mathrm{d}(\cos x) = -\ln|\cos x| + C$

类似地，可得 $\int \cot x \mathrm{d}x = \ln|\sin x| + C$

【例 5.24】 求 $\int \sec x \mathrm{d}x$.

【解】
$$\int \sec x \mathrm{d}x = \int \frac{\sec x(\sec x + \tan x)}{\sec x + \tan x} \mathrm{d}x$$
$$= \int \frac{\sec^2 x \mathrm{d}x + \sec x \tan x \mathrm{d}x}{\sec x + \tan x}$$
$$= \int \frac{\mathrm{d}(\sec x + \tan x)}{\sec x + \tan x}$$
$$= \ln|\sec x + \tan x| + C$$

类似地，可得 $\int \csc x \mathrm{d}x = \ln|\csc x - \cot x| + C$

【例 5.25】 求 $\int x \sqrt{1 - x^2} \mathrm{d}x$.

【解】
$$\int x \sqrt{1 - x^2} \mathrm{d}x = \frac{1}{2} \int (1 - x^2)^{\frac{1}{2}} \mathrm{d}(x^2)$$
$$= -\frac{1}{2} \int (1 - x^2)^{\frac{1}{2}} \mathrm{d}(1 - x^2)$$
$$= -\frac{1}{3} (1 - x^2)^{\frac{3}{2}} + C$$

【例 5.26】 求 $\int \frac{1 - \cos x}{1 + \cos x} \mathrm{d}x$.

【解】
$$\int \frac{1 - \cos x}{1 + \cos x} \mathrm{d}x = \int \left( \frac{2}{1 + \cos x} - 1 \right) \mathrm{d}x = \int \sec^2 \frac{x}{2} \mathrm{d}x - \int \mathrm{d}x$$
$$= 2 \int \sec^2 \frac{x}{2} \mathrm{d}\left( \frac{x}{2} \right) - \int \mathrm{d}x = 2 \tan \frac{x}{2} - x + C$$

【例 5.27】 计算下列不定积分.

(1) $\int \dfrac{1}{x^2 - a^2} \mathrm{d}x$  (2) $\int \cos^3 x \mathrm{d}x$

(3) $\int \cos^2 x \mathrm{d}x$  (4) $\int \dfrac{\cos x}{\sqrt{\sin x}} \mathrm{d}x$

(5) $\int \sin^3 x \cos^5 x \mathrm{d}x$  (6) $\int \dfrac{1}{\sqrt{4 - 9x^2}} \mathrm{d}x$

【解】 (1) $\int \dfrac{1}{x^2 - a^2} \mathrm{d}x = \dfrac{1}{2a} \int \left( \dfrac{1}{x - a} - \dfrac{1}{x + a} \right) \mathrm{d}x = \dfrac{1}{2a} \left[ \int \dfrac{1}{x - a} \mathrm{d}(x - a) - \int \dfrac{1}{x + a} \mathrm{d}(x + a) \right]$
$$= \frac{1}{2a} \left[ \ln|x - a| - \ln|x + a| \right] + c = \frac{1}{2a} \ln \left| \frac{x - a}{x + a} \right| + C$$

$(2)\displaystyle\int\cos^3x\mathrm{d}x = \int\cos^2x\,\cos x\mathrm{d}x$

$\qquad\qquad = \displaystyle\int(1-\sin^2x)\mathrm{d}\sin x = \int\mathrm{d}(\sin x) - \int\sin^2x\mathrm{d}(\sin x)$

$\qquad\qquad = \sin x - \dfrac{1}{3}\sin^3x + C$

$(3)\displaystyle\int\cos^2x\mathrm{d}x = \int\dfrac{1+\cos 2x}{2}\mathrm{d}x = \dfrac{1}{2}\left(\int\mathrm{d}x + \int\cos 2x\mathrm{d}x\right)$

$\qquad\qquad = \dfrac{1}{2}x + \dfrac{1}{4}\sin 2x + C$

$(4)\displaystyle\int\dfrac{\cos x}{\sqrt{\sin x}}\mathrm{d}x = \int(\sin x)^{-\frac{1}{2}}\mathrm{d}(\sin x) = 2\sqrt{\sin x} + C$

$(5)\displaystyle\int\sin^3x\,\cos^5x\mathrm{d}x = \int\sin^2x\,\cos^5x\,\sin x\mathrm{d}x = \int(1-\cos^2x)\cos^5x(-\mathrm{d}\cos x)$

$\qquad\qquad = \displaystyle\int(\cos^7x - \cos^5x)\mathrm{d}(\cos x) = \dfrac{1}{8}\cos^8x - \dfrac{1}{6}\cos^6x + C$

$(6)\displaystyle\int\dfrac{1}{\sqrt{4-9x^2}}\mathrm{d}x = \int\dfrac{1}{2\sqrt{1-\left(\dfrac{3}{2}x\right)^2}}\cdot\dfrac{2}{3}\mathrm{d}\left(\dfrac{3}{2}x\right) = \dfrac{1}{3}\arcsin\dfrac{3}{2}x + C$

从上面几个例子可以看出,使用第一类换元积分法关键是把被积表达式凑成两部分:一部分为 $\mathrm{d}[\varphi(x)]$,另一部分为 $f[\varphi(x)]$. 现把常见的凑微分列出,以供参考,如表 5.2 所示.

表 5.2

| | |
|---|---|
| $(1)\,\mathrm{d}x = \dfrac{1}{a}\mathrm{d}ax = \dfrac{1}{a}\mathrm{d}(ax+b)$ | $(2)\,x\mathrm{d}x = \dfrac{1}{2}\mathrm{d}x^2 = \dfrac{1}{2a}\mathrm{d}(ax^2+b)$ |
| $(3)\,x^2\mathrm{d}x = \dfrac{1}{3}\mathrm{d}x^3 = \dfrac{1}{3a}\mathrm{d}(ax^3+b)$ | $(4)\,\dfrac{1}{x}\mathrm{d}x = \mathrm{d}\ln|x| = \dfrac{1}{a}\mathrm{d}(a\ln|x|+b)$ |
| $(5)\,\dfrac{1}{x^2}\mathrm{d}x = -\mathrm{d}\left(\dfrac{1}{x}\right)$ | $(6)\,\dfrac{1}{\sqrt{x}}\mathrm{d}x = 2\mathrm{d}(\sqrt{x})$ |
| $(7)\,\mathrm{e}^x\mathrm{d}x = \mathrm{d}(\mathrm{e}^x)$ | $(8)\,\mathrm{e}^{ax}\mathrm{d}x = \dfrac{1}{a}\mathrm{d}\mathrm{e}^{ax} = \dfrac{1}{a}\mathrm{d}(\mathrm{e}^{ax}+b)$ |
| $(9)\,\cos x\mathrm{d}x = \mathrm{d}\sin x = \dfrac{1}{a}\mathrm{d}(a\sin x+b)$ | $(10)\,\sin x\mathrm{d}x = -\mathrm{d}\cos x = -\dfrac{1}{a}\mathrm{d}(a\cos x+b)$ |
| $(11)\,\sec^2x\mathrm{d}x = \mathrm{d}\tan x$ | $(12)\,\csc^2x\mathrm{d}x = -\mathrm{d}\cot x$ |
| $(13)\,\dfrac{1}{\sqrt{1-x^2}}\mathrm{d}x = \mathrm{d}\arcsin x$ | $(14)\,\dfrac{1}{1+x^2}\mathrm{d}x = \mathrm{d}\arctan x$ |

## 2)第二类换元积分法

第一类换元积分法能够求出许多函数的不定积分,使用过程中凑微分是关键,并且被积函数含有复合函数 $f[\varphi(x)]$，就必须含有 $\varphi'(x)$，只有这样凑微分 $\varphi'(x)\mathrm{d}x = \mathrm{d}\varphi(x)$ 才能成功，如果没有这种配合的默契，就不能使用第一类换元积分法.

对于有些积分，需要做相反方式的换元，才能比较顺利地求出原函数.

**引例** 5.4　求 $\displaystyle\int \frac{1}{1 + \sqrt[3]{x}}\mathrm{d}x$.

**分析**　由于被积函数中含有根号，不易凑微分，为了去掉根号，令 $t = \sqrt[3]{x}$，$x = t^3$，则 $\mathrm{d}x = 3t^2\mathrm{d}t$，于是

$$\int \frac{1}{1 + \sqrt[3]{x}}\mathrm{d}x = \int \frac{3t^2}{1 + t}\mathrm{d}t = 3\int \frac{(t^2 - 1) + 1}{1 + t}\mathrm{d}t = 3\int \left(t - 1 + \frac{1}{1 + t}\right)\mathrm{d}t$$

$$= 3\left(\frac{1}{2}t^2 - t + \ln|1 + t|\right) + C$$

$$\xrightarrow{\text{回代 } t = \sqrt[3]{x}} 3\left(\frac{1}{2}\sqrt[3]{x^2} - \sqrt[3]{x} + \ln\left|1 + \sqrt[3]{x}\right|\right) + C$$

**定理** 5.3（第二类换元积分法）　设函数 $f(x)$ 连续，函数 $x = \varphi(t)$ 单调可导，且 $\varphi'(t) \neq 0$，则

$$\int f(x)\mathrm{d}x \xrightarrow{\text{令 } x = \varphi(t)} \int f[\varphi(t)]\varphi'(t)\mathrm{d}t = F(t) + C$$

$$\xrightarrow{\text{回代 } t = \varphi^{-1}(x)} F[\varphi^{-1}(x)] + C$$

这一方法是把第一类换元积分法反过来使用，这只是不同情况下同一公式的两种不同的使用方式.

一般地，第二类换元法主要用于消去被积函数中的根号，主要分为简单根式代换和三角代换两类.

（1）简单根式代换：一般地，被开方部分为 $x$ 的一次式，以直接去掉根号为目的. 即被积函数含有 $\sqrt[n]{ax + b}$（$a \neq 0$），作代换，令 $t = \sqrt[n]{ax + b}$，就可以消去根号.

【**例** 5.28】　求 $\displaystyle\int \frac{\mathrm{d}x}{1 + \sqrt{x}}$.

【**解**】　$\displaystyle\int \frac{\mathrm{d}x}{1 + \sqrt{x}} \xrightarrow[\mathrm{d}x = 2t\mathrm{d}t]{\text{令 } x = t^2} \int \frac{2t}{1 + t}\mathrm{d}t = 2\int \frac{(t + 1) - 1}{1 + t}\mathrm{d}t = 2\int \left(1 - \frac{1}{1 + t}\right)\mathrm{d}t$

$$= 2t - 2\ln|1 + t| + C$$

$$\xrightarrow{\text{回代 } t = \sqrt{x}} 2\sqrt{x} - 2\ln(1 + \sqrt{x}) + C$$

【**例** 5.29】　求 $\displaystyle\int \frac{\mathrm{d}x}{\sqrt{x} + \sqrt[3]{x}}$.

【**解**】　为了同时去掉被积函数中的两个根式，令 $x = t^6$，则 $\mathrm{d}x = 6t^5\mathrm{d}t$，于是

$$\int \frac{1}{\sqrt{x} + \sqrt[3]{x}}\mathrm{d}x = \int \frac{6t^5}{t^3 + t^2}\mathrm{d}t = 6\int \frac{t^3}{t + 1}\mathrm{d}t = 6\int \frac{(t^3 + 1) - 1}{t + 1}\mathrm{d}t = 6\int \left(t^2 - t + 1 - \frac{1}{t + 1}\right)\mathrm{d}t$$

$$= 2t^3 - 3t^2 + 6t - 6\ln|t+1| + C \xrightarrow{\text{回代}} 2\sqrt{x} - 3\sqrt[3]{x} + 6\sqrt[6]{x} - 6\ln(\sqrt[6]{x}+1) + C$$

【例 5.30】 求 $\int x\sqrt{2x+3}\,dx$.

【解】 令 $\sqrt{2x+3} = t$,即 $x = \dfrac{1}{2}(t^2 - 3)$,$dx = t\,dt$,于是

$$\int x\sqrt{2x+3}\,dx = \int \frac{1}{2}(t^2 - 3) \cdot t \cdot t\,dt$$

$$= \frac{1}{2}\int(t^4 - 3t^2)\,dt = \frac{1}{10}t^5 - \frac{1}{2}t^3 + C$$

$$= \frac{1}{10}(2x+3)^{\frac{5}{2}} - \frac{1}{2}(2x+3)^{\frac{3}{2}} + C$$

【例 5.31】 求 $\int \dfrac{1}{\sqrt{1+e^x}}\,dx$.

【解】 $\displaystyle\int \frac{1}{\sqrt{1+e^x}}\,dx \xrightarrow{\sqrt{1+e^x}=t,\,x=\ln(t^2-1)} \int \frac{1}{t}\,d[\ln(t^2-1)]$

$$= \int \frac{1}{t} \cdot \frac{2t}{t^2-1}\,dt = 2\int \frac{1}{t^2-1}\,dt$$

$$= 2 \cdot \frac{1}{2}\ln\left|\frac{t-1}{t+1}\right| + C \xrightarrow{\text{回代}} \ln\left|\frac{\sqrt{1+e^x}-1}{\sqrt{1+e^x}+1}\right| + C$$

当被积函数中含有根式,被开方部分虽然不是 $x$ 的一次式,也可作代换去掉根式,从而求得积分. 这种代换常称为有理代换.

(2)*三角代换:当被积函数含有 $\sqrt{a^2 \pm x^2}$,$\sqrt{x^2-a^2}$ 时,就不能用简单根式代换,为了消去根式,可利用 $\sin^2 x + \cos^2 x = 1$,$\tan^2 x + 1 = \sec^2 x$ 等三角公式进行代换.

【例 5.32】 求 $\int \sqrt{a^2 - x^2}\,dx\,(a > 0)$.

【解】 $\displaystyle\int \sqrt{a^2-x^2}\,dx \xrightarrow{\text{令}\,x = a\sin t,\,t\in\left[0,\frac{\pi}{2}\right]} \int \sqrt{a^2 - a^2\sin^2 t}\,d(a\sin t)$

$$= a^2\int \cos^2 t\,dt = a^2\int \frac{1+\cos 2t}{2}\,dt$$

$$= \frac{a^2}{2}\left(t + \frac{1}{2}\sin 2t\right) + C$$

$$= \frac{a^2}{2}(t + \sin t \cos t) + C$$

为了方便回代,由 $x = a\sin t$,$\sin t = \dfrac{x}{a}$ 作一个辅助三角形,如图 5.2 所示,则有 $\cos t = \dfrac{\sqrt{a^2-x^2}}{a}$,$t = \arcsin\dfrac{x}{a}$,故

$$\int \sqrt{a^2 - x^2}\,\mathrm{d}x = \frac{a^2}{2}\left(\arcsin \frac{x}{a} + \frac{x}{a^2}\sqrt{a^2 - x^2}\right) + C$$

【例 5.33】 求 $\int \dfrac{1}{\sqrt{x^2 - a^2}}\mathrm{d}x\,(a > 0)$.

【解】 $\int \dfrac{1}{\sqrt{x^2 - a^2}}\mathrm{d}x \xRightarrow{\text{令 } x = a\sec t} \int \dfrac{1}{\sqrt{a^2\sec^2 t - a^2}}\mathrm{d}(a\sec t)$

$$= \int \frac{\sec t \tan t}{\tan t}\mathrm{d}t = \int \sec t\,\mathrm{d}t = \int \frac{1}{\cos t}\mathrm{d}t$$

$$= \int \frac{\cos t}{1 - \sin^2 t}\mathrm{d}t = \int \frac{\mathrm{d}\sin t}{(1 + \sin t)(1 - \sin t)}$$

$$= \frac{1}{2}\int \left(\frac{1}{1 - \sin t} + \frac{1}{1 + \sin t}\right)\mathrm{d}\sin t$$

$$= \frac{1}{2}\ln\left|\frac{1 + \sin t}{1 - \sin t}\right| + C_1 = \frac{1}{2}\ln \frac{(1 + \sin t)^2}{\cos^2 t} + C_1$$

$$= \ln|\sec t + \tan t| + C_1 \xRightarrow{\text{回代}} \ln\left|\frac{x}{a} + \frac{\sqrt{x^2 - a^2}}{a}\right| + C_1$$

$$= \ln\left|x + \sqrt{x^2 - a^2}\right| + C\,(\text{其中 } C = C_1 - \ln a)$$

其代换过程如图 5.3 所示.

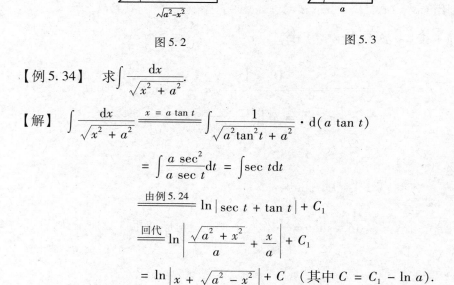

图 5.2                    图 5.3

【例 5.34】 求 $\int \dfrac{\mathrm{d}x}{\sqrt{x^2 + a^2}}$.

【解】 $\int \dfrac{\mathrm{d}x}{\sqrt{x^2 + a^2}} \xRightarrow{x = a\tan t} \int \dfrac{1}{\sqrt{a^2\tan^2 t + a^2}} \cdot \mathrm{d}(a\tan t)$

$$= \int \frac{a\sec^2}{a\sec t}\mathrm{d}t = \int \sec t\,\mathrm{d}t$$

$$\xRightarrow{\text{由例 5.24}} \ln|\sec t + \tan t| + C_1$$

$$\xRightarrow{\text{回代}} \ln\left|\frac{\sqrt{a^2 + x^2}}{a} + \frac{x}{a}\right| + C_1$$

$$= \ln\left|x + \sqrt{a^2 - x^2}\right| + C \quad (\text{其中 } C = C_1 - \ln a).$$

其代换过程如图 5.4 所示.

上面三个例子所用的方法称为三角代换法,常用于被积函数含有下式的积分:

(1) 含 $\sqrt{a^2 - x^2}$ 时,令 $x = a\sin t$(或 $x = a\cos t$);

(2) 含 $\sqrt{x^2 + a^2}$ 时,令 $x = a\tan t$(或 $x = a\cot t$);

(3) 含 $\sqrt{x^2 - a^2}$ 时,令 $x = a\sec t$(或 $x = a\csc t$).

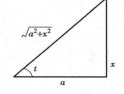

图 5.4

为了保证反函数的存在,代换时假设 $t$ 为锐角,且作一个辅助三角形以便回代.

有些积分结果在求其他积分时会经常用到,通常将它们作为公式直接应用,如表 5.3 所示.

表 5.3

| | |
|---|---|
| $(1)\displaystyle\int \tan x\,\mathrm{d}x = -\ln\lvert\cos x\rvert + C$ | $(2)\displaystyle\int \cot x\,\mathrm{d}x = \ln\lvert\sin x\rvert + C$ |
| $(3)\displaystyle\int \sec x\,\mathrm{d}x = \ln\lvert\sec x + \tan x\rvert + C$ | $(4)\displaystyle\int \csc x\,\mathrm{d}x = \ln\lvert\csc x - \cot x\rvert + C$ |
| $(5)\displaystyle\int \frac{1}{a^2 + x^2}\,\mathrm{d}x = \frac{1}{a}\arctan\frac{x}{a} + C$ | $(6)\displaystyle\int \frac{1}{\sqrt{a^2 - x^2}}\,\mathrm{d}x = \arcsin\frac{x}{a} + C$ |
| $(7)\displaystyle\int \frac{\mathrm{d}x}{a^2 - x^2} = \frac{1}{2a}\ln\left\lvert\frac{x + a}{x - a}\right\rvert + C$ | $(8)\displaystyle\int \frac{1}{\sqrt{x^2 \pm a^2}}\,\mathrm{d}x = \ln\left\lvert x + \sqrt{x^2 \pm a^2}\right\rvert + C$ |

【例 5.35】  求 $\displaystyle\int \frac{\mathrm{d}x}{\sqrt{4x^2 + 9}}$.

【解】  $\displaystyle\int \frac{\mathrm{d}x}{\sqrt{4x^2 + 9}} = \int \frac{\mathrm{d}x}{\sqrt{(2x)^2 + 3^2}}$

$$= \frac{1}{2}\int \frac{\mathrm{d}(2x)}{\sqrt{(2x)^2 + 3^2}}$$

$$= \frac{1}{2}\ln\left(2x + \sqrt{4x^2 + 9}\right) + C\left[\text{利用表 5.3 中的公式}(8)\right]$$

【例 5.36】  求 $\displaystyle\int \frac{\mathrm{d}x}{\sqrt{1 + x - x^2}}$.

【解】  $\displaystyle\int \frac{\mathrm{d}x}{\sqrt{1 + x - x^2}} = \int \frac{\mathrm{d}\left(x - \dfrac{1}{2}\right)}{\sqrt{\left(\dfrac{\sqrt{5}}{2}\right)^2 - \left(x - \dfrac{1}{2}\right)^2}}$

$$= \arcsin \frac{x - \frac{1}{2}}{\frac{\sqrt{5}}{2}} + C$$

$$= \arcsin \frac{2x-1}{\sqrt{5}} + C [\text{利用表}5.3\text{中的公式}(6)]$$

一般地，若被积函数中含有 $\sqrt{ax^2 + bx + c}$ 时，先对二次三项式配方，再利用三角代换或公式即可.

## 习题 5.3

1. 利用凑微分法求不定积分.

(1) $\int e^{-3x} dx$

(2) $\int \sin ax dx$

(3) $\int \frac{dx}{\sin^2 3x}$

(4) $\int \frac{dx}{4x-3}$

(5) $\int \tan 2x dx$

(6) $\int e^x \sin(e^x + 1) dx$

(7) $\int \tan \varphi \sec^2 \varphi d\varphi$

(8) $\int \left( \tan 4s - \cot \frac{s}{4} \right) ds$

(9) $\int \cos^2 x \sin x dx$

(10) $\int \frac{1}{x^2 - x - 6} dx$

(11) $\int \frac{x^2}{\sqrt{x^3 + 1}} dx$

(12) $\int \frac{dx}{\cos^2 x \sqrt{\tan x - 1}}$

(13) $\int \frac{\sin 2x}{\sqrt{1 + \sin^2 x}} dx$

(14) $\int \frac{\ln^3 x}{x} dx$

(15) $\int \frac{\cos x dx}{2 \sin x + 3}$

(16) $\int \tan^4 x dx$

(17) $\int \frac{dx}{\sqrt{1 - x^2} \arcsin x}$

(18) $\int \frac{dx}{\sqrt{4 - x^2}}$

(19) $\int \frac{2}{4 + x^2} dx$

(20) $\int \frac{dx}{4 - 9x}$

2. 用第二类换元积分法求不定积分.

(1) $\int \frac{dx}{1 + \sqrt[3]{x+1}}$

(2) $\int \frac{dx}{\sqrt{x}(1 + \sqrt{x})}$

(3) $\int \sqrt[5]{x+1} \, x dx$

(4) $\int x \sqrt{x-1} dx$

$(5) \int \dfrac{x}{\sqrt{x-3}} \mathrm{d}x$　　　　　$^*(6) \int \dfrac{x^2}{\sqrt{9-x^2}} \mathrm{d}x$

$^*(7) \int \dfrac{\sqrt{a^2-x^2}}{x} \mathrm{d}x \quad (a>0)$　　$^*(8) \int \dfrac{\mathrm{d}x}{(a^2+x^2)^{\frac{3}{2}}}$

$^*(9) \int \dfrac{1}{x\sqrt{x^2-4}} \mathrm{d}x$　　　　$^*(10) \int \dfrac{2x-1}{\sqrt{9x^2-4}} \mathrm{d}x$

## 5.4　不定积分的分部积分法

### 5.4.1　分部积分法

前面我们在复合函数微分法基础上得到了换元积分法,从而通过适当的变量代换,把一些不易计算的不定积分转化为容易计算的形式.但当被积分函数是两个不同类型函数的乘积时,利用此法难以求出积分.

例如,$\int x^n \sin \beta x \mathrm{d}x, \int x^n a^x \mathrm{d}x, \int x^n \ln x \mathrm{d}x, \int x^n \arctan x \mathrm{d}x, \cdots$. 下面利用两个函数乘积的微分法来推导另一种基本积分法 —— 分部积分法.

**定理 5.4**(分部积分法)　若函数 $u=u(x), v=v(x)$ 可导,则

$$\int uv' \mathrm{d}x = uv - \int u'v \mathrm{d}x \quad 或 \quad \int u \mathrm{d}v = uv - \int v \mathrm{d}u$$

**证明**　因为　$(uv)' = u'v + uv'$

所以　$uv' = (uv)' - u'v$

两边积分得　$\int uv' \mathrm{d}x = uv - \int u'v \mathrm{d}x$

又因为　$v' \mathrm{d}x = \mathrm{d}v, u' \mathrm{d}x = \mathrm{d}u$

所以　$\int u \mathrm{d}v = uv - \int v \mathrm{d}u$

上式称为分部积分公式,利用上式求积分的方法称为分部积分法. 其特点是把左边积分 $\int u \mathrm{d}v$ 换成了右边积分 $\int v \mathrm{d}u$.

使用分部积分法的关键在于适当选取 $u$ 和 $\mathrm{d}v$,使等式右边的积分易于积出,若选取不当,反而使得运算更加复杂.

一般情况下,选择 $u$ 和 $\mathrm{d}v$ 应注意以下两方面:

(1) $v$ 容易求出;

(2) $v \mathrm{d}u$ 要比 $u \mathrm{d}v$ 容易积出.

【例 5.37】　求 $\int x \cos x \mathrm{d}x$.

【解】　令 $u = x, dv = \cos x dx$，则 $du = dx, v = \sin x$，故

$$\int x \cos x dx = x \sin x - \int \sin x dx = x \sin x + \cos x + C$$

【例 5.38】　求 $\int x^2 e^x dx$.

【解】　令 $u = x^2, dv = e^x dx = de^x$，则 $du = 2x dx, v = e^x$，故

$$\int x^2 e^x dx = x^2 e^x - \int 2x e^x dx = x^2 e^x - 2 \int x e^x dx$$

对 $\int x e^x dx$ 再用一次分部积分法

$$\int x e^x dx = x e^x - \int e^x dx = x e^x - e^x + C$$

代回原式有

$$\int x^2 e^x dx = x^2 e^x - 2x e^x + 2e^x + C$$

从例 5.37 可知，有时用分部积分法时，运算过程较多，如果把 $\int u dv = uv - \int v du$ 写成如下"竖式"，使用则较为方便.

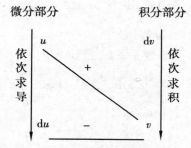

在以上竖式中，规定斜向乘积 $uv$ 是已经积分的部分，带正号；横向乘积 $u'v$（或 $v du$）是新积分的部分，带负号，即 $\int u dv = uv - \int v du$. 用竖式时应注意以下几点（求导和积分每次横行对齐）：

（1）当某一横向乘积仍符合应用分部积分法时，可继续应用"竖式".

（2）当某一横向乘积可积但不需用分部积分法时，写出积分后用其他方法.

（3）当某一横向乘积除系数外，与前面出现相同函数，积分产生循环，写出积分后解出结果.

【例 5.39】　应用"竖式"计算下列积分.

（1）$\int (x^2 + 2) e^{-x} dx$　　　　　　　　　　（2）$\int x \arctan x dx$

（3）$\int x \ln x dx$　　　　　　　　　　　　　（4）$\int e^x \cos x dx$

【解】　（1）设 $u = x^2 + 2, dv = e^{-x} dx$，列"竖式"如下：

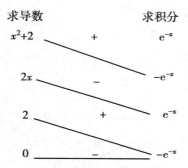

于是　$\int (x^2 + 2)\mathrm{e}^{-x}\mathrm{d}x = -(x^2 + 2)\mathrm{e}^{-x} - 2x\mathrm{e}^{-x} - 2\mathrm{e}^{-x} + C$

上式表明:在使用分部积分法时可以先观察,当其中一个函数多次求导以后为零,而另一个函数的多次积分也可行,则使用竖式积分法可以很快得出结果.

(2)设 $u = \arctan x, \mathrm{d}v = x\mathrm{d}x$,列"竖式"如下:

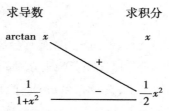

注意第二横向积分不需用分部积分法,于是

$$
\begin{aligned}
\int x \arctan x\mathrm{d}x &= \frac{1}{2}x^2 \arctan x - \int \frac{1}{2}x^2 \frac{1}{1 + x^2}\mathrm{d}x \\
&= \frac{1}{2}x^2 \arctan x - \frac{1}{2}\int \frac{x^2 + 1 - 1}{1 + x^2}\mathrm{d}x \\
&= \frac{1}{2}x^2 \arctan x + \frac{1}{2}\arctan x - \frac{1}{2}x + C
\end{aligned}
$$

(3)设 $u = \ln x, \mathrm{d}v = x\mathrm{d}x$,列"竖式"如下:

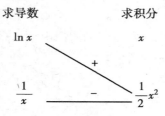

注意第二横向积分不需用分部积分法,于是

$$
\int x \ln x\mathrm{d}x = \frac{1}{2}x^2\ln x - \int \frac{1}{2}x^2 \cdot \frac{1}{x}\mathrm{d}x = \frac{1}{2}x^2\ln x - \frac{1}{2}\int x\mathrm{d}x
$$

$$
= \frac{1}{2}x^2\ln x - \frac{1}{4}x^2 + C
$$

（4）设 $u = \cos x, \mathrm{d}v = \mathrm{e}^x \mathrm{d}x$，列"竖式"如下：

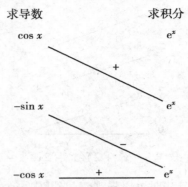

注意第三横向除系数外，与第一横向相同，可形成循环，于是

$$\int \mathrm{e}^x \cos x \mathrm{d}x = \mathrm{e}^x \cos x + \mathrm{e}^x \sin x - \int \mathrm{e}^x \cos x \mathrm{d}x$$

移项后可解出原积分 $\int \mathrm{e}^x \cos x \mathrm{d}x = \dfrac{1}{2} \mathrm{e}^x (\cos x + \sin x) + C$

某些积分在连续使用分部积分公式的过程中，有时会出现原积分的形式，称此种形式的积分为循环积分. 这时要把等式看作以原积分为未知量的方程，解之可得所求积分.

由上述例子可总结出，一般情况下，选择 $u$ 和 $\mathrm{d}v$ 具有如下原则：

（1）当被积函数是幂函数与指数函数（或三角函数）乘积时，设幂函数为 $u$，其余部分为 $\mathrm{d}v$.

（2）当被积函数是幂函数与对数函数（或反三角函数）乘积时，设幂函数与 $\mathrm{d}x$ 的乘积为 $\mathrm{d}v$，其余部分为 $u$.

（3）当被积函数是指数函数与三角函数乘积时，$u$ 和 $\mathrm{d}v$ 可任意选择，但必须以相同的选择连续使用两次分部积分，这时在等式右边会出现循环积分，然后移项解出所求积分.

换言之，选择 $u$ 的原则为：按"反对幂指三，谁在前面谁为 $u$"的规律选择，其中"前面"是指函数的先后排列顺序，如对数函数排在幂函数的前面，则在被积函数为幂函数与对数函数的乘积时，应选择对数函数为 $u$.

在前一节和本节所总结的积分方法应灵活使用，切忌死套公式. 有的问题往往需换元法与分部积分法兼用才能求得最终结果.

【例 5.40】　求 $\int \arctan \sqrt{x} \mathrm{d}x$.

【解】　先用换元法，设 $t = \sqrt{x}$，则 $x = t^2, \mathrm{d}x = 2t\mathrm{d}t$，所以

$$\int \arctan \sqrt{x} \mathrm{d}x = 2\int t \arctan t \mathrm{d}t = \int \arctan t \mathrm{d}(t^2) \quad （用分部积分法）$$

$$= t^2 \arctan t - \int \frac{t^2}{1 + t^2} \mathrm{d}t = t^2 \arctan t - \int \left(1 - \frac{1}{1 + t^2}\right) \mathrm{d}t$$

$$= t^2 \arctan t - t + \arctan t + C$$

$$= x \arctan \sqrt{x} - \sqrt{x} + \arctan \sqrt{x} + C$$

【例 5.41】 求 $\int \dfrac{x \mathrm{e}^x}{\sqrt{\mathrm{e}^x - 1}} \mathrm{d}x.$

【解】 先用换元法,设 $t = \sqrt{\mathrm{e}^x - 1}$,则 $\mathrm{e}^x = 1 + t^2, x = \ln(1 + t^2), \mathrm{d}x = \dfrac{2t}{1 + t^2} \mathrm{d}t$,于是

$$\int \frac{x \mathrm{e}^x}{\sqrt{\mathrm{e}^x - 1}} \mathrm{d}x = \int \frac{\ln(1 + t^2) \cdot (1 + t^2)}{t} \cdot \frac{2t}{1 + t^2} \mathrm{d}t$$

$$= 2 \int \ln(1 + t^2) \mathrm{d}t \quad (\text{用分部积分法})$$

$$= 2 \left[ t \ln(1 + t^2) - \int \frac{2t^2}{1 + t^2} \mathrm{d}t \right] = 2t \ln(1 + t^2) - 4 \int \left( 1 - \frac{1}{1 + t^2} \right) \mathrm{d}t$$

$$= 2t \ln(1 + t^2) - 4t + 4 \arctan t + C$$

$$= 2x \sqrt{\mathrm{e}^x - 1} - 4 \sqrt{\mathrm{e}^x - 1} + 4 \arctan \sqrt{\mathrm{e}^x - 1} + C$$

## 5.4.2 积分表的使用

通过对不定积分的讨论可知,积分的运算要比求导数运算复杂得多,为了使用方便,现将一些函数的不定积分编汇成积分表(见附录 2)以供查阅. 积分表是按被积函数的类型排列的,我们只要根据被积函数的类型或经过适当的运算将被积函数化成表中所列类型,查阅相应公式就可得到结果,下面举例说明查表的方法.

### 1) 直接查询积分表求值

【例 5.42】 查表求 $\int \dfrac{\mathrm{d}x}{x(3 + 2x)^2}.$

【解】 被积函数含有 $a + bx$,在积分表 1)中查公式(9),当 $a = 2, b = 3$ 时,得

$$\int \frac{\mathrm{d}x}{x(3 + 2x)^2} = \frac{1}{3(3 + 2x)} - \frac{1}{9} \ln \left| \frac{3 + 2x}{x} \right| + C$$

【例 5.43】 查表求 $\int \dfrac{1}{3 - 2 \sin x} \mathrm{d}x.$

【解】 被积函数含有三角函数,在积分表 11)中查得 $\int \dfrac{1}{a + b \sin x} \mathrm{d}x$ 公式,又因为 $a = 3, b = -2$,即 $a^2 > b^2$,故选用公式(103).

$$\int \frac{1}{3 - 2 \sin x} \mathrm{d}x = \frac{2}{\sqrt{3^2 - (-2)^2}} \arctan \frac{3 \tan \dfrac{x}{2} - 2}{\sqrt{3^2 - (-2)^2}} + C$$

$$= \frac{2}{\sqrt{5}} \arctan \frac{3 \tan \dfrac{x}{2} - 2}{\sqrt{5}} + C$$

### 2）进行变量代换后再查表求值

【例 5.44】 查表求 $\displaystyle\int \frac{\mathrm{d}x}{x^2\sqrt{9x^2+4}}$.

【解】 该积分在积分表中查不到，先进行变量代换，令 $3x=t$，$x=\dfrac{t}{3}$，$\mathrm{d}x=\dfrac{1}{3}\mathrm{d}t$，代入分式：

$$\int \frac{\mathrm{d}x}{x^2\sqrt{9x^2+4}} = \int \frac{\frac{1}{3}\mathrm{d}t}{\frac{t^2}{9}\sqrt{t^2+4}} = 3\int \frac{\mathrm{d}t}{t^2\sqrt{t^2+2^2}}$$

右端积分中含 $\sqrt{t^2+2^2}$，查积分表 6）中公式（38），且 $a=2$ 时，得

$$\int \frac{\mathrm{d}x}{x^2\sqrt{9x^2+4}} = 3\int \frac{\mathrm{d}t}{t^2\sqrt{t^2+2^2}} = 3\left(-\frac{\sqrt{t^2+4}}{4t}\right)+C \xrightarrow{\text{回代}} -\frac{\sqrt{9^2+4}}{4x}+C$$

### 3）用递推公式查积分表求值

【例 5.45】 查表求 $\displaystyle\int \frac{\mathrm{d}x}{\sin^4 x}$.

【解】 被积函数含有三角函数，在积分表 11）中查得公式（97）.

$$\int \frac{\mathrm{d}x}{\sin^n x} = -\frac{1}{n-1}\frac{\cos x}{\sin^{n-1} x} + \frac{n-2}{n-1}\int \frac{\mathrm{d}x}{\sin^{n-2} x}$$

取 $n=4$，则有

$$\int \frac{\mathrm{d}x}{\sin^4 x} = -\frac{1}{3}\frac{\cos x}{\sin^3 x} + \frac{2}{3}\int \frac{\mathrm{d}x}{\sin^2 x} = -\frac{1}{3}\frac{\cos x}{\sin^3 x} - \frac{2}{3}\cot x + C$$

---

注 意 ————————————————————————

（1）不是所有的积分都要查表，如 $\displaystyle\int \sin^2 x \cos x \mathrm{d}x$，只要凑成 $\displaystyle\int \sin^2 x \mathrm{d}(\sin x)$ 即可很快解出，因此还是需要重点掌握不定积分的几种基本积分方法. 至此，我们已经学过了计算不定积分的几种基本方法及积分表的使用，可以计算一般常见的一些函数的积分，并能用初等函数把计算结果表示出来.

（2）不是所有的初等函数的积分都可以求出，例如 $\displaystyle\int e^{x^2}\mathrm{d}x$，$\displaystyle\int \frac{1}{\ln x}\mathrm{d}x$ 等积分虽然存在，但由于它们不能用初等函数来表示，所以我们无法计算这些积分.

由此可见：初等函数的导数仍是初等函数，但初等函数的不定积分却不一定是初等函数.

## 习题 5.4

1. 用分部积分法求下列不定积分.

(1) $\int x e^{2x} dx$

(2) $\int x \sin 2x dx$

(3) $\int \arcsin x dx$

(4) $\int x \ln(1 + x^2) dx$

(5) $\int x^2 e^{3x} dx$

(6) $\int e^{-x} \sin x dx$

(7) $\int e^{\sqrt{x}} dx$

(8) $\int \dfrac{\ln \sin x}{\cos^2 x} dx$

(9) $\int \dfrac{x \cos x}{\sin^3 x} dx$

(10) $\int \cos^2 \sqrt{x} dx$

2. 查积分表求不定积分.

(1) $\int \dfrac{dx}{5 + 4 \sin x}$

(2) $\int \sqrt{3x^2 + 2} \, dx$

(3) $\int \dfrac{dx}{4 - 9x^2}$

(4) $\int \dfrac{dx}{\sqrt{1 + 2x + 3x^2}}$

(5) $\int e^{2x} \cos x dx$

(6) $\int \sin^4 x dx$

(7) $\int \dfrac{1}{x^2(1 - x)} dx$

(8) $\int \dfrac{\sqrt{x - 1}}{x} dx \quad (x \geqslant 1)$

# 本章小结

1. 基本内容

1) 不定积分的概念

(1) 不定积分的定义:若 $F(x)$ 是 $f(x)$ 的一个原函数,则 $f(x)$ 的所有原函数 $F(x) + C$ 称为 $f(x)$ 的不定积分,记为

$$\int f(x) dx, \text{即} \int f(x) dx = F(x) + C$$

(2) 不定积分的微分性质: $\left[\int f(x) dx\right]' = f(x)$ 或 $d\left[\int f(x) dx\right] = f(x) dx$

$$\int F'(x) dx = F(x) + C \text{ 或} \int dF(x) = F(x) + C$$

（3）不定积分的线性性质：

$$\int [ k_1 f_1(x) \pm k_2 f_2(x) \pm \cdots \pm k_n f_n(x) ] \mathrm{d}x$$

$$= k_1 \int f_1(x) \mathrm{d}x \pm k_2 \int f_2(x) \mathrm{d}x \pm \cdots \pm k_n \int f_n(x) \mathrm{d}x (k_i \text{ 不全为零}, i = 1,2,3,\cdots)$$

（4）不定积分的几何意义：不定积分在几何上表示一族平行曲线，即积分曲线族或原函数曲线族.

2）不定积分计算方法

（1）直接积分法：用基本积分公式和性质求不定积分的方法称为直接积分法.

（2）第一类换元积分法（凑微分法）：

$$\int f[ \varphi(x) ] \varphi'(x) \mathrm{d}x = \int f[ \varphi(x) ] \mathrm{d}\varphi(x) = F[ \varphi(x) ] + C$$

（熟记表 5.2 的内容）.

（3）第二类换元积分法：

$$\int f(x) \mathrm{d}x \xrightarrow[\mathrm{d}x = \varphi'(t)\mathrm{d}t]{x = \varphi(t)} \int f[ \varphi(t) ] \varphi'(t) \mathrm{d}t$$

第二类换元积分法包括简单根式代换和三角代换.

（4）分部积分法：

$$\int u \mathrm{d}v = uv - \int v \mathrm{d}u \ \text{或} \int uv' \mathrm{d}x = uv - \int u'v \mathrm{d}x$$

此方法常用于两类不同函数乘积的积分，选择 $u$ 和 $\mathrm{d}v$ 的原则是："反对选作 $u$，三指凑 $\mathrm{d}v$".

（5）分部积分竖式法：

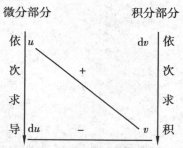

以上竖式规定：斜向乘积 $uv$ 是已积分出的函数且带正号；横向乘积 $v\mathrm{d}u$ 是新积分的被积函数且带正号.

2. 基本题型及解题方法

（1）已知曲线的切线斜率、初始条件求原函数曲线.

（2）直接积分法：利用不定积分的基本积分公式和线性运算性质直接求出不定积分，或者先对被积函数进行适当的恒等变形再求出不定积分.

(3) 利用第一类换元积分(凑微分)法求不定积分. 其解题方法是:首先分析被积函数所包含的 $f[\varphi(x)]$ 和 $\varphi'(x)$,凑微分 $\varphi'(x)dx = d\varphi(x)$;再选择相应的积分公式.

(4) 利用第二类换元积分法求不定积分. 此方法主要用于消去被积函数中的根号,当被积函数含有 $\sqrt[n]{ax+b}$ 时,令 $t = \sqrt[n]{ax+b}$ 化简后求出积分;含有 $\sqrt{a^2 \pm x^2}$,$\sqrt{x^2-a^2}$ 时要用三角代换化简后求出积分.

(5) 利用分部积分法求不定积分. 此方法解题的关键在于正确选择 $u,dv$,一般选择的原则是"反对选作 $u$,三指凑 $dv$".

(6) 利用分部积分竖式法求不定积分.

# 综合练习题 5

1. 填空题.

(1) $\left[\int (x + \sin x)dx\right]' = $ _____.

(2) 若 $\int f(x)dx = F(x) + C$,则 $\int f(ax+b)dx = $ _____.

(3) $\int x^2 e^{2x^3}dx = $ _____.

(4) 设 $f(x) = e^{-x}$,则 $\int \dfrac{f'(\ln x)}{x}dx = $ _____.

(5) 函数 $f(x) = x^2$ 的积分曲线过点 $(-1,2)$,则这条积分曲线是_____.

(6) $\int xf(x^2)f'(x^2)dx = $ _____.

(7) 若 $\int f(x)dx = x^2 e^{2x} + C$,则 $f(x) = $ _____.

2. 选择题.

(1) 设在 $(a,b)$ 内 $f'(x) = g'(x)$,则下列各式中一定成立的是( ).

    A. $f(x) = g(x)$                    B. $f(x) = g(x) + 1$

    C. $\left(\int f(x)dx\right)' = \left(\int g(x)dx\right)'$      D. $\int f'(x)dx = \int g'(x)dx$

(2) 设 $F(x)$ 是 $f(x)$ 的一个原函数,则 $\int e^{-x}f(e^{-x})dx = $ ( ).

    A. $F(e^{-x}) + C$               B. $-F(e^{-x}) + C$

    C. $F(e^x) + C$                 D. $-F(e^x) + C$

(3) 下列函数中是同一函数的原函数的是( ).

    A. $\ln x^2$ 与 $\ln 2x$               B. $\sin^2 x$ 与 $\sin 2x$

C. $2\cos^2 x$ 与 $\cos 2x$      D. $\arcsin x$ 与 $\arccos x$

(4) $\int \ln(2x)\,dx = ($     ).

A. $2x\ln 2x - 2x + C$      B. $2x\ln 2 + \ln x + C$

C. $x\ln 2x - x + C$      D. $\dfrac{1}{2}(x-1)\ln x + C$

(5) 函数 $y = f(x)$ 的切线斜率为 $\dfrac{x}{2}$，通过 $(2,2)$，则曲线方程为（    ）.

A. $y = \dfrac{1}{4}x^2 + 3$      B. $y = \dfrac{1}{2}x^2 + 1$

C. $y = \dfrac{1}{2}x^2 + 3$      D. $y = \dfrac{1}{4}x^2 + 1$

(6) $d\left(\int f'(x)\,dx\right) = ($     ).

A. $f'(x)$      B. $F(x)$

C. $f'(x) + C$      D. $f'(x)\,dx$

(7) 设 $f'(x^2) = \dfrac{1}{x}$，则 $f(x) = ($     ).

A. $2x + C$      B. $2\sqrt{x} + C$

C. $x^2 + C$      D. $\dfrac{1}{\sqrt{x}} + C$

(8) 下列凑微分正确的是（    ).

A. $\displaystyle\int \dfrac{dx}{x\sqrt{1+\ln^2 x}} = \int \dfrac{d\ln x}{\sqrt{1+\ln^2 x}}$      B. $\displaystyle\int \dfrac{dx}{x\sqrt{1+\ln^2 x}} = \int \dfrac{d(1+2\ln x)}{\sqrt{1+\ln^2 x}}$

C. $\displaystyle\int \dfrac{dx}{x\sqrt{1+\ln^2 x}} = \int \dfrac{d(1+\ln^2 x)}{\sqrt{1+\ln^2 x}}$      D. $\displaystyle\int \dfrac{dx}{x\sqrt{1+\ln^2 x}} = \int \dfrac{d(\ln^2 x)}{\sqrt{1+\ln^2 x}}$

3. 计算题.

(1) $\displaystyle\int\left(1 - \dfrac{1}{x^2}\right)\sqrt{x\sqrt{x}}\,dx$      (2) $\displaystyle\int\left(\sin\dfrac{x}{2} + \cos\dfrac{x}{2}\right)^2 dx$

(3) $\displaystyle\int \dfrac{1}{1+e^{2x}}\,dx$      (4) $\displaystyle\int \sin 2x\cos 4x\,dx$

(5) $\displaystyle\int \sin\sqrt{x}\,dx$      (6) $\displaystyle\int \sin^5 x\,dx$

(7) $\displaystyle\int \cos^4 x\sin^3 x\,dx$      (8) $\displaystyle\int \dfrac{\cos^3 x}{\sin^4 x}\,dx$

(9) $\displaystyle\int \dfrac{\ln(\ln x)}{x}\,dx$      (10) $\displaystyle\int \dfrac{x^5}{x^3 - 1}\,dx$

$(11) \displaystyle\int \frac{x}{(1-x)^3}\mathrm{d}x$　　　　　　　　　$(12) \displaystyle\int \frac{\sqrt{x}}{\sqrt[4]{x^3}+1}\mathrm{d}x$

4. 求通过点 $\left(\dfrac{\pi}{2},2\right)$，且曲线上任意点 $(x,y)$ 处的切线斜率为 $\cos x$ 的曲线方程.

5. 一物体由静止开始运动，在 $t$ s 末的速度是 $3t^2$ m/s. 问:

(1) 在 3 s 后，物体离开出发点的路程是多少?

(2) 物体走完 1 000 m 需要多少时间?

# 6 定积分

定积分是积分学中的第二个基本概念,它主要起源于求一些不规则图形的面积和体积等实际问题.本章首先利用定积分的实际背景引出定积分的概念,再重点研究微积分基本定理,该定理阐明了定积分与不定积分的紧密联系,从而解决了定积分的计算问题,最后给出定积分在几何和物理上的应用.

## 6.1 定积分的概念及性质

### 6.1.1 定积分的概念

**1) 两个实例**

在实际问题中,我们常常要丈量土地的面积,而土地的形状往往是不规则的,通常可以将一个不规则的图形划分成一些曲边梯形的代数和,下面我们就来探讨如何求曲边梯形的面积.

**引例 6.1** 求如图 6.1(b) 所示的曲边梯形的面积.

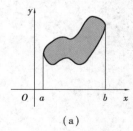
(a)

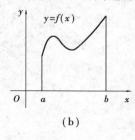
(b)

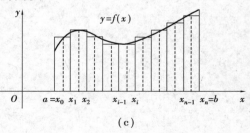
(c)

图 6.1

**分析** 所谓曲边梯形,是指由连续曲线 $y = f(x)(f(x) > 0)$ 与两直线 $x = a, x = b(a < b)$ 及 $Ox$ 轴所围成的图形,如图 6.1(b) 所示.如果我们会计算这样的图形面积,也就会计算如图 6.1(a) 所示的不规则的图形面积了.在图 6.1(c) 中,可以设想沿 $Ox$ 轴方向将曲边梯形纵向切割成无数个细直窄条,并把每个窄条近似地看成矩形,这些矩形的面积加起来就是所求面积的近似值,易见分割越细误差越小,于是当所有窄条宽度趋于零时,其近似值的极限就是所求的精确值.具体计算步骤归纳如下:

（1）分割取近似：在区间 $[a,b]$ 上任取分点 $a = x_0 < x_1 < x_2 < \cdots < x_{n-1} < x_n = b$，将 $[a,b]$ 分割成 $n$ 个小区间 $[x_{i-1},x_i]$，其长度为 $\Delta x_i = x_i - x_{i-1}(i = 1,2,\cdots,n)$，相应的曲边梯形被分割成 $n$ 个细直窄条，这些窄条面积记为 $\Delta A_i(i = 1,2,\cdots,n)$，又在 $[x_{i-1},x_i]$ 内任取一点 $\xi_i$，于是这些小区间上对应窄条可近似地看成高为 $f(\xi_i)$ 的小矩形，小矩形面积为 $f(\xi_i)\Delta x_i$，即

$$\Delta A_i \approx f(\xi_i)\Delta x_i(i = 1,2,\cdots,n)$$

（2）求和取极限：将上述 $n$ 个小矩形的面积相加得到所求曲边梯形面积 $A$ 的近似值，即

$$A = \sum_{i=1}^{n}\Delta A_i \approx \sum_{i=1}^{n}f(\xi_i)\Delta x_i$$

并记上述小区间长度的最大值为 $\lambda = \max_{1 \leqslant i \leqslant n}\{\Delta x_i\}$. 当 $\lambda \to 0$ 时，上述和式 $\sum_{i=1}^{n}f(\xi_i)\Delta x_i$ 的极限就是所求曲边梯形的面积，即

$$A = \lim_{\lambda \to 0}\sum_{i=1}^{n}f(\xi_i)\Delta x_i$$

**引例 6.2**　求变速直线运动的路程.

设一物体作变速直线运动，已知速度 $v = v(t)$ 是定义在时间区间 $[T_1,T_2]$ 上的连续函数且 $v(t) \geqslant 0$，求该物体在这段时间内所行走的路程.

**分析**　类似引例 1 的分析，部分用匀速代变速求得近似值，再通过取极限求得精确值. 具体计算步骤归纳如下：

（1）分割取近似：任取分点 $T_1 = t_0 < t_1 < t_2 < \cdots < t_{n-1} < t_n = T_2$，将时间区间 $[T_1,T_2]$ 分成 $n$ 个长度为 $\Delta t_i = t_i - t_{i-1}$ 的小时段 $[t_{i-1},t_i]$，物体在这一小段时间内行走的路程记为：$\Delta s_i(i = 1,2,\cdots,n)$，又在该小时段内任取时刻 $\tau_i \in [t_{i-1},t_i]$，则在这一小段时间内物体可近似地看成是作速度为 $v(T_i)$ 的匀速直线运动，于是在该小段时间内物体所走路程的近似值为 $v(T_i)\Delta t_i$，即

$$\Delta s_i \approx v(\tau_i)\Delta t_i(i = 1,2,\cdots,n)$$

（2）求和取极限：把上述 $n$ 个小时间段上的路程相加得到总路程 $s$ 的近似值，即

$$s = \sum_{i=1}^{n}\Delta s_i \approx \sum_{i=1}^{n}v(\tau_i)\Delta t_i$$

并记这些小时间段的最大值为 $\lambda = \max_{1 \leqslant i \leqslant n}\{\Delta t_i\}$，当 $\lambda \to 0$ 时，和式 $\sum_{i=1}^{n}v(\tau_i)\Delta t_i$ 的极限就是所求的总路程，即

$$s = \lim_{\lambda \to 0}\sum_{i=1}^{n}v(\tau_i)\Delta t_i$$

## 2）定积分的定义

上述两个引例的背景完全不同，但其计算方法和步骤是相同的，都可归结为"整体无限

细分,部分以常量代变量再累积求和,最后通过取极限求得所求量的精确值"这样的数学模型,我们称之为定积分,并且把这种思想方法称为微元法.

**定义 6.1** 设函数 $f(x)$ 在区间 $[a,b]$ 上有定义,在 $[a,b]$ 内任意插入 $n-1$ 个分点: $a = x_0 < x_1 < x_2 < \cdots < x_{n-1} < x_n = b$,将 $[a,b]$ 分成 $n$ 个小区间 $[x_{i-1},x_i]$,其长度为 $\Delta x_i = x_i - x_{i-1}(i = 1,2,\cdots,n)$,并在区间 $[x_{i-1},x_i]$ 上任取一点 $\xi_i$,作和式 $\sum\limits_{i=1}^{n} f(\xi_i)\Delta x_i$,记 $\lambda = \max\limits_{1 \leqslant i \leqslant n}\{\Delta x_i\}$. 如果不论怎么分割区间 $[a,b]$,也不论怎么取点 $\xi_i$,当 $\lambda \to 0$ 时,上述和式的极限都存在,则称函数 $f(x)$ 在区间 $[a,b]$ 上可积,并将此极限称为函数 $f(x)$ 在区间 $[a,b]$ 上的定积分,记为 $\int_a^b f(x)\mathrm{d}x$,即

$$\int_a^b f(x)\mathrm{d}x = \lim_{\lambda \to 0}\sum_{i=1}^{n} f(\xi_i)\Delta x_i$$

其中,符号 $\int$ 称为积分号,$f(x)$ 称为被积函数,$f(x)\mathrm{d}x$ 称为被积表达式,$x$ 称为积分变量,$a,b$ 分别称为积分下限和积分上限,$[a,b]$ 称为积分区间.

按照定积分的定义,在引例 6.1 中,有

$$A = \lim_{\lambda \to 0}\sum_{i=1}^{n} f(\xi_i)\Delta x_i = \int_a^b f(x)\mathrm{d}x$$

在引例 6.2 中,有

$$s = \lim_{\lambda \to 0}\sum_{i=1}^{n} v(\tau_i)\Delta t_i = \int_{T_1}^{T_2} v(t)\mathrm{d}t$$

关于定积分的几点说明:

(1) 定积分是一个常数,其值只取决于被积函数与积分区间,而与积分变量采用什么字母无关,即

$$\int_a^b f(x)\mathrm{d}x = \int_a^b f(u)\mathrm{d}u = \int_a^b f(t)\mathrm{d}t$$

(2) 两个补充规定:

① 当积分上、下限相等时,定积分值为零,即当 $a = b$ 时,有 $\int_a^b f(x)\mathrm{d}x = 0$;

② 交换积分上、下限位置,定积分的值改变符号,即 $\int_a^b f(x)\mathrm{d}x = -\int_b^a f(x)\mathrm{d}x$.

(3) 定积分的存在性:当 $f(x)$ 在 $[a,b]$ 上连续或只有有限个第一类间断点时,$f(x)$ 在区间 $[a,b]$ 上的定积分存在(也称 $f(x)$ 在 $[a,b]$ 上可积).

### 3) 定积分的几何意义

(1) 当 $f(x) \geqslant 0$ 时,图形在 $Ox$ 轴上方(图 6.2(a)),积分值为正,定积分表示由 $y = f(x)$ 与 $x = a,x = b$ 及 $Ox$ 轴所围成的曲边梯形的面积,即 $\int_a^b f(x)\mathrm{d}x = A$;

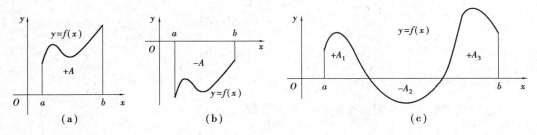

图 6.2

(2) 当 $f(x) \leqslant 0$ 时,图形在 $Ox$ 轴下方(图 6.2(b)),积分值为负,定积分表示由 $y = f(x)$ 与 $x = a, x = b$ 及 $Ox$ 轴所围成的曲边梯形面积的相反数,即 $\int_a^b f(x) \mathrm{d}x = -A$;

(3) 当 $f(x)$ 有正有负时,图形一部分在 $Ox$ 轴上方,一部分在 $Ox$ 轴下方,定积分表示由 $y = f(x)$ 与 $x = a, x = b$ 及 $Ox$ 轴所围成的平面区域面积的代数和,其中 $Ox$ 轴上方部分为正,下方部分为负. 例如在图 6.2(c) 中有 $\int_a^b f(x) \mathrm{d}x = A_1 - A_2 + A_3$.

【例 6.1】 用定积分的几何意义求下列积分.

(1) $\int_0^a \sqrt{a^2 - x^2} \, \mathrm{d}x$      (2) $\int_0^{2\pi} \sin x \mathrm{d}x$

【解】 由定积分的几何意义可得:

(1) $\int_0^a \sqrt{a^2 - x^2} \, \mathrm{d}x = A_{\text{扇形}} = \dfrac{1}{4}\pi a^2$    (图 6.3(a))

(2) $\int_0^{2\pi} \sin x \mathrm{d}x = A_1 - A_2 = 0$    (图 6.3(b))

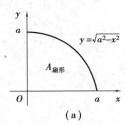
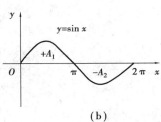

图 6.3

## 6.1.2 定积分的性质

在下列性质中总假设函数 $f(x), g(x)$ 的定积分都存在.

**性质 1** 两个函数和与差的定积分等于定积分的和与差,即

$$\int_a^b [f(x) \pm g(x)] \mathrm{d}x = \int_a^b f(x) \mathrm{d}x \pm \int_a^b g(x) \mathrm{d}x$$

**性质 2** 被积函数的常数因子可以提到积分号之外,即

$$\int_a^b kf(x)\,\mathrm{d}x = k\int_a^b f(x)\,\mathrm{d}x$$

综合上面两个性质可以得出定积分的线性运算法则：

$$\int_a^b \left[ k_1 f(x) + k_2 g(x) \right]\mathrm{d}x = k_1\int_a^b f(x)\,\mathrm{d}x + k_2\int_a^b g(x)\,\mathrm{d}x \quad (\text{其中 } k_1, k_2 \text{ 为常数})$$

上述法则可类推到有限多个函数的线性运算，即

$$\int_a^b \left[ k_1 f_1(x) + k_2 f_2(x) + \cdots + k_n f_n(x) \right]\mathrm{d}x = k_1\int_a^b f_1(x)\,\mathrm{d}x + k_2\int_a^b f_2(x)\,\mathrm{d}x + \cdots +$$

$k_n\int_a^b f_n(x)\,\mathrm{d}x(\text{其中 } k_1, k_2, \cdots, k_n \text{ 为常数})$

**性质 3**  若在区间 $[a,b]$ 上恒有 $f(x) = 1$，则 $\int_a^b f(x)\,\mathrm{d}x = b - a$.

**性质 4**（可加性）  若 $a < c < b$，则

$$\int_a^b f(x)\,\mathrm{d}x = \int_a^c f(x)\,\mathrm{d}x + \int_c^b f(x)\,\mathrm{d}x$$

定积分的可加性也可推广到区间 $[a,b]$ 内具有多个分点的情形，以及分点 $c$ 在区间 $[a,b]$ 之外的情形.

**性质 5**（积分中值定理）  若 $f(x)$ 在区间 $[a,b]$ 上连续，则至少存在一点 $\xi \in [a,b]$，使得

$$\int_a^b f(x)\,\mathrm{d}x = f(\xi)(b - a)$$

成立.

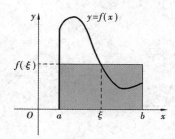

图 6.4

积分中值定理的几何意义：由曲线 $y = f(x)$ 与两直线 $x = a, x = b$ 及 $Ox$ 轴所围成的曲边梯形的面积等于同一底边且高为 $f(\xi)$ 的矩形面积，如图 6.4 所示. 因此 $f(\xi)$ 可视为上述曲边梯形的平均高，故数值

$$\bar{y} = f(\xi) = \frac{1}{b - a}\int_a^b f(x)\,\mathrm{d}x$$

也就是连续函数 $y = f(x)$ 在区间 $[a,b]$ 上的平均值.

**性质 6**（比较不等式）  若在区间 $[a,b]$ 上 $f(x) \leqslant g(x)$，则有 $\int_a^b f(x)\,\mathrm{d}x \leqslant \int_a^b g(x)\,\mathrm{d}x$ 成立.

根据性质 6 容易得到如下推论:

**推论** 1    若在区间 $[a,b]$ 上 $f(x) \geqslant 0$,则 $\int_a^b f(x)\mathrm{d}x \geqslant 0$.

**推论** 2    $|\int_a^b f(x)\mathrm{d}x| \leqslant \int_a^b |f(x)|\mathrm{d}x(a < b)$.

**性质** 7(估值不等式)    若 $f(x)$ 在区间 $[a,b]$ 上存在最大值 $M$ 与最小值 $m$,则有

$$m(b-a) \leqslant \int_a^b f(x)\mathrm{d}x \leqslant M(b-a)$$

成立.

**【例 6.2】**    比较积分 $\int_0^1 x\mathrm{d}x$ 与 $\int_0^1 \mathrm{e}^x\mathrm{d}x$ 的大小.

**【解】**    设 $f(x) = \mathrm{e}^x - x$,则在 $[0,1]$ 上有

$$f'(x) = \mathrm{e}^x - 1 \geqslant 0$$

所以 $f(x)$ 在 $[0,1]$ 上单调增加,即

$$f(x) \geqslant f(0) = 1 > 0$$

亦即

$$\mathrm{e}^x > x$$

由比较不等式可得

$$\int_0^1 x\mathrm{d}x \leqslant \int_0^1 \mathrm{e}^x\mathrm{d}x$$

**【例 6.3】**    试估计定积分 $\int_1^2 \dfrac{x}{1+x^2}\mathrm{d}x$ 的值.

**【解】**    设 $f(x) = \dfrac{x}{1+x^2}$,则在 $[1,2]$ 上有

$$\frac{2}{5} \leqslant f(x) = \frac{x}{1+x^2} \leqslant \frac{1}{2}$$

由估值不等式可得

$$\frac{2}{5}(2-1) \leqslant \int_1^2 \frac{x}{1+x^2}\mathrm{d}x \leqslant \frac{1}{2}(2-1)$$

即

$$\frac{2}{5} \leqslant \int_1^2 \frac{x}{1+x^2}\mathrm{d}x \leqslant \frac{1}{2}$$

## 6.1.3    微积分基本定理

定积分作为一种特定结构形式的极限,直接计算是非常困难的. 微积分基本定理(Newtom-Leibniz 公式)建立了定积分与不定积分之间的联系使得定积分的计算简便,下面先学习变上限积分函数的概念及其有关的性质.

1）变上限的积分函数

**定义** 6.2 设 $f(x)$ 在 $[a,b]$ 上连续,任取 $x \in [a,b]$,对应于 $x$ 在 $[a,b]$ 上的每一个值,积分 $\int_a^x f(t)\mathrm{d}t$ 都有确定的值与之对应,因而积分 $\int_a^x f(t)\mathrm{d}t$ 定义了一个关于 $x$ 的函数,记为 $\varPhi(x)$,即

$$\varPhi(x) = \int_a^x f(t)\mathrm{d}t \quad (a \leqslant x \leqslant b)$$

因为函数 $\varPhi(x)$ 在形式上非常特殊,自变量 $x$ 在定积分的上限,所以称该函数为变上限的积分函数或称为变上限的定积分. 在几何上,如图 6.5 所示,$\varPhi(x)$ 表示一个曲边梯形（阴影部分）的面积,所以又称此函数为面积函数.

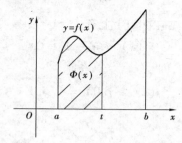

图 6.5

需要指出的是变上限的积分函数 $\varPhi(x)$ 在区间 $[a,b]$ 上不仅连续,而且可导,关于这点,可由下面的定理给出.

**定理** 6.1 若 $f(x)$ 在 $[a,b]$ 上连续,则 $\varPhi(x) = \int_a^x f(t)\mathrm{d}t$ 在 $[a,b]$ 上可导,且有

$$\varPhi'(x) = f(x),\ \text{即}\ \frac{\mathrm{d}}{\mathrm{d}x}\left(\int_a^x f(t)\mathrm{d}t\right) = f(x)$$

该定理表明了变上限的积分函数 $\varPhi(x) = \int_a^x f(t)\mathrm{d}t$ 是 $f(x)$ 的一个原函数,于是有如下推论：

**推论**（原函数存在性定理） 在一个区间上的连续函数一定存在原函数.

由于初等函数在有定义的区间上都连续,所以初等函数在有定义的区间上都有原函数,因而也是可积的.

**【例** 6.4**】** 求解下列各题.

（1）设 $\varPhi(x) = \int_a^x \sin t^2 \mathrm{d}t$,求 $\varPhi'(x)$ 及 $\varPhi'(0)$,$\varPhi'\left(\sqrt{\dfrac{\pi}{4}}\right)$.

（2）设 $\varPhi(x) = \int_x^{x^2} \mathrm{e}^t \mathrm{d}t$,求 $\varPhi'(x)$.

（3）计算 $\lim\limits_{x \to 0} \dfrac{\int_0^x \sin t\,\mathrm{d}t}{x^2}$.

134

【解】 （1）由定理 6.1 可得

$$\Phi'(x) = \left(\int_0^x \sin t^2 dt\right)' = \sin x^2$$

所以

$$\Phi'(0) = \sin 0^2 = 0, \Phi'\left(\sqrt{\frac{\pi}{4}}\right) = \sin\left(\sqrt{\frac{\pi}{4}}\right)^2 = \frac{\sqrt{2}}{2}$$

（2）由可加性可得

$$\Phi(x) = \int_x^{x^2} e^t dt = \int_x^0 e^t dt + \int_0^{x^2} e^t dt = \int_0^{x^2} e^t dt - \int_0^x e^t dt$$

又由复合函数求导法则可得

$$\left(\int_0^{x^2} e^t dt\right)' \xrightarrow{\;令 u = x^2\;} \left(\int_0^u e^t dt\right)'_u \cdot u' = e^u (x^2)' = 2xe^{x^2}$$

所以

$$\Phi'(x) = \left(\int_0^{x^2} e^t dt\right)' - \left(\int_0^x e^t dt\right)' = 2xe^{x^2} - e^x$$

（3）由洛必达法则可得：

$$\lim_{x \to 0} \frac{\int_0^x \sin t dt}{x^2} \left(\frac{0}{0} 型\right) = \lim_{x \to 0} \frac{\left(\int_0^x \sin t dt\right)'}{(x^2)'} = \lim_{x \to 0} \frac{\sin x}{2x} = \frac{1}{2}$$

从例 6.4（2）求解过程中可总结出求导公式的推广公式：

$(1)\left(\int_a^{u(x)} f(t) dt\right)' = f[u(x)]u'(x)$

$(2)\left(\int_{v(x)}^{u(x)} f(t) dt\right)' = f[u(x)]u'(x) - f[v(x)]v'(x)$

这里假设 $u(x), v(x)$ 均可导.

2）牛顿 - 莱布尼茨（Newtom-Leibniz）公式

由引例 6.2 可知，在变速直线运动中，如果物体的运动速度为 $v(t)$，那么物体在时间间隔 $[T_1, T_2]$ 内所行走的路程为 $s = \int_{T_1}^{T_2} v(t) dt$；

另一方面，又有 $s = s(T_2) - s(T_1)$，所以 $\int_{T_1}^{T_2} v(t) dt = s(T_2) - s(T_1)$，而由于 $v(t) = s'(t)$，所以路程是速度的原函数，故上式表明速度在一段时间区间上的定积分是其原函数即路程函数在该区间上的增量.

抽去问题的实际意义，上述分析表明了连续函数在闭区间上的定积分等于它的一个原函数在积分区间上的增量. 于是有如下定理：

**定理 6.2**（微积分基本定理）　设函数 $f(x)$ 在区间 $[a,b]$ 上连续，如果 $F(x)$ 是 $f(x)$ 的任意一个原函数，则有公式

$$\int_a^b f(x)\,\mathrm{d}x = F(b) - F(a)$$

成立. 此公式称为微积分基本公式, 也称为牛顿 - 莱布尼茨 ( Newtom-Leibniz ) 公式.

　　牛顿 - 莱布尼茨公式通过原函数揭示了定积分与不定积分的内在关系, 是定积分计算的基本公式, 其常用格式为:

$$\int_a^b f(x)\,\mathrm{d}x = F(x)\,\big|_a^b = F(b) - F(a)$$

或

$$\int_a^b f(x)\,\mathrm{d}x = \big[\,F(x)\,\big]_a^b = F(b) - F(a)$$

## 6.1.4　直接积分法

　　用定积分定义计算定积分是非常繁琐的, 牛顿 - 莱布尼茨公式使得我们可以利用不定积分来计算定积分, 这大大简化了定积分的计算. 具体方法是先利用不定积分求出被积函数的原函数, 再代积分限求出原函数在积分区间上的增量. 这样不定积分的基本积分公式和积分方法就都可以用到定积分的计算中来.

　　若有不定积分 $\int f(x)\,\mathrm{d}x = F(x) + C$, 则定积分 $\int_a^b f(x)\,\mathrm{d}x = F(x)\,\big|_a^b = F(b) - F(a)$.

　　【例 6.5】　求下列积分.

$(1)\displaystyle\int_0^\pi \cos x\mathrm{d}x$
　　　　　　　　　　$(2)\displaystyle\int_1^2 \left(1 + x - \dfrac{1}{x}\right)^2 \mathrm{d}x$

$(3)\displaystyle\int_0^3 |\,2 - x\,|\,\mathrm{d}x$
　　　　　　　　$(4)\displaystyle\int_{-1}^2 f(x)\,\mathrm{d}x,$ 其中 $f(x) = \begin{cases} x^2 & x \leqslant 0 \\ 2x + 1 & x > 0 \end{cases}$

　　【解】　$(1)\displaystyle\int_0^\pi \cos x\,\mathrm{d}x = \sin x\,\bigg|_0^\pi = 0$

$(2)\displaystyle\int_1^2 \left(1 + x - \dfrac{1}{x}\right)^2 \mathrm{d}x = \int_1^2 \left(1 + x^2 + \dfrac{2}{x^2} + 2x - \dfrac{2}{x} - 2\right)\mathrm{d}x$

$$= \left(x + \dfrac{1}{3}x^3 - \dfrac{1}{x} + x^2 - 2\ln x - 2x\right)\bigg|_1^2$$

$$= 4\dfrac{5}{6} - 2\ln 2$$

$(3)\displaystyle\int_0^3 |\,2 - x\,|\,\mathrm{d}x = \int_0^2 (2 - x)\,\mathrm{d}x + \int_2^3 (x - 2)\,\mathrm{d}x$

$$= \left(2x - \dfrac{1}{2}x^2\right)\bigg|_0^2 + \left(\dfrac{1}{2}x^2 - 2x\right)\bigg|_2^3$$

$$= 2\dfrac{1}{2}$$

$$(4)\int_{-1}^{2}f(x)\,\mathrm{d}x = \int_{-1}^{0}f(x)\,\mathrm{d}x + \int_{0}^{2}f(x)\,\mathrm{d}x$$

$$= \int_{-1}^{0}x^2\,\mathrm{d}x + \int_{0}^{2}(2x+1)\,\mathrm{d}x$$

$$= \frac{1}{3}x^3\Big|_{-1}^{0} + (x^2+x)\Big|_{0}^{2}$$

$$= 6\frac{1}{3}$$

**注 意**

在例 6.5(3) 中若不分区间分段积分就容易出现如下错误:

$$\int_{0}^{3}|2-x|\,\mathrm{d}x = \left|2x - \frac{1}{2}x^2\right|\Big|_{0}^{3} = \frac{3}{2}$$

积分方法小结:分段函数的定积分(包括含绝对值函数的定积分)可利用定积分对积分区间的可加性分区间分段积分. 实际上绝对值函数也是一种分段函数,例如:

$$|2-x| = \begin{cases} 2-x & x < 2 \\ x-2 & x \geqslant 2 \end{cases}$$

# 习题 6.1

1. 利用定积分的几何意义填写下列定积分的值.

$(1)\int_{a}^{b}x\,\mathrm{d}x$ _____     $(2)\int_{0}^{\pi}\cos x\,\mathrm{d}x$ _____

$(3)\int_{-R}^{R}\sqrt{R^2-x^2}\,\mathrm{d}x =$ _____

2. 填空题.

$(1)\left(\int_{0}^{x}\sin\sqrt{t}\,\mathrm{d}t\right)' =$ _____     $(2)\left(\int_{0}^{x^2}\sin\sqrt{t}\,\mathrm{d}t\right)' =$ _____

$(3)\left(\int_{x}^{x^2}\sin\sqrt{t}\,\mathrm{d}t\right)' =$ _____     $(4)\left(\int\sin\sqrt{t}\,\mathrm{d}t\right)' =$ _____

$(5)\left(\int_{a}^{b}\sin\sqrt{t}\,\mathrm{d}t\right)' =$ _____

3. 比较积分 $\int_{1}^{2}x\,\mathrm{d}x$ 与 $\int_{1}^{2}x^2\,\mathrm{d}x$ 的大小.

4. 试估计积分 $\int_1^e \ln x \mathrm{d}x$ 的值.

5. 求下列定积分.

(1) $\int_1^4 \sqrt{x}(\sqrt{x} - 1)\mathrm{d}x$

(2) $\int_1^{\sqrt{3}} \dfrac{1 - x + x^2}{x + x^3}\mathrm{d}x$

(3) $\int_{-1}^2 |x^2 - 1|\mathrm{d}x$

(4) $\int_0^2 f(x)\mathrm{d}x$，其中 $f(x) = \begin{cases} x - 1 & x \leqslant 1 \\ x^2 & x > 1 \end{cases}$

# 6.2　定积分的计算

定积分与不定积分一样也有换元积分法和分部积分法，在不定积分中对积分法的详细介绍为定积分的计算奠定了必要的基础，读者在学习中应注意两者的比较.

## 6.2.1　换元积分法

定积分的第一类换元法（凑微分法）在积分方法上与不定积分完全类似，仍是利用凑微分积出原函数，再利用牛顿 - 莱布尼兹公式代限求值.

【例 6.6】　用第一类换元法（凑微分法）求下列定积分.

(1) $\int_0^{\frac{\pi}{2}} \sin^3 x \cos x \mathrm{d}x$

(2) $\int_0^1 t\mathrm{e}^{-\frac{t^2}{2}}\mathrm{d}t$

(3) $\int_1^e \dfrac{1 + \ln x}{x}\mathrm{d}x$

(4) $\int_{\frac{1}{\pi}}^{\frac{2}{\pi}} \dfrac{\sin \frac{1}{y}}{y^2}\mathrm{d}y$

【解】　(1) $\int_0^{\frac{\pi}{2}} \sin^3 x \cos x \mathrm{d}x = \int_0^{\frac{\pi}{2}} \sin^3 x \mathrm{d}\sin x = \dfrac{1}{4}\sin^4 x \Big|_0^{\frac{\pi}{2}} = \dfrac{1}{4}$

(2) $\int_0^1 t\mathrm{e}^{-\frac{t^2}{2}}\mathrm{d}t = -\int_0^1 \mathrm{e}^{-\frac{t^2}{2}}\mathrm{d}\left(-\dfrac{t^2}{2}\right) = -\mathrm{e}^{-\frac{t^2}{2}} \Big|_0^1 = 1 - \mathrm{e}^{-\frac{1}{2}}$

(3) $\int_1^e \dfrac{1 + \ln x}{x}\mathrm{d}x = \int_1^e (1 + \ln x)\mathrm{d}\ln x = \left(\ln x + \dfrac{1}{2}\ln^2 x\right)\Big|_1^e = \dfrac{3}{2}$

(4) $\int_{\frac{1}{\pi}}^{\frac{2}{\pi}} \dfrac{\sin \frac{1}{y}}{y^2}\mathrm{d}y = -\int_{\frac{1}{\pi}}^{\frac{2}{\pi}} \sin \dfrac{1}{y}\mathrm{d}\dfrac{1}{y} = \cos \dfrac{1}{y} \Big|_{\frac{1}{\pi}}^{\frac{2}{\pi}} = 1$

定积分的第二类换元法的换元公式由下列定理给出.

**定理 6.3**　设 $f(x)$ 在 $[a,b]$ 上连续，且 $x = \varphi(t)$ 满足下列条件：

(1) $x = \varphi(t)$ 在 $[\alpha,\beta]$ 上有连续导数；

(2) $a = \varphi(\alpha)$，$b = \varphi(\beta)$ 且当 $t$ 在 $[\alpha,\beta]$ 上变化时，$x = \varphi(t)$ 的值在 $[a,b]$ 上单

调变化.

则有换元公式

$$\int_a^b f(x)\,dx = \int_\alpha^\beta f[\varphi(t)]\varphi'(t)\,dt$$

成立.

**注 意**

换元公式中即使有 $a < b$ 也不一定有 $\alpha < \beta$,这里关注的是下限对应下限,上限对应上限.

与不定积分一样,定积分的换元法常用于被积函数含有根式的积分,思考理念是选择的换元函数要能够消去根式,其基本程序是:换元换限再积分,即令 $x = \varphi(t)$,$dx = \varphi'(t)\,dt$,且 $\varphi(\alpha) = a$,$\varphi(\beta) = b$,则

$$\int_a^b f(x)\,dx = \int_\alpha^\beta f[\varphi(t)]\varphi'(t)\,dt$$

【例6.7】 用第二换元法求下列定积分.

$(1)\displaystyle\int_4^9 \frac{\sqrt{x}}{\sqrt{x}-1}\,dx$　　　　　　　　$(2)\displaystyle\int_{-3}^0 \frac{x+1}{\sqrt{x+4}}\,dx$

$(3)\displaystyle\int_0^2 \sqrt{4-x^2}\,dx$　　　　　　　　$(4)\displaystyle\int_0^{\ln 2} \sqrt{e^x-1}\,dx$

【解】 (1) 令 $\sqrt{x} = t$,则 $x = t^2$ 且 $dx = 2t\,dt$. 又当 $x = 4$ 时,$t = 2$;当 $x = 9$ 时,$t = 3$. 所以

$$\int_4^9 \frac{\sqrt{x}}{\sqrt{x}-1}\,dx = \int_2^1 \frac{t}{t-1} \cdot 2t\,dt$$

$$= 2\int_2^3 \left(t+1+\frac{1}{t-1}\right)dt = 2\left(\frac{1}{2}t^2 + t + \ln|t-1|\right)\Big|_2^3 = 7 + 2\ln 2$$

(2) 令 $\sqrt{x+4} = t$,则 $x = t^2 - 4$ 且 $dx = 2t\,dt$. 又当 $x = -3$ 时,$t = 1$;当 $x = 0$ 时,$t = 2$,所以

$$\int_{-3}^0 \frac{x+1}{\sqrt{x+4}}\,dx = \int_1^2 \frac{t^2-4+1}{t} \cdot 2t\,dt = 2\int_1^2 (t^2-3)\,dt = 2\left(\frac{1}{3}t^3 - 3t\right)\Big|_1^2 = \frac{4}{3}$$

(3) 令 $x = 2\sin t$,则 $dx = 2\cos t\,dt$.

又当 $x = 0$ 时,$t = 0$;当 $x = 2$ 时,$t = \dfrac{\pi}{2}$,所以

$$\int_0^2 \sqrt{4-x^2}\,dx = \int_0^{\frac{\pi}{2}} \sqrt{4-4\sin^2 t} \cdot 2\cos t\,dt$$

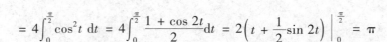

$$= 4\int_0^{\frac{\pi}{2}} \cos^2 t \, \mathrm{d}t = 4\int_0^{\frac{\pi}{2}} \frac{1 + \cos 2t}{2} \mathrm{d}t = 2\left(t + \frac{1}{2}\sin 2t\right)\Big|_0^{\frac{\pi}{2}} = \pi$$

（4）令 $\sqrt{\mathrm{e}^x - 1} = t$，则 $\mathrm{e}^x = 1 + t^2$，所以 $x = \ln(1 + t^2)$，于是 $\mathrm{d}x = \dfrac{2t}{1 + t^2}\mathrm{d}t$.

又当 $x = 0$ 时，$t = 0$；当 $x = \ln 2$ 时，$t = 1$，所以

$$\int_0^{\ln 2} \sqrt{\mathrm{e}^x - 1}\,\mathrm{d}x = \int_0^1 t \cdot \frac{2t}{1 + t^2}\mathrm{d}t = 2\int_0^1 \left(1 - \frac{1}{1 + t^2}\right)\mathrm{d}t = 2(t - \arctan t)\Big|_0^1 = 2\left(1 - \frac{\pi}{4}\right)$$

**注　意**

（1）定积分换元必须换限，与不定积分相比较，定积分换元换限后不需要回代.

（2）由于积分的第一类换元法常以凑微分形式出现，所以在定积分中凑微分虽然使积分元有改变，但因没有换元过程，因而也就不需要换限（当然如果有换元过程，积分时也必须换限）.

鉴于以上两点，定积分的换元法通常是指第二类换元法.

【例 6.8】　设 $f(x)$ 在对称区间 $[-a, a]$ 上连续，试证明：

$$\int_{-a}^a f(x)\,\mathrm{d}x = \begin{cases} 2\displaystyle\int_0^a f(x)\,\mathrm{d}x & f(x) \text{ 为偶函数} \\ 0 & f(x) \text{ 为奇函数} \end{cases}$$

【证明】　因为

$$\int_{-a}^a f(x)\,\mathrm{d}x = \int_{-a}^0 f(x)\,\mathrm{d}x + \int_0^a f(x)\,\mathrm{d}x$$

又因为

$$\int_{-a}^0 f(x)\,\mathrm{d}x \xrightarrow{\text{令 } x = -t} \int_a^0 f(-t)(-\mathrm{d}t) = \int_0^a f(-t)\,\mathrm{d}t = \int_0^a f(-x)\,\mathrm{d}x$$

所以

$$\int_{-a}^a f(x)\,\mathrm{d}x = \int_0^a f(-x)\,\mathrm{d}x + \int_0^a f(x)\,\mathrm{d}x = \int_0^a [f(x) + f(-x)]\,\mathrm{d}x$$

当 $f(x)$ 是偶函数即 $f(-x) = f(x)$ 时，有

$$\int_{-a}^a f(x)\,\mathrm{d}x = 2\int_0^a f(x)\,\mathrm{d}x$$

当 $f(x)$ 是奇函数即 $f(-x) = -f(x)$ 时，有

$$\int_{-a}^a f(x)\,\mathrm{d}x = 0$$

故

$$\int_{-a}^{a} f(x)\,\mathrm{d}x = \begin{cases} 2\int_{0}^{a} f(x)\,\mathrm{d}x & f(x) \text{ 为偶函数} \\ 0 & f(x) \text{ 为奇函数} \end{cases}$$

本题结论可作为公式应用,该公式称为具有奇偶性的函数在对称区间上的积分公式,该公式有明显的几何意义,如图 6.6 所示.

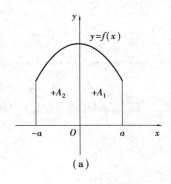
(a)

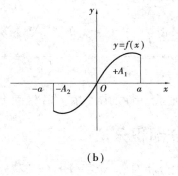
(b)

图 6.6

【例 6.9】 求下列定积分.

$(1)\displaystyle\int_{-\frac{\pi}{2}}^{\frac{\pi}{2}} \sqrt{\cos x - \cos^3 x}\,\mathrm{d}x$　　　　　　　$(2)\displaystyle\int_{-1}^{1} x^4 \sin x\,\mathrm{d}x$

【解】 (1)因为被积函数是连续偶函数,所以有

$$\int_{-\frac{\pi}{2}}^{\frac{\pi}{2}} \sqrt{\cos x - \cos^3 x}\,\mathrm{d}x = 2\int_{0}^{\frac{\pi}{2}} \sqrt{\cos x(1 - \cos^2 x)}\,\mathrm{d}x$$

$$= 2\int_{0}^{\frac{\pi}{2}} \sqrt{\cos x}\,\sin x\,\mathrm{d}x$$

$$= -2\int_{0}^{\frac{\pi}{2}} \cos^{\frac{1}{2}} x\,\mathrm{d}\cos x$$

$$= -2 \cdot \frac{2}{3} \cos^{\frac{3}{2}} x\,\Big|_{0}^{\frac{\pi}{2}} = \frac{4}{3}$$

(2) 因为被积函数是连续奇函数,所以有

$$\int_{-1}^{1} x^4 \sin x\,\mathrm{d}x = 0$$

注 意

在例 6.9 的计算中如果不用例 6.8 给出的公式,则积分很容易出错甚至是非常困难的. 如在例 6.9(1)中容易出现如下错误:

$$\int_{-\frac{\pi}{2}}^{\frac{\pi}{2}} \sqrt{\cos x - \cos^3 x}\,\mathrm{d}x = \int_{-\frac{\pi}{2}}^{\frac{\pi}{2}} \sqrt{\cos x(1 - \cos^2 x)}\,\mathrm{d}x$$

$$= \int_{-\frac{\pi}{2}}^{\frac{\pi}{2}} \sqrt{\cos x} \sin x \mathrm{d}x = -\int_{-\frac{\pi}{2}}^{\frac{\pi}{2}} \cos^{\frac{1}{2}} x \mathrm{d}\cos x$$

$$= -\frac{2}{3} \cos^{\frac{3}{2}} x \Big|_{-\frac{\pi}{2}}^{\frac{\pi}{2}} = 0$$

上述错误缘于开方时未加绝对值，而加上绝对值后积分就要分区间分段积分了，这是比较麻烦的.

又如在例 6.9（2）中要经 4 次分部积分后才能积出，这也是相当困难的.

因此，具有奇偶性的函数在对称区间上的积分公式主要作用是简化积分计算.

## 6.2.2　分部积分法

与不定积分相对应，定积分的分部积分法由下面的定理给出：

**定理 6.4**　设 $u = u(x), v = v(x)$ 在 $[a,b]$ 上有连续导数，则有

$$\int_a^b u \, \mathrm{d}v = uv \Big|_a^b - \int_a^b v \, \mathrm{d}u$$

成立，该公式称为定积分的分部积分公式.

定积分的分部积分法常用于两种不同类型函数乘积的积分，有下面两种表现形式：

$$\int_a^b u \, \mathrm{d}v = uv \Big|_a^b - \int_a^b v \, \mathrm{d}u \quad \text{和} \quad \int_a^b uv' \, \mathrm{d}x = uv \Big|_a^b - \int_a^b vu' \, \mathrm{d}x$$

定积分的分部积分法与不定积分完全类似，仍要注意正确选取 $u$ 及 $\mathrm{d}v$，其选取规律也与不定积分完全一样. 此外还需注意的是，在定积分的分部积分中，把先积出的部分代限求值，余下部分再继续积分，比完全积出原函数后再求值更简便.

【例 6.10】　求下列积分.

$$(1) \int_0^1 x \, \mathrm{e}^{-x} \mathrm{d}x \qquad (2) \int_{\frac{1}{e}}^{e} |\ln x| \, \mathrm{d}x \qquad (3) \int_0^{\frac{\pi}{2}} \mathrm{e}^x \cos x \, \mathrm{d}x$$

【解】　$(1) \int_0^1 x \, \mathrm{e}^{-x} \mathrm{d}x = -\int_0^1 x \mathrm{d}\mathrm{e}^{-x}$

$$= -\left( x\mathrm{e}^{-x} \Big|_0^1 - \int_0^1 \mathrm{e}^{-x} \mathrm{d}x \right)$$

$$= -\left( \mathrm{e}^{-1} + \mathrm{e}^{-x} \Big|_0^1 \right) = 1 - 2\mathrm{e}^{-1}$$

$(2) \int_{\frac{1}{e}}^{e} |\ln x| \, \mathrm{d}x = -\int_{\frac{1}{e}}^{1} \ln x \, \mathrm{d}x + \int_1^e \ln x \, \mathrm{d}x$

$$= -\left( x \ln x \Big|_{\frac{1}{e}}^{1} - \int_{\frac{1}{e}}^{1} x \cdot \frac{1}{x} \mathrm{d}x \right) + \left( x \ln x \Big|_1^e - \int_1^e x \cdot \frac{1}{x} \mathrm{d}x \right)$$

$$= -\left(\frac{1}{e} - x\,\Big|_{\frac{1}{e}}^{1}\right) + \left(e - x\,\Big|_{1}^{e}\right) = 2 - \frac{2}{e}$$

$(3)\displaystyle\int_{0}^{\frac{\pi}{2}} e^{x}\cos x\,\mathrm{d}x = \int_{0}^{\frac{\pi}{2}}\cos x\,\mathrm{d}e^{x}$

$$= e^{x}\cos x\,\Big|_{0}^{\frac{\pi}{2}} + \int_{0}^{\frac{\pi}{2}} e^{x}\sin x\,\mathrm{d}x$$

$$= -1 + \int_{0}^{\frac{\pi}{2}}\sin x\,\mathrm{d}e^{x}$$

$$= -1 + e^{x}\sin x\,\Big|_{0}^{\frac{\pi}{2}} - \int_{0}^{\frac{\pi}{2}} e^{x}\cos x\,\mathrm{d}x$$

$$= -1 + e^{\frac{\pi}{2}} - \int_{0}^{\frac{\pi}{2}} e^{x}\cos x\,\mathrm{d}x$$

将右端定积分移项后,可解得

$$\int_{0}^{\frac{\pi}{2}} e^{x}\cos x\,\mathrm{d}x = \frac{1}{2}(e^{\frac{\pi}{2}} - 1)$$

# 习题 6.2

1. 用第一类换元法求下列积分.

$(1)\displaystyle\int_{0}^{1}(2x-1)^{10}\mathrm{d}x$ 
$(2)\displaystyle\int_{0}^{1}\frac{1}{5x+2}\mathrm{d}x$

$(3)\displaystyle\int_{0}^{1} xe^{x^{2}}\mathrm{d}x$ 
$(4)\displaystyle\int_{1}^{e}\frac{1}{x\sqrt{\ln x+1}}\mathrm{d}x$

$(5)\displaystyle\int_{0}^{\frac{\pi}{2}}\sin^{2}x\,\cos x\,\mathrm{d}x$ 
$(6)\displaystyle\int_{-1}^{1}\frac{e^{x}}{1+e^{x}}\mathrm{d}x$

$(7)\displaystyle\int_{0}^{1}\frac{\arctan x}{1+x^{2}}\mathrm{d}x$

$(8)\displaystyle\int_{3}^{5} f(x-2)\mathrm{d}x$,其中 $f(x) = \begin{cases} 1+x & 0 \leqslant x \leqslant 2 \\ x^{2}-1 & 2 < x \leqslant 4 \end{cases}$

2. 用第二类换元法求下列积分.

$(1)\displaystyle\int_{-1}^{1}\frac{x}{\sqrt{5-4x}}\mathrm{d}x$ 
$(2)\displaystyle\int_{4}^{9}\frac{\sqrt{x}}{\sqrt{x}-1}\mathrm{d}x$

$(3)\displaystyle\int_{0}^{1}\frac{1}{\sqrt{x}(1+\sqrt[3]{x})}\mathrm{d}x$ 
$(4)\displaystyle\int_{0}^{1}\sqrt{(1-x^{2})^{3}}\,\mathrm{d}x$

$(5)\displaystyle\int_{1}^{2}\frac{\sqrt{x^{2}-1}}{x}\mathrm{d}x$ 
$(6)\displaystyle\int_{0}^{2}\frac{1}{\sqrt{4+x^{2}}}\mathrm{d}x$

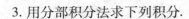

3. 用分部积分法求下列积分.

$(1) \int_0^{\frac{\pi}{2}} x \cos x \mathrm{d}x$ $\qquad$ $(2) \int_0^2 t \mathrm{e}^{-\frac{t}{2}} \mathrm{d}t$

$(3) \int_1^4 \dfrac{\ln x}{\sqrt{x}} \mathrm{d}x$ $\qquad$ $(4) \int_0^1 \arcsin x \mathrm{d}x$

$(5) \int_0^{\frac{\pi}{2}} \mathrm{e}^x \sin x \mathrm{d}x$ $\qquad$ $(6) \int_0^1 \cos \ln x \mathrm{d}x$

4. 用函数的奇偶性求下列积分.

$(1) \int_{-\sqrt{3}}^{\sqrt{3}} |\arctan x| \mathrm{d}x$ $\qquad$ $(2) \int_{-\pi}^{\pi} (x^3 \cos x + 1) \mathrm{d}x$

$(3) \int_{-1}^1 \dfrac{x+1}{1+x^2} \mathrm{d}x$

# 6.3 广义积分

定积分是以有限积分区间与有界函数为前提的,但在实际问题中往往需要突破这两个限制,这就要求我们把定积分概念从这两方面加以推广,推广意义下的定积分简称为广义积分,也称反常积分. 相对于反常积分,定积分也称常义积分.

## 6.3.1 无穷区间上广义积分

**引例6.3** 求由曲线 $y = \mathrm{e}^{-x}$ 与两坐标轴所围成的图形面积,如图6.7(a) 所示.

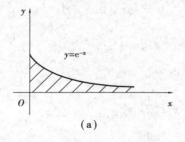

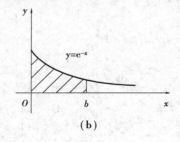

图6.7

**分析** 这是一个不封闭的无界图形,因此不能直接求面积,可在$[0, +\infty)$上任取$b$点作直线 $x = b$ 构成图6.7(b)中阴影所示的曲边梯形,就可用定积分的几何意义求出该曲边梯形的面积为$\int_0^b \mathrm{e}^{-x} \mathrm{d}x$. 易见,当$b$点沿$x$轴正向无限延伸时,如果极限$\lim\limits_{b \to +\infty} \int_0^b \mathrm{e}^{-x} \mathrm{d}x$存在,则该极限就可作为所求图形的面积,否则就认为该图形面积不可求,即

$$A_{阴} = \lim_{b \to +\infty} \int_0^b \mathrm{e}^{-x} \mathrm{d}x \xlongequal{记} \int_0^{+\infty} \mathrm{e}^{-x} \mathrm{d}x$$

一般地,有如下定义:

**定义6.3** 设 $f(x)$ 在 $[a, +\infty)$ 上连续,则称极限 $\lim\limits_{b \to +\infty} \int_a^b f(x)\mathrm{d}x (b > a)$ 为 $f(x)$ 在 $[a, +\infty)$ 上的广义积分,记为

$$\int_a^{+\infty} f(x)\mathrm{d}x = \lim\limits_{b \to +\infty} \int_a^b f(x)\mathrm{d}x$$

若该极限存在,则称该广义积分收敛,否则称广义积分发散.

类似地,可定义 $f(x)$ 在 $(-\infty, b]$ 上广义积分为

$$\int_{-\infty}^b f(x)\mathrm{d}x = \lim\limits_{a \to -\infty} \int_a^b f(x)\mathrm{d}x (a < b)$$

及 $f(x)$ 在 $(-\infty, +\infty)$ 上的广义积分为

$$\int_{-\infty}^{+\infty} f(x)\mathrm{d}x = \int_{-\infty}^c f(x)\mathrm{d}x + \int_c^{+\infty} f(x)\mathrm{d}x (c\ \text{为任意实数}).$$

上述三种广义积分统称为无穷区间上的广义积分,简称为无穷积分.

引例6.3的计算过程如下:

$$A_{\text{阴}} = \int_0^{+\infty} \mathrm{e}^{-x}\mathrm{d}x = \lim\limits_{b \to +\infty} \int_0^b \mathrm{e}^{-x}\mathrm{d}x = \lim\limits_{b \to +\infty} \left[-\mathrm{e}^{-x}\right]_0^b = -(0 - 1) = 1$$

可见广义积分就是定积分的极限,计算广义积分要先计算定积分再求极限. 过程有些烦琐,为方便起见可省去极限符号,上述过程可简化为:

$$A_{\text{阴}} = \int_0^{+\infty} \mathrm{e}^{-x}\mathrm{d}x = \left[-\mathrm{e}^{-x}\right]_0^{+\infty} = -(0 - 1) = 1$$

此时可称广义积分 $\int_0^{+\infty} \mathrm{e}^{-x}\mathrm{d}x$ 收敛,或称收敛于1.

引例6.3的简化计算可看成是将牛顿 - 莱布尼茨公式推广应用于广义积分.

一般地,我们约定:

$$\int_a^{+\infty} f(x)\mathrm{d}x = F(x)\ \Big|_a^{+\infty} = F(+\infty) - F(a)$$

$$\int_{-\infty}^b f(x)\mathrm{d}x = F(x)\ \Big|_{-\infty}^b = F(b) - F(-\infty)$$

$$\int_{-\infty}^{+\infty} f(x)\mathrm{d}x = F(x)\ \Big|_{-\infty}^{+\infty} = F(+\infty) - F(-\infty)$$

其中 $F(x)$ 是 $f(x)$ 的任一原函数,且记号 $F(\pm\infty)$ 应理解为极限运算,即 $F(\pm\infty) = \lim\limits_{x \to \pm\infty} F(x)$. 同样地,如果极限存在,则广义积分收敛,否则广义积分发散.

在引例6.3中,由图6.7还可看出广义积分的几何意义:收敛的广义积分在几何上表示为一个无界图形(该图形可称为开口曲边梯形)的面积.

**【例6.11】** 求下列无穷积分.

$(1) \displaystyle\int_2^{+\infty} \frac{1}{x\ln^2 x}\mathrm{d}x$      $(2) \displaystyle\int_{-\infty}^{+\infty} \frac{1}{1 + x^2}\mathrm{d}x$      $(3) \displaystyle\int_{-\infty}^0 \mathrm{e}^{-x}\mathrm{d}x$

【解】 (1) $\int_2^{+\infty} \frac{1}{x \ln^2 x} dx = \int_2^{+\infty} \frac{1}{\ln^2 x} d\ln x = -\frac{1}{\ln x} \Big|_2^{+\infty} = \frac{1}{\ln 2}$

(2) $\int_{-\infty}^{+\infty} \frac{1}{1+x^2} dx = \arctan x \Big|_{-\infty}^{+\infty} = \frac{\pi}{2} - \left(-\frac{\pi}{2}\right) = \pi$

(3) $\int_{-\infty}^0 e^{-x} dx = -e^{-x} \Big|_{-\infty}^0 = +\infty$ （发散）

【例 6.12】 讨论 $\int_1^{+\infty} \frac{1}{x^p} dx$ 的敛散性.

【解】 当 $p > 1$ 时，$\int_1^{+\infty} \frac{1}{x^p} dx = \frac{1}{1-p} x^{1-p} \Big|_1^{+\infty} = \frac{1}{p-1}$（收敛）；

当 $p = 1$ 时，$\int_1^{+\infty} \frac{1}{x^p} dx = \ln x \Big|_1^{+\infty} = +\infty$（发散）；

当 $p < 1$ 时，$\int_1^{+\infty} \frac{1}{x^p} dx = \frac{1}{1-p} x^{1-p} \Big|_1^{+\infty} = +\infty$（发散）.

综上所述，当 $p > 1$ 时 $\int_1^{+\infty} \frac{1}{x^p} dx$ 收敛，当 $p \leqslant 1$ 时 $\int_1^{+\infty} \frac{1}{x^p} dx$ 发散，即

$$\int_1^{+\infty} \frac{1}{x^p} dx = \begin{cases} \dfrac{1}{p-1} & p > 1 \\ +\infty & p \leqslant 1 \end{cases}$$

上述积分称为 $p$-积分，是一个非常重要的积分，可以当作公式用，如 $\int_1^{+\infty} \frac{1}{x^3} dx = \frac{1}{3-1} = \frac{1}{2}$.

## 6.3.2 无界函数的广义积分

如果函数 $f(x)$ 在 $[a,b]$ 上有无穷间断点（又叫瑕点），此时 $f(x)$ 在 $[a,b]$ 上无界，那么称积分 $\int_a^b f(x) dx$ 称为无界函数的广义积分（或称瑕积分）.

**定义 6.4** 设 $f(x)$ 在 $(a,b]$ 上连续，且 $\lim\limits_{x \to a^+} f(x) = \infty$（即 $x = a$ 是瑕点），则称极限 $\lim\limits_{\varepsilon \to 0^+} \int_{a+\varepsilon}^b f(x) dx (\varepsilon > 0)$ 为 $f(x)$ 在 $(a,b]$ 上的广义积分，记为

$$\int_a^b f(x) dx = \lim_{\varepsilon \to 0^+} \int_{a+\varepsilon}^b f(x) dx$$

如果该极限存在，则称为广义积分收敛，否则称广义积分发散.

类似地，当瑕点位于区间的右端，即 $f(x)$ 在 $[a,b)$ 上连续且 $\lim\limits_{x \to b^-} f(x) = \infty$，则定义 $f(x)$ 在该区间 $[a,b]$ 上的广义积分为

$$\int_a^b f(x) dx = \lim_{\varepsilon \to 0^+} \int_a^{b-\varepsilon} f(x) dx$$

当瑕点在区间的内部,即 $f(x)$ 在 $[a,b]$ 上除点 $x=c$ 外都连续且 $\lim\limits_{x\to c}f(x)=\infty$,则定义 $f(x)$ 在该区间 $[a,b]$ 上的广义积分为

$$\int_a^b f(x)\mathrm{d}x = \int_a^c f(x)\mathrm{d}x + \int_c^b f(x)\mathrm{d}x$$

上述三种广义积分统称为无界函数的广义积分,也叫瑕积分.

类似于无穷积分,瑕积分在实际计算中也可省去极限符号,这里牛顿-莱布尼茨公式表现为:

若下限 $x=a$ 是瑕点,则

$$\int_a^b f(x)\mathrm{d}x = F(x)\Big|_{a^+}^b = F(b) - F(a^+)$$

若上限 $x=b$ 是瑕点,则

$$\int_a^b f(x)\mathrm{d}x = F(x)\Big|_a^{b^-} = F(b^-) - F(a)$$

其中,$F(x)$ 为 $f(x)$ 的任一原函数,且记号 $F(a^+)$ 与 $F(b^-)$ 仍理解为极限,即

$$F(a^+)=\lim_{x\to a^+}F(x),\ F(b^-)=\lim_{x\to b^-}F(x)$$

【例6.13】 计算下列瑕积分.

$(1)\displaystyle\int_0^a \frac{1}{\sqrt{a^2-x^2}}\mathrm{d}x\,(a>0)$ $\qquad\qquad (2)\displaystyle\int_0^2 \frac{1}{(x-1)^2}\mathrm{d}x$

【解】 (1)瑕点 $x=a$ 为上限,于是

$$\int_0^a \frac{1}{\sqrt{a^2-x^2}}\mathrm{d}x = \arcsin\frac{x}{a}\Big|_0^{a^-} = \frac{\pi}{2}(收敛)$$

(2)瑕点 $x=1$ 在 $[0,2]$ 内部,于是

$$\int_0^2 \frac{1}{(x-1)^2}\mathrm{d}x = \int_0^1 \frac{1}{(x-1)^2}\mathrm{d}x + \int_1^2 \frac{1}{(x-1)^2}\mathrm{d}x = -\frac{1}{x-1}\Big|_0^{1^-} - \frac{1}{x-1}\Big|_{1^+}^2 (不存在)$$

即 $\displaystyle\int_0^2 \frac{1}{(x-1)^2}\mathrm{d}x$ 发散.

【例6.14】 讨论 $\displaystyle\int_0^1 \frac{1}{x^q}\mathrm{d}x$ 的敛散性.

【解】 瑕点 $x=0$ 为下限,于是

当 $q<1$ 时,$\displaystyle\int_0^1 \frac{1}{x^q}\mathrm{d}x = \frac{1}{1-q}x^{1-q}\Big|_{0^+}^1 = \frac{1}{1-q}(收敛)$;

当 $q=1$ 时,$\displaystyle\int_0^1 \frac{1}{x^q}\mathrm{d}x = \ln x\Big|_{0^+}^1 = +\infty(发散)$;

当 $q>1$ 时,$\displaystyle\int_0^1 \frac{1}{x^q}\mathrm{d}x = \frac{1}{1-q}x^{1-q}\Big|_{0^+}^1 = +\infty(发散)$.

综上所述,当 $q<1$ 时,$\displaystyle\int_0^1 \frac{1}{x^q}\mathrm{d}x$ 收敛;当 $q\geq 1$ 时,$\displaystyle\int_0^1 \frac{1}{x^q}\mathrm{d}x$ 发散. 即

$$\int_0^1 \frac{1}{x^q} dx = \begin{cases} \dfrac{1}{1-q} & q < 1 \\ +\infty & q \geqslant 1 \end{cases}$$

## 习题 6.3

1. 求下列无穷区间上的广义积分.

（1）$\displaystyle\int_{-\infty}^0 e^x dx$ 　　　　（2）$\displaystyle\int_{\frac{2}{\pi}}^{+\infty} \frac{1}{x^2} \sin \frac{1}{x} dx$

（3）$\displaystyle\int_0^{+\infty} e^{-t} \sin t dt$ 　　　　（4）$\displaystyle\int_{-\infty}^{+\infty} \frac{1}{x^2 + 2x + 2} dx$

2. 求下列无界函数的广义积分.

（1）$\displaystyle\int_1^e \frac{1}{x\sqrt{1 - \ln^2 x}} dx$ 　　　　（2）$\displaystyle\int_{-1}^0 \frac{1}{\sqrt{1 - x^2}} dx$

（3）$\displaystyle\int_{-1}^1 \frac{1}{x^2} dx$

3. 讨论广义积分 $\displaystyle\int_2^{+\infty} \frac{1}{x \ln^k x} dx$ 的敛散性.

## 6.4 定积分的应用

定积分的定义可归结为两个步骤：分割取近似，求和取极限. 因此，凡具有可加性（所谓可加性是指将所求量在某区间上任意分割成若干部分量后再将这些部分量相加求和仍等于全部所求量）的量都可以用定积分计算. 这样的量在客观现实中是非常多的，例如几何上的面积、体积、曲线的弧长等；物理上的变速运动的路程、变力作功、液体的压力等. 因而定积分在科学技术领域内有着广泛的应用.

设非均匀分布在区间 $[a,b]$ 上的量 $U$ 具有可加性，要求该量 $U$ 则可按下列步骤进行：

（1）在区间 $[a,b]$ 上任取一个微小子区间 $[x, x + dx]$，并求出该微小子区间上所对应的部分量的近似值（称为微元）

$$dU = f(x) dx$$

（2）将上述微元在区间 $[a,b]$ 上积分即可得所求量 $U$，即

$$U = \int_a^b f(x) dx$$

这种方法称为定积分的微元法. 微元法是定积分应用的基本方法,具有广泛的实用价值.

### 6.4.1 定积分在几何上的应用

**1) 平面图形的面积**

(1) X-型区域: $a \leqslant x \leqslant b, g(x) \leqslant y \leqslant f(x)$.

以 $x$ 为积分变量,则 $x \in [a,b]$,在 $[a,b]$ 上任取微小子区间 $[x,x+dx]$,并以该子区间上对应的竖直矩形窄条的面积为微元 $dA = f(x)dx$(图6.8(a))或 $dA = [f(x) - g(x)]dx$(图6.8(b)),于是有 X-型面积计算公式如下:

$$A = \int_a^b f(x)dx \quad \text{或} \quad A = \int_a^b [f(x) - g(x)]dx$$

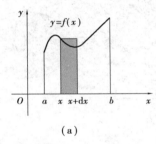 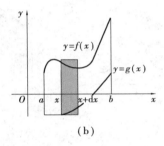

(a)      (b)

图6.8

(2) Y-型区域: $c \leqslant y \leqslant d, \psi(y) \leqslant x \leqslant \varphi(y)$.

以 $y$ 为积分变量,则 $y \in [c,d]$,在 $[c,d]$ 上任取微小子区间 $[y,y+dy]$,并以该子区间上对应的水平矩形横条的面积为微元 $dA = \varphi(y)dy$(图6.9(a)),或 $dA = [\varphi(y) - \psi(y)]dy$(图6.9(b)),于是有 Y-型面积公式如下:

$$A = \int_c^d \varphi(y)dy \quad \text{或} \quad A = \int_c^d [\varphi(y) - \psi(y)]dy$$

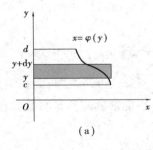 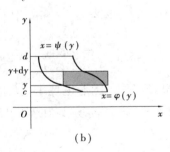

(a)      (b)

图6.9

一般地,求平面图形面积的步骤如下:

① 画图形求交点,并确定所求面积的闭区域;

②根据区域类型选取积分变量,确定积分区间及被积函数;

③代入相应公式计算定积分.

【例6.15】 求下列曲线所围成的图形面积.

(1)曲线 $y = x^2$ 与 $y = \sqrt{x}$

(2)抛物线 $y^2 = x$ 与直线 $y = x - 2$

(3)椭圆 $\begin{cases} x = a\cos t \\ y = b\sin t \end{cases} (0 \leq t \leq 2\pi)$

【解】 (1)如图 6.10(a)所示,曲线 $y = x^2$ 与 $y = \sqrt{x}$ 的交点为 $(0,0)$ 与 $(1,1)$,且图形是 X-型;$0 \leq x \leq 1, x^2 \leq y \leq \sqrt{x}$. 于是所求面积为

$$A = \int_0^1 (\sqrt{x} - x^2)\mathrm{d}x = \left( \frac{2}{3}x^{\frac{3}{2}} - \frac{1}{3}x^3 \right) \Big|_0^1 = \frac{1}{3}$$

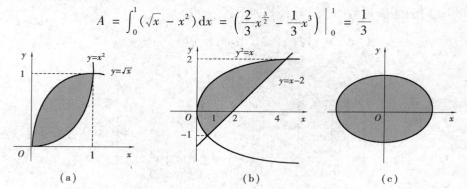

图 6.10

(2)如图 6.10(b)所示,由 $\begin{cases} y^2 = x \\ y = x - 2 \end{cases}$ 解得交点 $(1, -1)$ 与 $(4, 2)$,且图形是 Y-型：$-1 \leq y \leq 2, y^2 \leq x \leq y + 2$. 于是所求面积为

$$A = \int_{-1}^2 \left[ (y + 2) - y^2 \right]\mathrm{d}y = \left( \frac{1}{2}y^2 + 2y - \frac{1}{3}y^3 \right) \Big|_{-1}^2 = \frac{9}{2}$$

(3)如图 6.10(c)所示,由对称性得：

$$A = 4\int_0^a y\mathrm{d}x = 4\int_{\frac{\pi}{2}}^0 b\sin t\, \mathrm{d}(a\cos t) = 4ab\int_0^{\frac{\pi}{2}} \sin^2 t\mathrm{d}t$$

$$= 4ab\int_0^{\frac{\pi}{2}} \frac{1 - \cos 2t}{2}\mathrm{d}t = 2ab\left( t - \frac{1}{2}\sin 2t \right) \Big|_0^{\frac{\pi}{2}} = \pi ab$$

**说明** 例 6.15(1)中图形也是 Y-型,用 Y-型公式方法类似;而在例 6.15(2)中若作为 X-型就要划分区域,计算较复杂;在例 6.15(3)中椭圆的方程是参数方程,求面积积分时用了定积分的换元法.

一般地,设曲边梯形的曲边由参数方程 $\begin{cases} x = x(t) \\ y = y(t) \end{cases} (\alpha \leq t \leq \beta)$ 给出,则面积公式为

$$A = \int_\alpha^\beta y(t)x'(t)\mathrm{d}t$$

公式中 $\alpha,\beta$ 分别是曲边的左右端点所对应的参数.

实际应用时,上述面积公式中 $\alpha$ 不一定小于 $\beta$.

有些图形用极坐标求面积比较方便. 如图 6.11 所示的曲边扇形,以 $\theta$ 为积分变量,$\theta \in [\alpha,\beta]$,在该区间上任取微小区间 $[\theta,\theta + \mathrm{d}\theta]$,则该小区间上对应的窄曲边扇形可近似看成圆边扇形,从而得面积微元 $\mathrm{d}A = \dfrac{1}{2}r^2(\theta)\mathrm{d}\theta$,于是有曲边扇形的面积公式

$$A = \frac{1}{2}\int_{\alpha}^{\beta} r^2(\theta)\,\mathrm{d}\theta$$

【例 6.16】　如图 6.12 所示,求双纽线 $r^2 = a^2\cos 2\theta(a > 0)$ 所围成的图形面积.

【解】　由对称性得:$A = 4A_1 = 4 \times \dfrac{1}{2}\displaystyle\int_{0}^{\frac{\pi}{4}} a^2\cos 2\theta\,\mathrm{d}\theta = a^2\sin 2\theta\,\Big|_{0}^{\frac{\pi}{4}} = a^2$

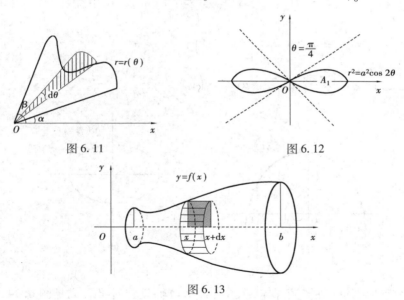

图 6.11　　　　　　　　　　图 6.12

图 6.13

## 2)旋转体的体积

如图 6.13 所示的立体是由 X-型图形绕 $Ox$ 轴旋转一周而成的旋转体,以 $x$ 为积分变量,微小区间 $[x, x + \mathrm{d}x]$ 上对应的竖直矩形窄条旋转成的薄柱体为体积微元 $\mathrm{d}V = \pi f^2(x)\mathrm{d}x$,于是可得体积公式

$$V_x = \pi\int_{a}^{b} f^2(x)\,\mathrm{d}x$$

公式推广　$V_x = \pi\displaystyle\int_{a}^{b} [f^2(x) - g^2(x)]\,\mathrm{d}x$

同样由 Y- 型图形绕 $Oy$ 轴旋转一周而成的旋转体体积公式

$$V_y = \pi \int_c^d \varphi^2(y) \, dy$$

公式推广　　$V_y = \pi \int_c^d [\varphi^2(y) - \psi^2(y)] \, dy$

这里的推广公式给出的是空心立体的体积公式.

【例 6.17】　求下列旋转体体积.

(1)由抛物线 $y = 1 - x^2$ 与 $Ox$ 轴所围图形分别绕两坐标轴旋转而成的立体体积.

(2)椭圆 $\dfrac{x^2}{a^2} + \dfrac{y^2}{b^2} = 1$ 分别绕两坐标轴旋转而成的立体体积.

(3)例 6.15(2)，(图 6.10(b))中图形绕 $Ox$ 轴旋转而成的立体体积.

【解】　(1)由对称性，绕 $Ox$ 轴旋转而成的立体体积 $V_x$ 可看成由图 6.14(a)中右边部分绕 $Ox$ 轴旋转而成的立体体积的 2 倍，而绕 $Oy$ 轴旋转的立体体积 $V_y$ 因左右两部分重合就只是 1 倍，即

$$V_x = 2\pi \int_0^1 (1 - x^2)^2 \, dx = 2\pi \int_0^1 (1 - 2x^2 + x^4) \, dx$$

$$= 2\pi \left( x - \frac{2}{3}x^3 + \frac{1}{5}x^5 \right) \bigg|_0^1 = \frac{16}{15}\pi$$

$$V_y = \pi \int_0^1 (1 - y) \, dy = \pi \left( y - \frac{1}{2}y^2 \right) \bigg|_0^1 = \frac{\pi}{2}$$

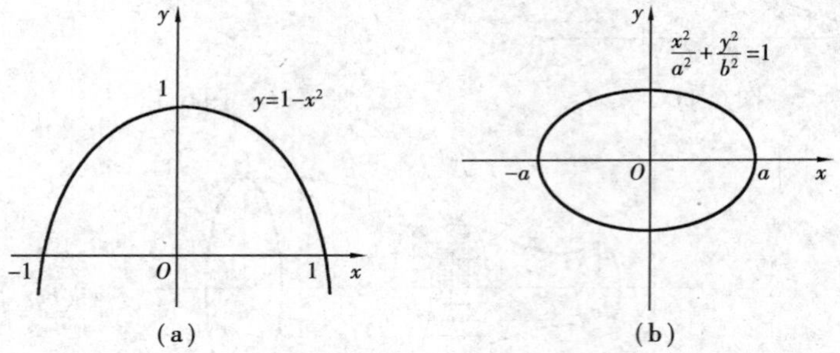

图 6.14

(2)椭圆旋转成的是旋转椭球体，绕 $Ox$（或 $Oy$）轴旋转时可看成是图 6.14(b)中上半（或右半）椭圆旋转而成的立体，即

$$V_x = \pi \int_{-a}^a y^2 \, dx = \pi \int_{-a}^a b^2 \left( 1 - \frac{x^2}{a^2} \right) dx$$

$$= \pi b^2 \left( x - \frac{x^3}{3a^2} \right) \bigg|_{-a}^a = \frac{4}{3}\pi ab^2$$

$$V_y = \pi \int_{-b}^b x^2 \, dy = \pi \int_{-b}^b a^2 \left( 1 - \frac{y^2}{b^2} \right) dy$$

$$= \pi a^2 \left( y - \frac{y^3}{3b^2} \right) \Big|_{-b}^{b} = \frac{4}{3}\pi a^2 b$$

（3）如图 6.10(b)所示图形绕 $Ox$ 轴旋转时因有重合部分（$Ox$ 轴下方的部分），所求旋转体体积 $V_x$ 应看成由图中第一象限部分旋转而成的立体体积，也就是抛物线旋转成的抛物体体积 $V_{抛}$ 与直线旋转成的圆锥体体积 $V_{锥}$ 之差，即

$$V_x = V_{抛} - V_{锥} = \pi \int_0^4 y_{抛}^2 \, \mathrm{d}x - \frac{1}{3}\pi R^2 h$$

$$= \pi \int_0^4 x \mathrm{d}x - \frac{1}{3}\pi \times 2^2 \times 2 = \frac{16}{3}\pi$$

**注　意**

在求旋转体体积时，一定要观察有无重合的部分，重合部分只能计算一次，不能重复计算，有时也可利用对称性简化计算，甚至有时还需要适当划分区域将所求立体看成两立体之差或和的形式.

### 3）平面曲线的弧长

在图 6.15 中，以 $x$ 为积分变量，微小区间 $[x, x+\mathrm{d}x]$ 上对应的弧的切线段长为弧长微元

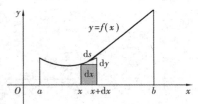

图 6.15

$$\mathrm{d}s = \sqrt{(\mathrm{d}x)^2 + (\mathrm{d}y)^2} = \sqrt{1 + \left(\frac{\mathrm{d}y}{\mathrm{d}x}\right)^2}\,\mathrm{d}x = \sqrt{1 + y'^2}\,\mathrm{d}x$$

于是可得平面曲线 $y = f(x)$（假定其导数连续）从 $x = a$ 到 $x = b$ 的一段弧长的计算公式为

$$s = \int_a^b \sqrt{1 + y'^2}\,\mathrm{d}x$$

若曲线是参数方程：$\begin{cases} x = x(t) \\ y = y(t) \end{cases}(\alpha \leqslant t \leqslant \beta)$，则弧长公式为

$$s = \int_\alpha^\beta \sqrt{x_t'^2 + y_t'^2}\,\mathrm{d}t.$$

**注　意**

弧长公式中为保证弧长为正，要求积分下限必须小于上限.

【例6.18】　求下列曲线在给定区间上的弧长.

(1)悬链线：$y = \dfrac{a}{2}(e^{\frac{x}{a}} + e^{-\frac{x}{a}})$（$-a \leqslant x \leqslant a, a > 0$），如图6.16(a)所示.

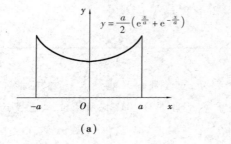

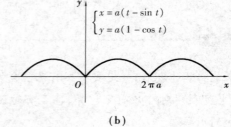

(a)　　　　　　　　　　　　　　　(b)

图6.16

(2)摆线：$\begin{cases} x = a(t - \sin t) \\ y = a(1 - \cos t) \end{cases}$（$0 \leqslant t \leqslant 2\pi, a > 0$），如图6.16(b)所示.

【解】　(1)$ds = \sqrt{1 + y'^2}\,dx = \sqrt{1 + \dfrac{1}{4}(e^{\frac{x}{a}} - e^{-\frac{x}{a}})^2}\,dx = \dfrac{1}{2}(e^{\frac{x}{a}} + e^{-\frac{x}{a}})\,dx$

所以　$s = \displaystyle\int_{-a}^{a} \sqrt{1 + y'^2}\,dx = \dfrac{1}{2}\int_{-a}^{a}(e^{\frac{x}{a}} + e^{-\frac{x}{a}})\,dx = \dfrac{a}{2}(e^{\frac{x}{a}} - e^{-\frac{x}{a}})\Big|_{-a}^{a} = a(e - e^{-1})$

(2)$ds = \sqrt{(dx)^2 + (dy)^2} = \sqrt{x_t'^2 + y_t'^2}\,dt$

$\qquad = \sqrt{a^2(1 - \cos t)^2 + a^2\sin^2 t} = a\sqrt{2(1 - \cos t)}\,dt = 2a\sin\dfrac{t}{2}\,dt$

所以　$s = \displaystyle\int_0^{2\pi} 2a\sin\dfrac{t}{2}\,dt = -4a\cos\dfrac{t}{2}\Big|_0^{2\pi} = 8a$

**注　意**

计算弧长时因被积函数往往比较复杂，所以代公式积分前通常要将弧长微元 $ds$ 充分化简.

## 6.4.2　定积分在物理上的应用

### 1)变力所做的功

如果物体受常力 $F$ 作用沿力的方向做直线运动，移动距离为 $s$，则力 $F$ 所做的功可用公式 $W = Fs$ 来计算，但如果是变力就不能用此公式计算了，而应用微元法来计算.

下面我们来求物体在变力 $F(x)$ 作用下,沿 $Ox$ 轴正向从 $a$ 移动 $b$ 到所做的功.

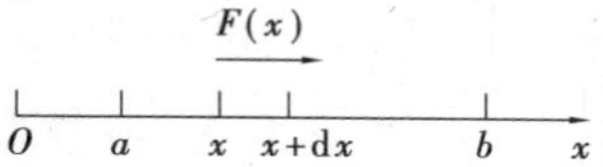

$$\xrightarrow{\quad F(x)\quad}$$

$$O\quad a\quad x\;x+dx\quad b\quad x$$

图 6.17

如图 6.17 所示,在 $[a,b]$ 上任取微小区间 $[x,x+dx]$,在这小段时间内用常力替代变力得功微元 $dW = F(x)dx$,于是有变力 $F(x)$ 沿 $Ox$ 轴正向将物体由 $x=a$ 处移动到 $x=b$ 处所做功的计算公式为 $W = \int_a^b F(x)dx$.

**【例 6.19】** 一物体按规律 $x = 2t^3$ 做直线运动,设介质的阻力与物体速度的平方成正比(比例系数 $k=7$),试求该物体由 $x=0$ 移到 $x=2$ 时克服阻力所做的功.

**【解】** 由题设可得介质阻力:$F = k{x'_t}^2 = 7(6t^2)^2 = 252t^4$. 又当 $x=0$ 时,$t=0$;当 $x=2$ 时,$t=1$,所以物体克服阻力所做的功为

$$W = \int_0^2 F(x)dx = \int_0^1 F(t)x'(t)dt = \int_0^1 252t^4 \cdot 6t^2 dt = 1\,512\int_0^1 t^6 dt = 216$$

**【例 6.20】** 已知将一弹簧拉长 2 cm 需做功 0.01 J,试求将弹簧拉长 10 cm 需做的功.

**【解】** 由于弹性恢复力与弹簧被拉长的长度成正比,于是当弹簧拉长 $x$ 时,可设其弹性恢复力为

$$F(x) = kx$$

其中,$k$ 为比例系数且 $k>0$. 又因为弹簧拉长 2 cm 所做的功为 0.01 J,所以有

$$W = \int_0^2 F(x)dx = \int_0^2 kxdx = 2k = 0.01$$

即

$$k = 0.005$$

故将弹簧拉长 10 cm 需做的功为

$$W = \int_0^{10} kxdx = \int_0^{10} 0.005xdx = 0.25 \text{ J}$$

**【例 6.21】** 将一个灌满水且半径为 2 m 的半球形水池全部抽干,需做多少功?

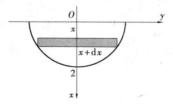

图 6.18

**【解】** 如图 6.18 所示,以球心为原点,铅直向下为正向 $x$ 轴,建立平面直角坐标系. 则水池所在圆的方程为 $x^2 + y^2 = 4$,以 $x$ 为积分变量,于是 $x \in [0,2]$,在 $[0,2]$ 上任取微小子区间 $[x,x+dx]$,对应于该微小子区间上的重力元素为

$$dF = \gamma g dV = \gamma g \pi y^2 dx = \gamma g \pi (4 - x^2) dx$$

又抽出对应于该微小子区间上的这一层水所做的位移为 $x$，于是对应的功元素为

$$dW = x dF = \gamma g \pi (4 - x^2) x dx$$

故抽干水池中全部水需做功为

$$W = \int_0^2 \gamma g \pi (4 - x^2) x dx = 4\pi\gamma g \approx 123.15 \text{ kJ}$$

### 2）液体的压力

设有一块薄板垂直放在密度为 $\gamma$ 的液体中，求液体对薄板的压力.

由物理学知，在液体深为 $h$ 处的压强为 $p = g\gamma h$，如果薄板是水平放置，则其各处压强均匀，于是薄板所受压力为 $F = pA = g\gamma hA$（其中 $A$ 为薄板的面积）. 如今薄板是垂直放置，薄板上不同深度的压强不同，因而整个薄板所受压力呈非均匀分布，这就要用定积分的微元法来计算了. 下面结合具体实例来说明这种方法.

【例 6.22】 一个横放的半径为 $R$ 的圆柱形铁桶盛有半桶油（油的密度为 $\gamma$），试计算桶的一个端面所受的压力.

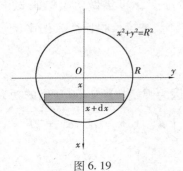

图 6.19

【解】 图 6.19 是铁桶一个端面的示意图，如图选取坐标系，则圆的方程为 $x^2 + y^2 = R^2$，取 $x$ 为积分变量，在其变化区间 $[0, R]$ 上任取微小区间 $[x, x + dx]$，视所对应的细横条为矩形且认为其上压强不变，则所受压力的近似值即压力微元为：$dF = \gamma g x dA = 2\gamma g x \sqrt{R^2 - x^2} dx$，于是端面所受压力为

$$F = \int_0^R 2\gamma g x \sqrt{R^2 - x^2} dx = -\gamma g \int_0^R \sqrt{R^2 - x^2} d(R^2 - x^2)$$

$$= -\frac{2}{3}\gamma g (R^2 - x^2)^{\frac{3}{2}} \Big|_0^R = \frac{2}{3}\gamma g R^3$$

### 3）连续函数的平均值

有限个量的平均值定义：$\bar{y} = \frac{1}{n}\sum_{i=1}^n y_i$，可推广到定义无限量的平均值.

定义 6.5 连续函数 $f(x)$ 在区间 $[a, b]$ 上的平均值是指将 $[a, b]$ $n$ 等分后，各等分点 $x_i (i = 0, 1, 2, \cdots, n$ 且 $x_0 = a, x_n = b)$ 的函数值的平均值的极限，即

$$\overline{y} = \lim_{\lambda \to 0} \frac{1}{n} \sum_{i=1}^{n} f(x_i) = \lim_{\lambda \to 0} \frac{1}{b-a} \sum_{i=1}^{n} f(x_i) \Delta x_i = \frac{1}{b-a} \int_a^b f(x) \, dx$$

其中,$\lambda = \Delta x_i = x_i - x_{i-1} = \dfrac{b-a}{n}$.

上述定义给出了连续函数 $f(x)$ 在 $[a,b]$ 上的平均值计算公式为:$\overline{y} = \dfrac{1}{b-a} \int_a^b f(x) \, dx$.

该公式也可用积分中值定理的几何意义(曲边梯形的平均高)来理解,如图 6.20 所示.

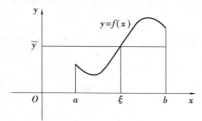

图 6.20

【例 6.23】 求函数 $y = \sqrt[3]{x^2}$ 在区间 $[0,8]$ 上的平均值.

【解】 $\overline{y} = \dfrac{1}{8-0} \int_0^8 \sqrt[3]{x^2} \, dx = \dfrac{1}{8} \times \dfrac{3}{5} x^{\frac{5}{3}} \Big|_0^8 = \dfrac{12}{5}$

【例 6.24】 设交流电的电动势 $E = E_0 \sin \omega t$,试求在半个周期内的平均电动势.

【解】 交流电的电动势周期 $T = \dfrac{2\pi}{\omega}$,本题即求在 $\left[0, \dfrac{\pi}{\omega}\right]$ 的平均电动势,所以

$$\overline{E} = \frac{1}{\dfrac{\pi}{\omega}-0} \int_0^{\frac{\pi}{\omega}} E_0 \sin \omega t \, dt = \frac{\omega}{\pi} E_0 \frac{1}{\omega} (-\cos \omega t) \Big|_0^{\frac{\pi}{\omega}} = \frac{2E_0}{\pi}$$

# 习题 6.4

1. 求由下列曲线所围成的图形面积.

(1) 抛物线 $y^2 = x$ 与直线 $y = x$.

(2) 两条抛物线 $y = x^2$,$y = (x-2)^2$ 与 $Ox$ 轴.

(3) 三条直线 $y = x$,$y = 2x$,$y = 2$.

(4) 双曲线 $xy = 1$ 与直线 $y = x$ 及 $x = 2$.

(5) 摆线的一拱 $\begin{cases} x = a(t - \sin t) \\ y = a(1 - \cos t) \end{cases}$ $(0 \leqslant t \leqslant 2\pi, a > 0)$ 与 $Ox$ 轴.

(6) 心形线 $r = a(1 + \cos \theta)(a > 0)$.

(7) 三叶玫瑰线 $r = a \sin 3\theta (a > 0)$.

2. 求下列旋转体体积.

（1）由抛物线 $y^2 = x$ 与直线 $y = x$ 所围成的图形分别绕两条坐标轴旋转而成的立体体积.

（2）由抛物线 $y = x^2 + 2$ 与直线 $x = 1$ 及两条坐标轴所围成的图形分别绕两条坐标轴旋转而成的立体体积.

（3）由两条抛物线 $y = x^2$，$y = (x - 2)^2$ 与 $Ox$ 轴所围成的图形绕 $Ox$ 轴旋转而成的立体体积.

（4）由抛物线 $y = x^2$ 与直线 $y = x + 2$ 所围成的图形绕 $Oy$ 轴旋转而成的立体体积.

3. 求下列曲线在给定区间上的弧长.

（1）$y^2 = x^3 (0 \leqslant x \leqslant 1)$　　（2）星形线：$\begin{cases} x = a \cos^3 t \\ y = a \sin^3 t \end{cases} (0 \leqslant t \leqslant 2\pi)$

4. 有一质点按规律 $x = t^4$ 做直线运动，介质阻力与速度成正比（比例系数为 $k$），求质点从 $x = 0$ 到 $x = 1$ 克服介质阻力所做的功.

5. 已知 1 N 的力能使某弹簧拉长 1 cm，求使弹簧拉长 5 cm 拉力所做的功.

6. 有一个宽 2 m、高 3 m 的矩形水闸门，闸门在水下，且其宽与水面平行，求闸门一侧所受到的压力.

7. 已知自由落体运动 $s = \dfrac{1}{2} gt^2$，求从 $t = 0$ 到 $t = T$ 时这段时间内的平均速度.

8. 求函数 $y = 5 + 2 \sin x - 3 \cos x$ 在区间 $[0, \pi]$ 上的平均值.

# 本章小结

1. 基本内容

1）定积分定义

$$\int_a^b f(x) \, \mathrm{d}x = \lim_{\lambda \to 0} \sum_{i=1}^n f(\xi_i) \Delta x_i$$

2）定积分几何意义

定积分在几何上表示一个由曲线 $y = f(x)$ 与直线 $x = a$，$x = b$ 及 $x$ 轴所围成的曲边梯形的面积. 具体如下：

当 $f(x) \geqslant 0$，图形在 $x$ 轴上方，积分值为正，有

$$\int_a^b f(x) \, \mathrm{d}x = A$$

当 $f(x) \leqslant 0$，图形在 $x$ 轴下方，积分值为负，有

$$\int_a^b f(x)\,\mathrm{d}x = -A$$

当 $f(x)$ 在 $[a,b]$ 上有正有负时,则积分值就等于曲线 $y = f(x)$ 在 $x$ 轴上方部分与下方部分面积的代数和,其中上方部分取正,下方部分取负.

3)定积分性质

线性性、可加性、积分中值定理、比较不等式、估值不等式.

4)变上限的积分函数(或称变上限的定积分)定义

$$\varphi(x) = \int_a^x f(t)\,\mathrm{d}t \ (a \leqslant x \leqslant b)$$

5)求导公式

$$\frac{\mathrm{d}}{\mathrm{d}x}\int_a^x f(t)\,\mathrm{d}t = f(x)$$

$$\frac{\mathrm{d}}{\mathrm{d}x}\int_a^{u(x)} f(t)\,\mathrm{d}t = f[u(x)]u'(x)$$

$$\frac{\mathrm{d}}{\mathrm{d}x}\Big[\int_{v(x)}^{u(x)} f(t)\,\mathrm{d}t\Big] = f[u(x)]u'(x) - f[v(x)]v'(x)$$

6)牛顿 - 莱布尼兹公式

若 $f(x)$ 在 $[a,b]$ 上连续且 $F'(x) = f(x)$,则

$$\int_a^b f(x)\,\mathrm{d}x = F(b) - F(a)$$

7)定积分的换元积分公式

$$\int_a^b f(x)\,\mathrm{d}x \xrightarrow[a=\varphi(\alpha),b=\varphi(\beta)]{x=\varphi(t),\,\mathrm{d}x=\varphi'(t)\mathrm{d}t} \int_\alpha^\beta f[\varphi(t)]\varphi'(t)\,\mathrm{d}t$$

8)具有奇偶性的被积函数在对称区间上的积分公式

$$\int_{-a}^a f(x)\,\mathrm{d}x = \begin{cases} 2\int_0^a f(x)\,\mathrm{d}x & f(x) \text{ 为连续偶函数} \\ 0 & f(x) \text{ 为连续奇函数} \end{cases}$$

9)定积分的分部积分公式

$$\int_a^b u\,\mathrm{d}v = (uv)\Big|_a^b - \int_a^b v\,\mathrm{d}u \quad \text{或} \quad \int_a^b uv'\,\mathrm{d}x = (uv)\Big|_a^b - \int_a^b vu'\,\mathrm{d}x$$

10)无穷区间上的广义积分(或称无穷积分)的计算公式

若 $F'(x) = f(x)$,则

$$\int_a^{+\infty} f(x)\,\mathrm{d}x = F(x)\Big|_a^{+\infty} = \lim_{x\to+\infty} F(x) - F(a)$$

$$\int_{-\infty}^b f(x)\,\mathrm{d}x = F(x)\Big|_{-\infty}^b = F(b) - \lim_{x\to-\infty} F(x)$$

$$\int_{-\infty}^{+\infty} f(x)\,\mathrm{d}x = F(x)\Big|_{-\infty}^{+\infty} = \lim_{x\to+\infty} F(x) - \lim_{x\to-\infty} F(x)$$

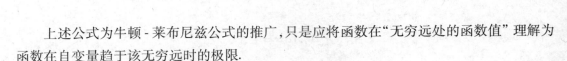

上述公式为牛顿 - 莱布尼兹公式的推广,只是应将函数在"无穷远处的函数值"理解为函数在自变量趋于该无穷远时的极限.

11) 无界函数的广义积分(或称瑕积分) 的计算公式

若 $F'(x) = f(x)$ ,则

当 $x = a$ 为瑕点,有

$$\int_a^b f(x)\,\mathrm{d}x = F(x)\,\Big|_{a^+}^b = F(b) - \lim_{x \to a^+} F(x)$$

当 $x = b$ 为瑕点,有

$$\int_a^b f(x)\,\mathrm{d}x = F(x)\,\Big|_b^{b^-} = \lim_{x \to b^-} F(x) - F(a)$$

当 $x = a$ 与 $x = b$ 均为瑕点,有

$$\int_a^b f(x)\,\mathrm{d}x = F(x)\,\Big|_{a^+}^{b^-} = \lim_{x \to b^-} F(x) - \lim_{x \to a^+} F(a)$$

上述公式也是由牛顿 - 莱布尼兹公式推广,只是应将函数在"瑕点处的函数值"理解为函数在自变量趋于该瑕点时的左极限或右极限.

12) 定积分的微元法

如果所求量 $U$ 是一个非均匀分布在区间 $[a,b]$ 上且对该区间具有可加性的量,那么可用定积分的微元法计算,具体步骤如下:

(1) 选取积分变量 $x$ ,确定积分区间 $[a,b]$ ,并在 $[a,b]$ 上任取子区间 $[x,x + \mathrm{d}x]$ ,求出对应于该子区间上的部分量的近似值(称为微元) $\mathrm{d}U = f(x)\mathrm{d}x$ ;

(2) 计算定积分

$$U = \int_a^b f(x)\,\mathrm{d}x$$

13) 定积分在几何上的应用

● 平面图形的面积公式与旋转体的体积公式

(1)(X- 型公式) 图形所占区域为 $a \le x \le b, g(x) \le y \le f(x)$ 的面积公式

$$A = \int_a^b [f(x) - g(x)]\,\mathrm{d}x$$

上述图形绕 $x$ 轴旋转一周所形成的旋转体体积公式

$$V_x = \pi \int_b^a [f^2(x) - g^2(x)]\,\mathrm{d}x$$

(2)(Y- 型公式) 图形所占区域为 $c \le y \le \mathrm{d}, \psi(y) \le x \le \varphi(y)$ 的面积公式

$$A = \int_c^d [\varphi(y) - \psi(y)]\,\mathrm{d}y$$

上述图形绕 $y$ 轴旋转一周所形成的旋转体体积公式

$$V_y = \pi \int_c^d [\varphi^2(y) - \psi^2(y)]\,\mathrm{d}y$$

（3）当曲边梯形的曲边由参数方程 $\begin{cases} x = x(t) \\ y = y(t) \end{cases} (\alpha \le t \le \beta)$ 给出时，则曲边梯形面积计算公式为

$$A = \int_a^b y\mathrm{d}x = \int_\alpha^\beta \varphi(t)\mathrm{d}\psi(t) = \int_\alpha^\beta \varphi(t)\psi'(t)\mathrm{d}t$$

其中，$\alpha$ 与 $\beta$ 分别是曲边的左、右端点所对应的参数值（注意，不一定有 $\alpha < \beta$）.

（4）极坐标系下的平面图形面积公式：

若图形所占区域为 $\alpha \le \theta \le \beta, \psi(\theta) \le r \le \varphi(\theta)$，则面积公式为

$$A = \frac{1}{2}\int_\alpha^\beta [\varphi^2(\theta) - \psi^2(\theta)]\mathrm{d}\theta$$

- 平面曲线弧长计算公式

（1）曲线方程为 $y = f(x), x \in [a,b]$，则弧长为

$$s = \int_a^b \sqrt{1 + y'^2}\,\mathrm{d}x$$

注意，公式中 $a < b$.

（2）曲线方程为 $\begin{cases} x = x(t) \\ y = y(t) \end{cases} (\alpha \le t \le \beta)$，则弧长为

$$s = \int_\alpha^\beta \sqrt{x_t'^2 + y_t'^2}\,\mathrm{d}t$$

注意，公式中 $\alpha < \beta$.

14）连续函数 $y = f(x)$ 在区间 $[a,b]$ 上的平均值公式

$$\bar{y} = \frac{1}{b-a}\int_a^b f(x)\mathrm{d}x$$

15）定积分在物理上的应用

利用定积分的微元法求变力作功、液体的压力等.

2. 基本题型及解题方法

（1）利用变上限的积分函数的求导公式求变上限的积分函数的导数.

（2）定积分的计算题型：

① 利用定积分定义计算定积分. 即分割取近似，求和取极限.

② 利用定积分的几何意义计算定积分. 画出定积分的图形，并求出图形的面积即可.

③ 利用牛顿 - 莱布尼兹公式计算定积分. 即先利用不定积分的方法求出原函数，再代入牛顿 - 莱布尼兹公式代限求增量.

④ 利用定积分的换元公式计算定积分. 此题型一定注意换元必须换限，但如果没有换元，即使积分微元有改变也不需要换限. 定积分的换元法与不定积分一样常用于被积函数含有根号的积分，换元的主要目的是去根号.

⑤ 利用具有奇偶性的被积函数在对称区间上的积分公式计算定积分.

⑥利用定积分的分部积分公式计算两类不同函数乘积的定积分,此题型应注意正确选取 $u$ 及 $\mathrm{d}v$,其选取方法与不定积分完全一样.

⑦被积函数为分段函数或含有绝对值的定积分计算题型. 利用定积分的可加性分区间分段积分.

（3）广义积分计算题型:

①无穷区间上的广义积分（或称无穷积分）. 仍利用牛顿 - 莱布尼兹公式计算,注意应将函数在"无穷远处的函数值"理解为函数在自变量趋于该无穷远时的极限.

②无界函数的广义积分（或称瑕积分）. 仍利用牛顿 - 莱布尼兹公式计算,注意应将函数在"瑕点处的函数值"理解为函数在自变量趋于该瑕点时的左极限或右极限,其中上限为瑕点取左极限,下限为瑕点取右极限.

（4）定积分的应用题型:

①利用 X- 型或 Y- 型公式计算平面图形面积与旋转体体积. 基本步骤为:画图形求交点,确定图形类型,根据图形类型或被积函数特点选取积分变量并确定被积函数,最后再计算定积分即可.

②利用曲边梯形的曲边为参数方程时的面积公式计算曲边梯形面积.

③利用极坐标下的面积公式计算平面图形面积.

④利用定积分求连续函数在给定区间上的平均值.

⑤定积分在物理上的应用题:利用定积分的微元法求变力做功、液体的压力等.

# 综合练习题 6

1. 填空题.

（1）$\dfrac{\mathrm{d}}{\mathrm{d}x}\displaystyle\int_a^b f(x)\,\mathrm{d}x = $ _____ ;$\dfrac{\mathrm{d}}{\mathrm{d}a}\displaystyle\int_a^b f(x)\,\mathrm{d}x = $ _____ ;$\dfrac{\mathrm{d}}{\mathrm{d}b}\displaystyle\int_a^{b^2} f(x)\,\mathrm{d}x$ _____ .

（2）$\displaystyle\int_{-1}^{1}\dfrac{1-\sin^3 x}{1+x^2}\mathrm{d}x = $ _____ ;$\displaystyle\int_{-2}^{2}|1-x|\,\mathrm{d}x = $ _____ .

（3）函数 $y = 2xe^{-x}$ 在 $[0,2]$ 上的平均值 $\bar{y} = $ _____ .

（4）$\displaystyle\int_{1}^{+\infty}\dfrac{1}{1+x^2}\mathrm{d}x = $ _____ ;$\displaystyle\int_{-\infty}^{+\infty}\sin x\,\mathrm{d}x = $ _____ .

（5）$\displaystyle\int_{0}^{2}\dfrac{1}{\sqrt{4-x^2}}\mathrm{d}x = $ _____ ;$\displaystyle\int_{-1}^{1}\dfrac{1}{x^2}\mathrm{d}x = $ _____ .

（6）连续曲线 $y = f(x)(f(x) \geqslant 0)$ 与直线 $x = a,x = b(a < b)$ 及 $Ox$ 轴围成的图形面积 $A = $ _____ .

（7）连续曲线 $y = f(x)(f(x) < 0)$ 与直线 $x = a,x = b(a < b)$ 及 $Ox$ 轴围成的图形绕 $Ox$

轴旋转而成的立体体积 $V_x =$ _____.

(8)曲线 $y = x^2$ 与直线 $y = 2$ 及 $Oy$ 轴围成的图形绕 $Oy$ 轴旋转而成的立体体积 $V_y =$ _____.

(9)写出下列图形阴影部分的面积的积分表达式(不计算).

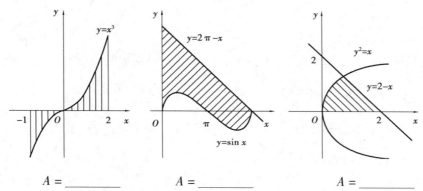

$A =$ _____        $A =$ _____        $A =$ _____

2. 选择题.

(1)定积分是( ).

  A. 一个原函数      B. 一个函数族      C. 一个常数      D. 一个非负常数

(2)若 $f(x),g(x)$ 均为连续函数,且 $f(x) \neq g(x)$,则( ).

  A. $f'(x) \neq g'(x)$             B. $\int f(x)\,dx \neq \int g(x)\,dx$

  C. $\int_a^b f(x)\,dx \neq \int_a^b g(x)\,dx$      D. $\int_a^b f(x)\,dx \neq \int_a^b f(t)\,dt$

(3)若 $f(x),g(x)$ 均为连续函数,且 $f'(x) = g'(x)$,则( ).

  A. $f(x) = g(x)$             B. $f(x) = g(x) + C$

  C. $\int f(x)\,dx = \int g(x)\,dx$      D. $\int_a^b f(x)\,dx = \int_a^b g(x)\,dx$

(4)变上限定积分 $\int_a^x f(t)\,dt$ 是( ).(其中,$f(x)$ 为连续函数)

  A. $f(x)$ 的一个原函数      B. $f(x)$ 的所有原函数

  C. $f'(x)$ 的一个原函数      D. $f'(x)$ 的所有原函数

(5)若 $\int_0^1 (2x + k)\,dx = 2$,则 $k = ($    $)$.

  A. 0          B. $-1$          C. 1          D. $\dfrac{1}{2}$

(6)$\int_{-1}^1 \dfrac{1 + \sin x}{\sqrt{4 - x^2}}\,dx = ($    $)$.

  A. $\dfrac{2}{3}\pi$          B. $\dfrac{\pi}{3}$          C. $\dfrac{\pi}{6}$          D. 0

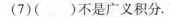

（7）（    ）不是广义积分.

A. $\int_0^1 \dfrac{x}{\sqrt{1-x^2}}\mathrm{d}x$　　B. $\int_{-\infty}^0 \mathrm{e}^{2x}\mathrm{d}x$　　C. $\int_1^{+\infty} \dfrac{1}{x^2(x+1)}\mathrm{d}x$　　D. $\int_0^1 \dfrac{1}{\sqrt{1+x^2}}\mathrm{d}x$

（8）使 $\int_1^{+\infty} f(x)\mathrm{d}x = 1$ 成立的 $f(x) = ($    $)$.

A. $\dfrac{1}{x^2}$　　　　B. $\dfrac{1}{x}$　　　　C. $\mathrm{e}^{-x}$　　　　D. $\dfrac{1}{1+x^2}$

（9）曲线 $y=f(x),y=g(x)$ 与直线 $x=a,x=b(a<b)$ 围成的图形的面积 $A = ($    $)$.

A. $\int_a^b [f(x)-g(x)]\mathrm{d}x$　　　　　　B. $\int_a^b [g(x)-f(x)]\mathrm{d}x$

C. $\int_a^b |f(x)-g(x)|\mathrm{d}x$　　　　　　D. $\left| \int_a^b [f(x)-g(x)]\mathrm{d}x \right|$

（10）连续函数 $f(x)$ 在 $[a,b]$ 上的平均值为（    ）.

A. $\dfrac{1}{b-a}\int_a^b \dfrac{f(x)}{2}\mathrm{d}x$　　　　　　B. $\dfrac{1}{2}[f(b)+f(a)]$

C. $\dfrac{1}{2}[f(b)-f(a)]$　　　　　　D. $\dfrac{1}{b-a}\int_a^b f(x)\mathrm{d}x$

3. 求下列定积分或广义积分.

（1）$\int_1^e \dfrac{2+\ln x}{x}\mathrm{d}x$　　　　（2）$\int_0^1 t\mathrm{e}^{-\frac{t^2}{2}}\mathrm{d}t$　　　　（3）$\int_0^1 \dfrac{\sqrt{x}}{2-\sqrt{x}}\mathrm{d}x$

（4）$\int_0^1 y^2\sqrt{1-y^2}\mathrm{d}y$　　　　（5）$\int_0^1 \dfrac{1}{\sqrt{1+\mathrm{e}^x}}\mathrm{d}x$　　　　（6）$\int_0^{\ln 2} x\mathrm{e}^{-x}\mathrm{d}x$

（7）$\int_0^2 \ln(3+x)\mathrm{d}x$　　　　（8）$\int_0^{\frac{\pi}{2}} x\sin 2x\mathrm{d}x$　　　　（9）$\int_0^{2\pi} x\cos^2 x\mathrm{d}x$

（10）$\int_1^e \cos\ln x\mathrm{d}x$　　　　（11）$\int_0^{+\infty} x\mathrm{e}^{-x^2}\mathrm{d}x$　　　　（12）$\int_{-\infty}^0 \mathrm{e}^{ax}\mathrm{d}x$　$(a>0)$

（13）$\int_{-\infty}^{+\infty} \dfrac{1}{5+4x+4x^2}\mathrm{d}x$　　　（14）$\int_1^2 \dfrac{x}{\sqrt{x-1}}\mathrm{d}x$　　　（15）$\int_0^1 \dfrac{x}{\sqrt{1-x^2}}\mathrm{d}x$

4. 定积分的应用.

（1）求抛物线 $y=-x^2+4x-3$ 与抛物线上两点 $(0,-3),(3,0)$ 处的切线所围成的图形面积.

（2）求 $xy=3$ 与 $y=4-x$ 所围成的图形面积及其分别绕 $Ox$ 轴与 $Oy$ 轴旋转而成的立体体积.

（3）求抛物线 $y^2=2x$ 与直线 $y=x-4$ 所围成的图形面积及其绕 $Ox$ 轴旋转而成的立体体积.

（4）弹簧压缩所受的力与压缩距离成正比（$k$ 为比例系数），现弹簧由原长压缩了6 cm，问需做多少功?

（5）有一底为 8 m,高为 6 m 的等腰三角形薄片垂直沉在水中,顶在上、底在下且与水面平行,顶离水面 3 m,试求它侧面所受的压力.

# 7 常微分方程与拉普拉斯变换

函数是客观事物的内部联系在数量上的反映. 我们在研究科学技术现象的某一客观规律时, 往往需要找出变量之间的函数关系. 因此, 如何寻求函数关系, 在实践中具有重要意义. 事实上, 由于客观世界的复杂性, 在很多情况下, 直接找到某些函数关系是不太容易的, 但有时可以建立函数及其导数之间的数学模型, 即关系式, 通过这种关系式我们便可以得到所要求的函数. 这就是所谓的微分方程.

微分方程在自然科学、工程技术、生物、经济、物理、地质等领域都有广泛的应用.

## 7.1 常微分方程的概念

### 7.1.1 问题的提出

我们通过两个具体例子来说明微分方程的基本概念.

【引例 7.1】 已知曲线过点 $(0,1)$, 且在该曲线上任一点 $M(x,y)$ 处的切线斜率为 $3x^2$, 求这条曲线的方程.

【解】 设所求曲线的方程是 $y = f(x)$. 根据导数的几何意义, 可知未知函数 $y = f(x)$ 应满足关系式

$$\frac{dy}{dx} = 3x^2 \tag{1}$$

两边积分, 得

$$y = \int 3x^2 dx \quad 即 \quad y = x^3 + c \tag{2}$$

其中, $c$ 是任意常数.

此外, 未知函数还应该满足条件:

$$当 x = 0 时, y = 1 \tag{3}$$

把式 (3) 代入式 (2), 有

$$1 = 0 + c$$

由此确定出 $c = 1$.

把 $c = 1$ 代入式(2),即得所求曲线方程

$$y = x^3 + 1 \tag{4}$$

【引例7.2】 已知自由落体运动的速度方程是 $\dfrac{\mathrm{d}s}{\mathrm{d}t} = gt$,求自由落体运动的路程 $s$ 与时间 $t$ 的函数关系.

【解】 已知

$$\frac{\mathrm{d}s}{\mathrm{d}t} = gt \tag{1$'$}$$

两边积分,得

$$s = \int gt \mathrm{d}t$$

即

$$s = \frac{1}{2}gt^2 + c \tag{2$'$}$$

其中,$c$ 是任意常数.

此外,根据自由落体运动规律,此方程还应该满足条件:

$$当\ t = 0\ 时,\ s = 0 \tag{3$'$}$$

把式(3$'$)代入式(2$'$),有

$$0 = \frac{1}{2}g \cdot 0^2 + c$$

由此确定出 $c = 0$.

把 $c = 0$ 代入式(2$'$),即得自由落体运动的位移方程:

$$s = \frac{1}{2}gt^2 \tag{4$'$}$$

## 7.1.2 微分方程的概念

上述两个引例中的式(1)和式(1$'$)都含有未知函数的导数,它们都是微分方程.

一般地,含有未知函数的导数(或微分)的方程称为**微分方程**. 其中,未知函数是一元函数的微分方程,称为**常微分方程**;未知函数是多元函数的微分方程,称为**偏微分方程**. 本章只讨论常微分方程.

例如 (a)$y' + x = 0$

(b)$xy^2 \mathrm{d}x + x^3 y \mathrm{d}y = 0$

(c)$\dfrac{\mathrm{d}^2 s}{\mathrm{d}t^2} = a$

(d)$xy''' - x^2 y'' = y^3$

等都是微分方程.

微分方程中所出现的未知函数的最高阶导数的阶数,称为**微分方程的阶**. 如上述(a)和(b)是一阶微分方程,(c)是二阶微分方程,(d)是三阶微分方程.

如果把某一函数代入一个微分方程后，使得该方程成为恒等式，那么这个函数就称为微分方程的一个**解**. 如两个引例中的式（4）和式（4'）就是微分方程式（1）和式（1'）的解.

如果微分方程的解中含有任意常数，且任意常数相互独立（即它们不能合并而使得任意常数的个数减少）的个数与微分方程的阶数相同，这样的解称为微分方程的**通解**. 例如引例中的式（2）和式（2'）就是微分方程式（1）和式（1'）的通解.

由于通解中含有任意常数，所以它还不能完全确定地反映某一客观事物的规律性. 要完全确定地反映客观事物的规律性，必须确定这些常数的值.

不含有任意常数的解，称为微分方程的**特解**. 如引例中的函数（4）和（4'）就是微分方程式（1）和式（1'）的特解.

用来确定微分方程通解中任意常数的值的条件称为**初始条件**. 如引例中的式（3）和式（3'）就是初始条件.

带有初始条件的微分方程的求解问题称为**初值问题**. 如两个引例都是初值问题.

一般地，微分方程的一个解对应于平面上的一条曲线，称为微分方程的**积分曲线**；通解对应于平面上的无穷多条曲线，称为该方程的**积分曲线族**.

【例 7.1】 验证函数

$$s = c_1 \cos kt + c_2 \sin kt \tag{5}$$

是微分方程

$$\frac{\mathrm{d}^2 s}{\mathrm{d}t^2} + k^2 s = 0 \tag{6}$$

的通解，且 $c_1, c_2$ 及 $k$ 均为常数，且 $k > 0$.

【解】 求所给函数（5）的导数：

$$\frac{\mathrm{d}s}{\mathrm{d}t} = -kc_1 \sin kt + kc_2 \cos kt \tag{7}$$

$$\frac{\mathrm{d}^2 s}{\mathrm{d}t^2} = -k^2 c_1 \cos kt - k^2 c_2 \sin kt$$

$$= -k^2 (c_1 \cos kt + c_2 \sin kt) \tag{8}$$

将式（5）和式（8）代入微分方程（6）得

$$-k^2 (c_1 \cos kt + c_2 \sin kt) + k^2 (c_1 \cos kt + c_2 \sin kt) = 0$$

这是一个恒等式，函数（5）含有两个相互独立的任意常数，且微分方程是二阶的，所以函数（5）是微分方程（6）的通解.

【例 7.2】 已知函数（5）是微分方程（6）的通解，求满足初始条件 $s\big|_{t=0} = A, \dfrac{\mathrm{d}s}{\mathrm{d}t}\bigg|_{t=0} = 0$ 的特解.

【解】 将 $s\big|_{t=0} = A, \dfrac{\mathrm{d}s}{\mathrm{d}t}\bigg|_{t=0} = 0$ 代入式（5）和式（7），得

$$c_1 = A, c_2 = 0 \qquad\qquad (9)$$

将式(9)代入式(5),得所求的特解为

$$s = A \cos kt$$

【例 7.3】 求微分方程 $y''' = e^{2x}$ 的通解.

【解】 将微分方程 $y''' = e^{2x}$ 两边积分得

$$y'' = \int e^{2x} dx = \frac{1}{2} e^{2x} + c_1$$

继续积分得

$$y' = \int \left( \frac{1}{2} e^{2x} + c_1 \right) dx = \frac{1}{4} e^{2x} + c_1 x + c_2$$

两边再次积分得

$$y = \int \left( \frac{1}{4} e^{2x} + c_1 x + c_2 \right) dx = \frac{1}{8} e^{2x} + \frac{1}{2} c_1 x^2 + c_2 x + c_3$$

即为原方程的通解,其中 $c_1, c_2, c_3$ 均为任意常数.

# 习题 7.1

1. 说出下列微分方程的阶数.

(1) $x(y')^2 - 2yy' + x = 0$ 　　　　　　　(2) $x^2 y'' - xy' + y = 0$

(3) $xy''' + 2y' + x^2 y^5 = 0$ 　　　　　　(4) $(7x - 5y)dx + (x + y)dy = 0$

2. 判断下列各题中的函数是否为所给微分方程的解.

(1) $xy' = 2y, \quad y = 5x^2$ 　　　　　　　(2) $y'' - 2y' + y = 0, \quad y = x^2 e^x$

3. 求下列微分方程的通解.

(1) $\dfrac{dy}{dx} = 5$ 　　　　　　　　　　　(2) $\dfrac{d^2 y}{dx^2} = \cos x$

(3) $\dfrac{dy}{dx} = \dfrac{1}{x}$ 　　　　　　　　　　(4) $\dfrac{d^2 y}{dx^2} = x^2$

4. 求出下列微分方程满足所给初始条件的特解.

(1) $\dfrac{dy}{dx} = \sin x, \quad y\big|_{x=0} = 1$

(2) $\dfrac{d^2 y}{dx^2} = 6x, \quad y\big|_{x=0} = 0, \quad \dfrac{dy}{dx}\bigg|_{x=0} = 2$

## 7.2 可分离变量的微分方程

有些微分方程形式很简单，如 $dy = 2xy dx$，将该方程变形成 $\dfrac{dy}{y} = 2x dx$，两边分别积分得

$$\int \frac{dy}{y} = \int 2x dx \qquad \ln|y| = x^2 + c$$

所以通解为 $y = \pm e^{x^2+c} = ce^{x^2}$，其中 $c = \pm e^c$ 仍是任意常数.

一般地，如果一个一阶微分方程能化成

$$g(y) dy = f(x) dx$$

的形式，那么原方程称为**可分离变量的微分方程**.

从上例可得解这类微分方程的步骤：

（1）分离变量　$g(y) dy = f(x) dx$；

（2）两边积分　$\displaystyle\int g(y) dy = \int f(x) dx$；

（3）求积分得通解　$G(y) = F(x) + c$，其中，$G'(y) = g(y)$，$F'(x) = f(x)$；

（4）若给出了初始条件，确定 $c$ 的值，求出特解.

【例 7.4】　求微分方程 $\dfrac{dy}{dx} = 3x^2 y$ 的通解.

【解】　分离变量得

$$\frac{1}{y} dy = 3x^2 dx$$

两边积分，得

$$\int \frac{1}{y} dy = \int 3x^2 dx$$

从而有

$$\ln|y| = x^3 + c$$

即

$$y = \pm e^{x^3+c} = \pm e^c e^{x^3}$$

因为 $\pm e^c$ 仍是任意常数，则把它记作 $c$，得方程的通解为

$$y = ce^{x^3}$$

以后为了运算方便，可将 $\ln|y|$ 写成 $\ln y$.

【例 7.5】　求微分方程 $y' = e^{x-y}$ 满足初始条件 $y|_{x=0} = 0$ 的特解.

【解】　原方程可写成 $\dfrac{dy}{dx} = e^{x-y}$. 分离变量得

$$e^y dy = e^x dx$$

两边积分得

$$\int e^y dy = \int e^x dx$$

$$e^y = e^x + c$$

将 $y\big|_{x=0} = 0$ 代入，得 $c = 0$. 于是所求微分方程的特解是

$$e^y = e^x, \quad 即 \quad y = x$$

【例 7.6】　放射性元素铀由于不断地有原子放射出微粒子而变成其他元素，铀的含量就不断减少，这种现象称为衰变. 由原子物理学可知，铀的衰变速度与当时未衰变的原子的含量 $M$ 成正比. 已知 $t = 0$ 时铀的含量为 $M_0$，求在衰变过程中铀含量 $M(t)$ 随时间 $t$ 变化的规律.

【解】　铀的衰变速度就是 $M(t)$ 对时间 $t$ 的导数 $\dfrac{dM}{dt}$. 由于铀的衰变速度与其含量成正比，故得微分方程

$$\frac{dM}{dt} = -\lambda M \tag{1}$$

其中，$\lambda(\lambda > 0)$ 是常数，称为衰变系数. $\lambda$ 前置负号是由于当 $t$ 增加时 $M$ 单调减少，即 $\dfrac{dM}{dt} < 0$ 的缘故.

根据题意，初始条件为：$M\big|_{t=0} = M_0$.

方程（1）是可分离变量的. 分离变量后得

$$\frac{dM}{M} = -\lambda dt$$

两边积分，得

$$\int \frac{dM}{M} = \int (-\lambda) dt$$

以 $\ln c$ 表示任意常数，考虑到 $M > 0$，得到方程的通解

$$\ln M = -\lambda t + \ln c$$

即

$$M = c e^{-\lambda t}$$

将初始条件代入上式，得

$$M_0 = c e^0 = c$$

则方程的特解是 $M = M_0 e^{-\lambda t}$.

这就是所求铀的衰变规律. 由此可见，铀的含量随时间的增加而按指数规律衰减，如图 7.1 所示.

【例 7.7】　设降落伞从跳伞塔下落之后，所受空气阻力与速度成正比，并设降落伞离开跳伞塔时（$t = 0$）速度为零. 求降落伞下落速度与时间的函数关系.

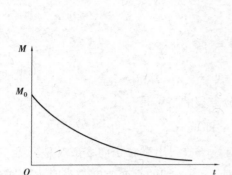

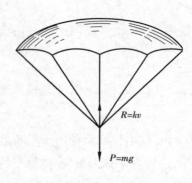

图 7.1    图 7.2

【解】 设降落伞下落速度为 $v = v(t)$. 降落伞在空中下落时,同时受到重力 $P$ 与阻力 $R$ 的作用,如图 7.2 所示. 重力大小为 $mg$,方向与 $v$ 一致;阻力大小为 $kv$（$k$ 为比例系数）,方向与 $v$ 相反. 从而降落伞所受到的外力为

$$F = mg - kv$$

又根据牛顿第二运动规律可知

$$F = ma$$

其中,$a$ 为加速度,即

$$a = \frac{\mathrm{d}v}{\mathrm{d}t}$$

因此函数 $v = v(t)$ 应满足微分方程

$$m \frac{\mathrm{d}v}{\mathrm{d}t} = mg - kv \tag{2}$$

由于方程(2)是可分离变量的,分离变量后得

$$\frac{\mathrm{d}v}{mg - kv} = \frac{\mathrm{d}t}{m}$$

两边积分得

$$\int \frac{\mathrm{d}v}{mg - kv} = \int \frac{\mathrm{d}t}{m}$$

由于 $mg - kv > 0$,积分得方程(2)的通解为

$$-\frac{1}{k}\ln(mg - kv) = \frac{t}{m} + c_1$$

即

$$mg - kv = \mathrm{e}^{-\frac{k}{m}t - kc_1}$$

或

$$v = \frac{mg}{k} + c\mathrm{e}^{-\frac{k}{m}t} \quad \left(\text{其中 } c = -\frac{\mathrm{e}^{-kc_1}}{k}\right)$$

根据题意,初始条件为 $v|_{t=0} = 0$,代入上式得

$$c = -\frac{mg}{k}$$

于是方程(2)的特解 $v = \dfrac{mg}{k}(1 - \mathrm{e}^{-\frac{k}{m}t})$.

可以看出,随着时间 $t$ 的增大,速度 $v$ 逐渐接近于常数 $\dfrac{mg}{k}$,且不会超过 $\dfrac{mg}{k}$,也就是说,跳伞后开始阶段是加速运动,但以后逐渐接近于匀速运动.

**【例7.8】** 某企业的经营成本 $C$ 随产量 $x$ 增加而增加,其变化率为 $\dfrac{\mathrm{d}C}{\mathrm{d}x} = (2 + x)C$,且固定成本为 5,求成本函数 $C(x)$.

**【解】** $\dfrac{\mathrm{d}C}{\mathrm{d}x} = (2 + x)C$ 是可分离变量的微分方程,分离变量得

$$\frac{\mathrm{d}C}{C} = (2 + x)\,\mathrm{d}x$$

两边积分得

$$\ln C = 2x + \frac{1}{2}x^2 + \ln c_0$$

化简,有

$$\begin{aligned}\ln C &= \ln \mathrm{e}^{2x+\frac{1}{2}x^2} + \ln c_0 \\ &= \ln c_0 \mathrm{e}^{2x+\frac{1}{2}x^2}\end{aligned}$$

因此,微分方程的通解是

$$C = c_0 \mathrm{e}^{2x + \frac{1}{2}x^2}$$

代入初始条件得

$$c_0 = 5$$

故成本函数为

$$C(x) = 5\mathrm{e}^{2x + \frac{1}{2}x^2}$$

# 习题 7.2

1. 求下列微分方程的通解.

$(1)\, 3x^2 + 5x - 5y' = 0$ 　　　　　　$(2)\, y' = \dfrac{\cos x}{3y^2 + \mathrm{e}^y}$

$(3)\, xy' = y \ln y$ 　　　　　　$(4)\, y' = 10^{x+y}$

2. 求微分方程满足已给初始条件的特解.

$(1)\, \sin y \cos x\mathrm{d}y = \cos y \sin x\mathrm{d}x,\quad y\big|_{x=0} = \dfrac{\pi}{4}$

（2）$y' = e^{2x-y}$, $\quad y\big|_{x=0} = 0$

3. 一条曲线上动点的坐标$(x,y)$满足方程$\dfrac{dy}{dx} + \dfrac{2xy}{h} = 0$,其中$h$为已知常量,且曲线经过点$(0,a)$,求此曲线的方程.

4. 快艇以$v_0 = 5$ m/s 的速度在静水中匀速前进,当停止发动机 5 s 后,速度减少到 3 m/s,已知阻力与速度成正比,试求:停止发动机后,船速随时间的变化规律.

5. 某企业的边际成本 $C'(x) = (x + x^2)C$,且固定成本为 10 元,求成本函数 $C(x)$.

# 7.3　一阶线性微分方程

形如

$$\frac{dy}{dx} + P(x)y = Q(x) \tag{1}$$

的方程称为**一阶线性微分方程**,其中,$P(x)$ 和 $Q(x)$ 都是 $x$ 的连续函数,由于方程（1）中未知函数 $y$ 及其导数 $y'$ 都是一次的,所以,称方程（1）为线性的.

例如　（a）$3y' + 2y = x^2$

（b）$y' + \dfrac{1}{x}y = \dfrac{1}{x}\sin x$

（c）$y' + y\sin x = 0$

（d）$y' - y^2 = 0$

（e）$yy' + y = \sin x$

（f）$y' - \sin y = 0$

上述方程中,（a）、（b）、（c）都是一阶线性微分方程,（d）、（e）、（f）都不是一阶线性微分方程.

## 7.3.1　一阶线性微分方程的分类

当 $Q(x) \equiv 0$ 时,方程（1）变成

$$\frac{dy}{dx} + P(x)y = 0 \tag{2}$$

方程（2）称为**一阶齐次线性微分方程**. 上面的方程中（c）就是一阶齐次线性微分方程.

当 $Q(x) \neq 0$ 时,方程（1）称为**一阶非齐次线性微分方程**. 上面的方程中（a）和（b）就是一阶非齐次线性微分方程.

## 7.3.2 一阶线性微分方程的解法

### 1)一阶齐次线性微分方程的解法

因为一阶齐次线性微分方程是可分离变量的微分方程,分离变量后得

$$\frac{\mathrm{d}y}{y} = -P(x)\mathrm{d}x$$

两边积分得

$$\int \frac{\mathrm{d}y}{y} = -\int P(x)\mathrm{d}x$$

积分结果为

$$\ln y = -\int P(x)\mathrm{d}x + c_1$$

令 $c_1 = \ln c\,(c \neq 0)$,于是有

$$y = \mathrm{e}^{-\int P(x)\mathrm{d}x + \ln c}$$

即

$$y = c\mathrm{e}^{-\int P(x)\mathrm{d}x} \tag{7.1}$$

这就是方程(2)的通解.

注　意

式(7.1)中的不定积分 $\int P(x)\mathrm{d}x$ 仅表示 $P(x)$ 的一个原函数. 本章后面的公式也作相同规定.

### 2)一阶非齐次线性微分方程的解法

由于一阶非齐次线性微分方程(即方程(1))的右端 $Q(x)$ 是 $x$ 的函数,因此,将所对应的一阶齐次线性微分方程的通解 $y = c\mathrm{e}^{-\int P(x)\mathrm{d}x}$ 中的常数 $c$ 看作 $x$ 的函数,即设

$$y = c(x)\mathrm{e}^{-\int P(x)\mathrm{d}x} \tag{3}$$

是一阶非齐次线性微分方程的通解,只需确定出 $c(x)$,一阶非齐次线性微分方程的通解即可求得.

将式(3)对 $x$ 求导,得

$$y' = c'(x) \cdot \mathrm{e}^{-\int P(x)\mathrm{d}x} + c(x) \cdot \left[ \mathrm{e}^{-\int P(x)\mathrm{d}x} \right]'$$

$$= c'(x) \cdot \mathrm{e}^{-\int P(x)\mathrm{d}x} - c(x) \cdot P(x) \cdot \mathrm{e}^{-\int P(x)\mathrm{d}x}$$

将上式代入方程(1)，得

$$c'(x) \cdot e^{-\int P(x)dx} - c(x) \cdot P(x) \cdot e^{-\int P(x)dx} + P(x) \cdot c(x) \cdot e^{-\int P(x)dx} = Q(x)$$

有

$$c'(x) \cdot e^{-\int P(x)dx} = Q(x)$$

即

$$c'(x) = Q(x) \cdot e^{\int P(x)dx}$$

两边积分得

$$c(x) = \int Q(x) \cdot e^{\int P(x)dx} dx + c$$

将上式代入式(3)，得

$$y = e^{-\int P(x)dx} \cdot \left[ \int Q(x) \cdot e^{-\int P(x)dx} dx + c \right] \qquad (7.2)$$

这就是一阶非齐次线性微分方程的通解. 其中各个不定积分都只表示对应的被积函数的一个原函数.

上述求一阶非齐次线性微分方程的通解的方法，是将对应的一阶齐次线性微分方程的通解中的常数 $c$ 用一个函数 $c(x)$ 来代替，然后再去求出这个待定的函数 $c(x)$，这种方法称为**常数变易法**.

式(7.2)可变形为

$$y = e^{-\int P(x)dx} \int Q(x) \cdot e^{\int P(x)dx} dx + c \cdot e^{-\int P(x)dx}$$

上式中右端第二项恰好是对应的一阶齐次线性微分方程(2)的通解，而第一项可以看作一阶非齐次线性微分方程(1)通解公式(7.2)中取 $c = 0$ 得到的一个特解. 由此可知，一阶非齐次线性微分方程的通解等于它的一个特解与对应的一阶齐次线性微分方程的通解之和.

【**例7.9**】 用公式法和常数变易法解微分方程 $y' - \dfrac{2}{x+1}y = (x+1)^3$.

【**解**】 (1)公式法：原方程为一阶非齐次线性微分方程，其中

$$P(x) = -\frac{2}{x+1}, \qquad Q(x) = (x+1)^3$$

代入公式(7.2)得

$$y = e^{\int \frac{2}{x+1}dx} \left[ \int (x+1)^3 e^{-\int \frac{2}{x+1}dx} dx + c \right]$$

$$= e^{2\ln(x+1)} \left[ \int (x+1)^3 e^{-2\ln(x+1)} dx + c \right]$$

$$= (x + 1)^2 \left[ \int (x + 1)^3 (x + 1)^{-2} \mathrm{d}x + c \right]$$

$$= (x + 1)^2 \left[ \int (x + 1) \mathrm{d}x + c \right]$$

$$= (x + 1)^2 \left[ \frac{1}{2} (x + 1)^2 + c \right]$$

(2)常数变易法:与原方程对应的齐次方程为

$$y' - \frac{2}{x + 1} y = 0$$

分离变量得

$$\frac{\mathrm{d}y}{y} = \frac{2}{x + 1} \mathrm{d}x$$

两边积分得

$$\int \frac{\mathrm{d}y}{y} = \int \frac{2}{x + 1} \mathrm{d}x$$

$$\ln y = 2 \ln(x + 1) + \ln c$$

$$y = c(1 + x)^2$$

将上式中的 $c$ 换成 $c(x)$,设原方程的通解是

$$y = c(x)(1 + x)^2$$

求导得

$$y' = c'(x)(1 + x)^2 + 2c(x)(1 + x)$$

将 $y$ 和 $y'$ 代入原方程,得

$$c'(x)(1 + x)^2 + 2c(x)(1 + x) - \frac{2}{x + 1} c(x)(1 + x)^2 = (1 + x)^3$$

化简得 $$c'(x) = 1 + x$$

两边积分得 $$c(x) = \frac{1}{2}(1 + x)^2 + c$$

所以原方程的通解是

$$y = (1 + x)^2 \left[ \frac{1}{2}(1 + x)^2 + c \right]$$

【例 7.10】 某公司的年利润 $L$ 随广告费 $x$ 而变化,其变化率为 $\frac{\mathrm{d}L}{\mathrm{d}x} = 5 - 2(L + x)$,且当 $x = 0$ 时 $L = 10$. 求年利润 $L$ 与广告费 $x$ 之间的函数关系.

【解】 将方程变形为 $\frac{\mathrm{d}L}{\mathrm{d}x} + 2L = 5 - 2x$,该方程是一阶非齐次线性微分方程,其中

$$P(x) = 2, \qquad Q(x) = 5 - 2x$$

由通解公式(7.2)有

$$y = e^{-\int 2dx}\left[\int(5-2x)e^{\int 2dx}dx + c\right]$$

$$= e^{-2x}\left[\int(5-2x)e^{2x}dx + c\right]$$

$$= e^{-2x}\left[\frac{1}{2}\int(5-2x)d(e^{2x}) + c\right]$$

$$= e^{-2x}\left[\frac{1}{2}(5-2x)e^{2x} + \frac{1}{2}e^{2x} + c\right]$$

$$= e^{-2x}\left[3e^{2x} - xe^{2x} + c\right]$$

$$= 3 - x + ce^{-2x}$$

将初始条件 $x=0, L=10$ 代入，得 $c=7$. 因此，年利润 $L$ 与广告费 $x$ 之间的函数关系为 $L = 3 - x + 7e^{-2x}$.

## 习题 7.3

1. 求下列微分方程的通解.

（1）$y' + 3y = 2$　　（2）$y' - \dfrac{y}{x-2} = 2(x-2)^2$

2. 求下列微分方程的特解.

（1）$y' - y = \cos x, y|_{x=0} = 0$　　（2）$y' - \dfrac{2x-1}{x^2}y = 1, y|_{x=1} = 0$

3. 某一曲线通过原点，并且它在任一点 $(x,y)$ 处的切线斜率等于 $2x+y$，求此曲线的方程.

## 7.4　二阶常系数线性微分方程

形如

$$y'' + py' + qy = f(x) \quad (p, q \text{ 均为常数})$$

的微分方程称为**二阶常系数线性微分方程**. 当 $f(x)=0$ 时，称为**二阶常系数齐次线性微分方程**；当 $f(x)\neq 0$ 时，称为**二阶常系数非齐次线性微分方程**. 本节主要讨论二阶常系数齐次线性微分方程.

### 7.4.1　二阶常系数齐次线性微分方程解的性质

对于二阶常系数齐次线性微分方程

$$y'' + py' + qy = 0 \qquad\qquad (1)$$

有以下重要性质:

**定理** 7.1    如果函数 $y_1$ 和 $y_2$ 是方程(1)的两个解,则

$$y = C_1 y_1 + C_2 y_2$$

也是方程(1)的解,其中 $C_1,C_2$ 为常数.

这个定理表明齐次线性微分方程的解具有叠加性. 能否说明 $y = C_1 y_1 + C_2 y_2$ 就一定是式(1)的通解呢? 不一定. 例如,$y_1 = \sin 2x$ 和 $y_1 = 2\sin 2x$ 都是方程 $y'' + 4y = 0$ 的通解,而

$$y = C_1 y_1 + C_2 y_2 = (C_1 + 2C_2)\sin 2x = C \sin 2x$$

其中,$C = C_1 + 2C_2$,由于只有一个独立常数,所以它不是式(1)的通解.

那么在什么时候 $y = C_1 y_1 + C_2 y_2$ 才是式(1)的通解呢? 先引进函数线性相关和线性无关的概念.

**定义** 7.1    设 $y_1 = y_1(x)$ 和 $y_2 = y_2(x)$ 是定义在某区间内的函数,若 $\dfrac{y_1}{y_2} = k$(其中,$k$ 为常数),则称 $y_1$ 和 $y_2$ 线性相关,否则称为线性无关.

**定理** 7.2    如果函数 $y_1$ 和 $y_2$ 是方程(1)的两个线性无关的特解,则 $y = C_1 y_1 + C_2 y_2$ ($C_1,C_2$ 为常数)就是方程(1)的通解.

## 7.4.2  二阶常系数齐次线性微分方程的解法

要求方程(1)的解,关键是求出方程的两个线性无关的特解 $y_1$ 和 $y_2$,观察一阶常系数微分方程 $y' + py = 0$ 的通解是 $y = Ce^{-px}$,而 $y,y',y''$ 都是指数函数形式,且只相差一个常数因子,因此,不妨假设二阶常系数齐次线性微分方程的解也是指数函数 $y = e^{rx}$($r$ 是常数),将 $y = e^{rx}$ 代入方程(1),得到

$$e^{rx}(r^2 + pr + q) = 0$$

因为 $e^{rx} \neq 0$,所以上式要成立,就必须满足

$$r^2 + pr + q = 0 \qquad\qquad (2)$$

这是一个关于 $r$ 的一元二次代数方程,称为二阶常系数齐次线性微分方程(1)的**特征方程**,它的根称为方程(1)的**特征根**. 只要 $r$ 满足(2),则 $y = e^{rx}$ 就是方程(1)的解. 由一元二次方程的求根公式,有

$$r_{1,2} = \frac{-p \pm \sqrt{p^2 - 4q}}{2}$$

下面根据特征方程根的三种不同情况分别讨论式(1)的通解.

(1)特征根是两个不同实根,即 $r_1 \neq r_2$.

因为 $y_1 = e^{r_1 x}$ 和 $y_2 = e^{r_2 x}$ 是方程(1)的两个根,又由于

$$\frac{y_1}{y_2} = \frac{e^{r_1 x}}{e^{r_2 x}} = e^{(r_1 - r_2)x} \neq 常数$$

即这两个特解是线性无关的，因此方程(1)的通解为

$$y = C_1 e^{r_1 x} + C_2 e^{r_2 x}$$

**注 意**

二阶常系数非齐次线性微分方程的求解与对应的齐次方程的求解有关，可上网查询学习.

【例 7.11】 求方程 $y'' - 4y' + 3y = 0$ 的通解.

【解】 特征方程是

$$r^2 - 4r + 3 = 0$$

特征根是

$$r_1 = 3 \text{ 和 } r_2 = 1$$

所以原方程的通解为 $y = C_1 e^{3x} + C_2 e^x$.

(2)特征根是两个相同实根，即 $r_1 = r_2$. 由 $r_1 = r_2$.

只能找到方程(1)的一个特解 $y_1 = e^{r_1 x}$，要得到通解，就需找到与 $y_1$ 线性无关的另一特解，使得

$$\frac{y_2}{y_1} = u(x) \qquad (u(x) \neq 0)$$

因此，可设 $y_2 = y_1 u(x)$，其中 $u(x)$ 是待定函数，将 $y_2$ 求导，有

$$y_2' = y_1' u(x) + y_1 u'(x)$$
$$= r_1 u(x) e^{r_1 x} + u'(x) e^{r_1 x}$$
$$y_2'' = 2r_1 u'(x) e^{r_1 x} + r_1^2 u(x) e^{r_1 x} + u''(x) e^{r_1 x}$$

将 $y_2, y_2', y_2''$ 代入方程(1)得

$$2r_1 u'(x) e^{r_1 x} + r_1^2 u(x) e^{r_1 x} + u''(x) e^{r_1 x} + p[r_1 u(x) e^{r_1 x} + u'(x) e^{r_1 x}] + q u(x) e^{r_1 x} = 0$$

即

$$[u''(x) + (2r_1 + p)u'(x) + (r_1^2 + pr_1 + q)u(x)]e^{r_1 x} = 0 \qquad (3)$$

由于 $r_1$ 是特征方程的重根，所以

$$r_1^2 + pr_1 + q = 0$$

又由根与系数的关系，有

$$r_1 + r_1 = -p \text{ 即 } p = -2r_1$$

因此式(3)可化为

$$u''(x) = 0$$

即只要 $u(x)$ 的二阶导数为 0 即可,所以选择最简单的函数 $u(x) = x$,可得另一个特解

$$y_2 = x\mathrm{e}^{r_1 x}$$

所以方程(1)的通解为

$$y = (C_1 + C_2 x)\mathrm{e}^{r_1 x}$$

【例 7.12】　求方程 $y'' - 4y' + 4y = 0$ 满足初始条件 $y'\big|_{x=0} = 0$ 和 $y\big|_{x=0} = 1$ 时的特解.

【解】　特征方程是

$$r^2 - 4r + 4 = 0$$

特征根是

$$r_1 = r_2 = 2$$

所以原方程的通解为

$$y = (C_1 + C_2 x)\mathrm{e}^{2x}$$

又　　　　　　　　　　$$y' = C_2 \mathrm{e}^{2x} + 2(C_1 + C_2 x)\mathrm{e}^{2x}$$

将初始条件 $y'\big|_{x=0} = 0$ 和 $y\big|_{x=0} = 1$ 代入上式,得

$$\begin{cases} 1 = C_1 \mathrm{e}^0 \\ 0 = C_2 + 2C_1 \end{cases} \quad 即 \begin{cases} C_1 = 1 \\ C_2 = -2 \end{cases}$$

因此,原方程的特解为

$$y = (1 - 2x)\mathrm{e}^{2x}$$

(3)特征根是一对共轭复数: $r_{1,2} = \alpha \pm \beta i$ ($\alpha, \beta$ 是常数, $\beta \neq 0$),这时方程的两个特解为

$$y_1 = \mathrm{e}^{(\alpha + \beta i)x}, y_2 = \mathrm{e}^{(\alpha - \beta i)x}$$

由于这两个特解含有复数,不便应用,为了得到实数形式的解,可利用欧拉公式($\mathrm{e}^{i\theta} = \cos\theta + i\sin\theta$)把 $y_1, y_2$ 改写为

$$y_1 = \mathrm{e}^{\alpha x}(\cos\beta x + i\sin\beta x)$$

$$y_2 = \mathrm{e}^{\alpha x}(\cos\beta x - i\sin\beta x)$$

由定理 1 知

$$\frac{1}{2}y_1 + \frac{1}{2}y_2 = \mathrm{e}^{\alpha x}\cos\beta x$$

$$\frac{1}{2i}y_1 - \frac{1}{2i}y_2 = \mathrm{e}^{\alpha x}\sin\beta x$$

都是方程(1)的特解,且 $\dfrac{\mathrm{e}^{\alpha x}\cos\beta x}{\mathrm{e}^{\alpha x}\sin\beta x} = \cot\beta x$,所以这两个解线性无关,因此当特征方程的两个根是一对共轭复数时,方程(1)的通解可表示为

$$y = e^{\alpha x}(C_1 \cos \beta x + C_2 \sin \beta x)$$

【例 7.13】 求方程 $y'' - 6y' + 25y = 0$ 的通解.

【解】 特征方程是

$$r^2 - 6r + 25 = 0$$

特征根是

$$r = \frac{6 \pm \sqrt{36 - 4 \times 25}}{2} = 3 \pm 4i$$

所以原方程的通解为

$$y = e^{3x}(C_1 \cos 4x + C_2 \sin 4x)$$

综上所述,二阶常系数齐次线性微分方程的通解形式如下表:

| 特征方程的两根 $r_1, r_2$ | 微分方程（1）的通解 |
|---|---|
| $r_1 \neq r_2 (r_1, r_2$ 是实数) | $y = C_1 e^{r_1 x} + C_2 e^{r_2 x}$ |
| $r_1 = r_2 (r_1, r_2$ 是实数) | $y = (C_1 + C_2 x)e^{r_1 x}$ |
| 一对共轭复数 $r_{1,2} = \alpha \pm \beta i$ | $y = e^{\alpha x}(C_1 \cos \beta x + C_2 \sin \beta x)$ |

# 习题 7.4

1. 求下列齐次线性微分方程的通解.

(1) $y'' - 9y = 0$

(2) $\dfrac{d^2 y}{dx^2} - 5\dfrac{dy}{dx} + 6y = 0$

(3) $y'' - 2y' + y = 0$

(4) $\dfrac{1}{2}y'' + 3y' + 5y = 0$

2. 求下列齐次线性微分方程的特解.

(1) $y'' - 2y' = 0$ $\qquad y|_{x=0} = 0, y'|_{x=0} = \dfrac{4}{3}$

(2) $4y'' + 4y' + y = 0$ $\qquad y|_{x=0} = 2, y'|_{x=0} = 0$

(3) $y'' + 25y = 0$ $\qquad y|_{x=0} = 2, y'|_{x=0} = 5$

# 7.5* 微分方程初值问题的拉普拉斯变换解法

## 7.5.1 拉普拉斯变换的概念

拉普拉斯(Laplace)变换在线性系统工程中有着广泛的应用,也是求解常微分方程的一种简便方法. 本节将简要介绍拉普拉斯变换的基本概念、主要性质、逆变换以及它在解线性微分方程中的应用.

**定义 7.2**　设函数 $f(t)$ 的定义域为 $[0, +\infty)$,若广义积分

$$\int_0^{+\infty} f(x) \mathrm{e}^{-pt} \mathrm{d}t$$

对于 $p$ 在某一范围内的值收敛,则此积分就确定了以 $p$ 为参数的函数,记作 $F(p)$,即

$$F(p) = \int_0^{+\infty} f(t) \mathrm{e}^{-pt} \mathrm{d}t$$

函数 $F(p)$ 称为 $f(t)$ 的拉普拉斯变换(简称拉氏变换),又称 $f(t)$ 的**像函数**,上式称为 $f(t)$ 的拉氏变换式,记作

$$F(p) = L[f(t)]$$

若 $F(p)$ 是 $f(t)$ 的拉氏变换,则称 $f(t)$ 为 $F(p)$ 的拉氏逆变换,又称 $F(p)$ 的**像原函数**,记作

$$f(t) = L^{-1}[F(p)]$$

**【例 7.14】**　求函数 $f(t) = \mathrm{e}^{at} (t \geqslant 0, a$ 是常数)的拉氏变换.

**【解】**　$L[\mathrm{e}^{at}] = \displaystyle\int_0^{+\infty} \mathrm{e}^{at} \mathrm{e}^{-pt} \mathrm{d}t = \int_0^{+\infty} \mathrm{e}^{-(p-a)t} \mathrm{d}t$

这个积分在 $p > a$ 时收敛,所以

$$L[\mathrm{e}^{at}] = \int_0^{+\infty} \mathrm{e}^{-(p-a)t} \mathrm{d}t = \frac{1}{p-a}$$

**【例 7.15】**　求函数 $f(t) = at(a$ 是常数)的拉氏变换.

**【解】**　
$$L[at] = \int_0^{+\infty} at\mathrm{e}^{-pt} \mathrm{d}t = -\frac{a}{p} \int_0^{+\infty} t\mathrm{d}(\mathrm{e}^{-pt})$$

$$= -\left[\frac{at}{p} \mathrm{e}^{-pt}\right]_0^{+\infty} + \frac{a}{p} \int_0^{+\infty} \mathrm{e}^{-pt} \mathrm{d}t$$

当 $p > 0$ 时,极限 $\displaystyle\lim_{t \to +\infty} \left(-\frac{at}{p} \mathrm{e}^{-pt}\right) = 0$(根据洛必达法则),因此

$$L[at] = \frac{a}{p} \int_0^{+\infty} \mathrm{e}^{-pt} \mathrm{d}t = -\left[\frac{a}{p^2} \mathrm{e}^{-pt}\right]_0^{+\infty} = \frac{a}{p^2} \quad (p > 0)$$

**【例 7.16】**　求正弦函数 $f(t) = \sin \omega t (t \geqslant 0)$ 的拉氏变换.

**【解】**　$L[\sin \omega t] = \displaystyle\int_0^{+\infty} \sin \omega t \mathrm{e}^{-pt} \mathrm{d}t = -\left[\frac{1}{p^2 + \omega^2} \mathrm{e}^{-pt} (p \sin \omega t + \omega \cos \omega t)\right]_0^{+\infty}$

$$= \frac{\omega}{p^2 + \omega^2} \quad (p > 0)$$

同理可得　　　　　　　　$L[\cos \omega t] = \dfrac{p}{p^2 + \omega^2} \quad (p > 0)$

**【例 7.17】**　求阶梯函数 $f(t) = \begin{cases} 0 & t < 0 \\ A & t \geqslant 0 \end{cases}$ $(A$ 为常数)的拉氏变换.

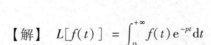

【解】 $L[f(t)] = \int_0^{+\infty} f(t) \mathrm{e}^{-pt} \mathrm{d}t$

当 $p > 0$ 时,有

$$\int_0^{+\infty} f(t) \mathrm{e}^{-pt} \mathrm{d}t = \int_0^{+\infty} A\mathrm{e}^{-pt} \mathrm{d}t = -\frac{A}{p} \mathrm{e}^{-pt} \Big|_0^{+\infty} = \frac{A}{p}$$

特别的,当 $A = 1$ 时,称为单位阶梯函数,记作 $u(t)$.

$$u(t) = \begin{cases} 0 & t < 0 \\ 1 & t \geqslant 0 \end{cases}$$

其拉氏变换为

$$L[u(t)] = \frac{1}{p} \quad (p > 0)$$

## 7.5.2　拉普拉斯变换的三个主要性质

拉氏变换有以下三个主要性质,利用这些性质可以求一些较复杂函数的拉氏变换.

**性质** 1(线性性质)　若 $a_1, a_2$ 为常数,并设 $L[f_1(t)] = F_1(p)$, $L[f_2(t)] = F_2(p)$,则

$$L[a_1 f_1(t) + a_2 f_2(t)] = a_1 L[f_1(t)] + a_2 L(f_2(t)]$$
$$= a_1 F_1(p) + a_2 F_2(p)$$

【例 7.18】　求 $f(t) = \frac{1}{a}(1 - \mathrm{e}^{-at})$ 的拉氏变换.

【解】 $\qquad L[f(t)] = \frac{1}{a} L[1 - \mathrm{e}^{-at}] = \frac{1}{a} \{ L[1] - L[\mathrm{e}^{-at}] \}$

$$= \frac{1}{a} \left( \frac{1}{p} - \frac{1}{p+a} \right)$$

**性质** 2(平移性质)　若 $L[f(t)] = F(p)$,则

$$L[\mathrm{e}^{-at} f(t)] = F(p + a)$$

【例 7.19】　求 $L[\mathrm{e}^{-at} \sin \omega t]$ 和 $L[\mathrm{e}^{-at} \cos \omega t]$.

【解】　由 $L[\sin \omega t] = \dfrac{\omega}{p^2 + \omega^2}$,有

$$L[\mathrm{e}^{-at} \sin \omega t] = \frac{\omega}{(p + a)^2 + \omega^2}$$

$$L[\cos \omega t] = \frac{p}{p^2 + \omega^2}$$

$$L[\mathrm{e}^{-at} \cos \omega t] = \frac{p + a}{(p + a)^2 + \omega^2}$$

**性质** 3(微分性质)　若 $L[f(t)] = F(p)$,则

$$L[f'(t)] = pF(p) - f(0)$$

一般地

$$L[f^{(n)}(t)] = p^n F(p) - [p^{n-1}f(0) + p^{n-2}f'(0) + \cdots + f^{(n-1)}(0)]$$

特别的,当 $f(0) = f'(0) = \cdots = f^{(n-1)}(0) = 0$ 时,有

$$L[f^{(n)}(t)] = p^n F(p)$$

【例 7.20】 设 $f(t) = t^n$,求 $L[f(t)]$.

【解】 由于 $f(0) = f'(0) = \cdots = f^{(n-1)}(0) = 0, f^{(n)}(t) = n!$,所以

$$L[n!] = L[f^{(n)}(t)] = p^n L[f(t)]$$

又由于

$$L[n!] = n! \, L[1] = n! \, \frac{1}{p}$$

故

$$L[f(t)] = \frac{n!}{p^{n+1}}$$

即

$$L[t^n] = \frac{n!}{p^{n+1}}$$

【例 7.21】 求 $f(t) = \cos \omega t$ 的拉氏变换.

【解】 $f'(t) = -\omega \sin \omega t, f(0) = 1, f'(0) = 0, f''(t) = -\omega^2 \cos \omega t$

而

$$L[f''(t)] = p^2 L[f(t)] - pf(0) - f'(0)$$

则

$$L[-\omega^2 \cos \omega t] = p^2 L[\cos \omega t] - p$$

即

$$-\omega^2 L[\cos \omega t] = p^2 L[\cos \omega t] - p$$

移项得

$$(p^2 + \omega^2) L[\cos \omega t] = p$$

所以

$$L[\cos \omega t] = \frac{p}{(p^2 + \omega^2)}$$

现将拉氏变换的主要性质进行汇总,如下表所示.

**拉氏变换的主要性质**

| 序号 | 设 $L[f(t)] = F(p)$ |
|------|------|
| 1 | $L[a_1 f_1(t) + a_2 f_2(t)] = a_1 L[f_1(t)] + a_2 L[f_2(t)] = a_1 F_1(p) + a_2 F_2(p)$ |
| 2 | $L[e^{-at}f(t)] = F(p+a)$ |
| 3 | $L[f'(t)] = pF(p) - f(0)$ <br> $L[f^{(n)}(t)] = p^n F(p) - [p^{n-1}f(0) + p^{n-2}f'(0) + \cdots + f^{(n-1)}(0)]$ |

为了方便,人们常常把一些常用函数的拉氏变换制成表,使用时直接查表即可,如下表所示.

**常用函数的拉氏变换表**

| 序号 | $f(t)$ | $F(p)$ |
|---|---|---|
| 1 | $\delta(t)$ | $1$ |
| 2 | $u(t)$ | $\dfrac{1}{p}$ |
| 3 | $t$ | $\dfrac{1}{p^2}$ |
| 4 | $t^n(n=1,2,3,\cdots)$ | $\dfrac{n!}{p^{n+1}}$ |
| 5 | $e^{at}$ | $\dfrac{1}{p-a}$ |
| 6 | $1-e^{-at}$ | $\dfrac{a}{p(p+a)}$ |
| 7 | $te^{at}$ | $\dfrac{1}{(p-a)^2}$ |
| 8 | $t^n e^{at}(n=1,2,3,\cdots)$ | $\dfrac{n!}{(p-a)^{n+1}}$ |
| 9 | $\sin \omega t$ | $\dfrac{\omega}{p^2+\omega^2}$ |
| 10 | $\cos \omega t$ | $\dfrac{p}{p^2+\omega^2}$ |
| 11 | $t\sin \omega t$ | $\dfrac{2p\omega}{(p^2+\omega^2)^2}$ |
| 12 | $t\cos \omega t$ | $\dfrac{p^2-\omega^2}{(p^2+\omega^2)^2}$ |
| 13 | $e^{-at}\sin \omega t$ | $\dfrac{\omega}{(p+a)^2+\omega^2}$ |
| 14 | $e^{-at}\cos \omega t$ | $\dfrac{p+a}{(p+a)^2+\omega^2}$ |
| 15 | $\mathrm{sh}\,at$ | $\dfrac{p}{p^2-a^2}$ |
| 16 | $\mathrm{ch}\,at$ | $\dfrac{a}{p^2-a^2}$ |

### 7.5.3　拉氏变换的逆变换

上节主要讨论了由已知函数 $f(t)$ 求它的像函数 $F(p)$ 的问题,本节将讨论根据已知 $F(p)$,如何求像原函数 $f(t)$ 的问题. 对于常用的像函数 $F(p)$ 可以直接从拉氏变换公式表中查找. 应该注意的是:在利用拉氏变换表求逆变换时,需结合拉氏变换的性质. 为此,下面把常用的拉氏变换的性质用逆变换形式列出.

**性质** 1(线性性质)

$$L^{-1}[a_1F_1(p) + a_2F_2(p)]$$
$$= a_1L^{-1}[F_1(p)] + a_2L^{-1}[F_2(p)]$$
$$= a_1f_1(t) + a_2f_2(t)$$

**性质** 2(平移性质)

$$L^{-1}[F(p-a)] = e^{at}L^{-1}[F(p)] = e^{at}f(t)$$

【例 7.22】　求下列函数的拉氏逆变换.

(1) $F(p) = \dfrac{5}{p+2}$ 　　　　　　　(2) $F(p) = \dfrac{2p-5}{p^2}$

(3) $F(p) = \dfrac{4p-3}{p^2+4}$ 　　　　　　(4) $F(p) = \dfrac{p+2}{p^2+p+1}$

【解】　(1)由性质及拉氏变换公式表(序号 5)得

$$f(t) = L^{-1}\left[\frac{5}{p+2}\right] = 5L^{-1}\left[\frac{1}{p+2}\right] = 5e^{-2t}$$

(2)由性质及拉氏变换公式表(序号 2,3)得

$$f(t) = L^{-1}\left[\frac{2p-5}{p^2}\right] = 2L^{-1}\left[\frac{1}{p}\right] - 5L^{-1}\left[\frac{1}{p^2}\right] = 2 - 5t$$

(3)由性质及拉氏变换公式表(序号 9,10)得

$$f(t) = L^{-1}\left[\frac{4p-3}{p^2+4}\right] = 4L^{-1}\left[\frac{p}{p^2+4}\right] - \frac{3}{2}L^{-1}\left[\frac{2}{p^2+4}\right]$$

$$= 4\cos 2t - \frac{3}{2}\sin 2t$$

(4)由性质及拉氏变换公式表(序号 13,14)得

$$f(t) = L^{-1}\left[\frac{p+2}{p^2+p+1}\right] = L^{-1}\left[\frac{\left(p+\dfrac{1}{2}\right)+\dfrac{3}{2}}{\left(p+\dfrac{1}{2}\right)^2+\dfrac{3}{4}}\right]$$

$$= L^{-1}\left[\frac{p+\dfrac{1}{2}}{\left(p+\dfrac{1}{2}\right)^2+\dfrac{3}{4}}\right] + L^{-1}\left[\frac{\dfrac{3}{2}}{\left(p+\dfrac{1}{2}\right)^2+\dfrac{3}{4}}\right]$$

$$= e^{-\frac{1}{2}t}\cos\frac{\sqrt{3}}{2}t + \sqrt{3}e^{-\frac{1}{2}t}\sin\frac{\sqrt{3}}{2}t$$

由上例可知,有些像函数在拉氏变换公式表中无法直接找到像原函数,则须加以变形. 在实际问题中将会遇到大量的像函数为有理式,这就需用部分分式法先将其展成简单分式 之和,然后结合性质"凑"得像原函数.

下面将简单介绍部分分式法的一般形式.

(1) $\dfrac{f(x)}{(x-a_1)(x-a_2)\cdots(x-a_k)} = \dfrac{A_1}{x-a_1} + \dfrac{A_2}{x-a_2} + \cdots + \dfrac{A_k}{x-a_k}$　（式中 $f(x)$ 的次数低于 $k$ )

(2) $\dfrac{f(x)}{(x-a)^k} = \dfrac{A_1}{x-a} + \dfrac{A_2}{(x-a)^2} + \cdots + \dfrac{A_k}{(x-a)^k}$　（式中 $f(x)$ 的次数低于 $k$ )

(3) $\dfrac{f(x)}{(x-a)(x^2+px+q)} = \dfrac{A}{x-a} + \dfrac{Bx+C}{x^2+px+q}$　（式中 $f(x)$ 的次数低于 3 )

(4) $\dfrac{f(x)}{(x^2+px+q)^k} = \dfrac{A_1x+B_1}{x^2+px+q} + \dfrac{A_2x+B_2}{(x^2+px+q)^2} + \cdots + \dfrac{A_kx+B_k}{(x^2+px+q)^k}$　（式子 $x^2+px+q$ 中，$p^2-4q<0$ )

【例 7.23】　求 $F(p) = \dfrac{p+3}{p^2+3p+2}$ 的拉氏逆变换.

【解】　设 $\dfrac{p+3}{p^2+3p+2} = \dfrac{p+3}{(p+1)(p+2)} = \dfrac{A}{p+1} + \dfrac{B}{p+2}$，其中 $A,B$ 为待定系数.

上式两端同乘以 $(p+1)(p+2)$，得

$$p+3 \equiv A(p+2) + B(p+1) = (A+B)p + (2A+B)$$

因此　　　　　　　　　　　　$\begin{cases} A+B=1 \\ 2A+B=3 \end{cases}$

解得　　　　　　　　　　　　$A=2 \qquad B=-1$

于是　　$f(t) = L^{-1}\left[\dfrac{2}{p+1} - \dfrac{1}{p+2}\right] = 2L^{-1}\left[\dfrac{1}{p+1}\right] - L^{-1}\left[\dfrac{1}{p+2}\right] = 2\mathrm{e}^{-t} - \mathrm{e}^{-2t}$

【例 7.24】　求 $F(p) = \dfrac{p+3}{p^3+4p^2+4p}$ 的拉氏逆变换.

【解】　设 $\dfrac{p+3}{p^3+4p^2+4p} = \dfrac{p+3}{p(p+2)^2} = \dfrac{A}{p} + \dfrac{B}{p+2} + \dfrac{C}{(p+2)^2}$，其中 $A,B,C$ 为待定系数，由

$$p+3 \equiv A(p+2)^2 + Bp(p+2) + pC$$

即　　　　　　　$p+3 \equiv (A+B)p^2 + (4A+2B+C)p + 4A$

所以　　　　　　　　　$\begin{cases} A+B=0 \\ 4A+2B+C=1 \\ 4A=3 \end{cases}$

解得　　　　　　　$A=\dfrac{3}{4}, B=-\dfrac{3}{4}, C=-\dfrac{1}{2}.$

于是　　　　　　　　$F(p) = \dfrac{\dfrac{3}{4}}{p} - \dfrac{\dfrac{3}{4}}{p+2} - \dfrac{\dfrac{1}{2}}{(p+2)^2}$

$$f(t) = L^{-1}\left[\dfrac{\dfrac{3}{4}}{p} - \dfrac{\dfrac{3}{4}}{p+2} - \dfrac{\dfrac{1}{2}}{(p+2)^2}\right]$$

$$= \frac{3}{4}L^{-1}\left[\frac{1}{p}\right] - \frac{3}{4}L^{-1}\left[\frac{1}{p+2}\right] - \frac{1}{2}L^{-1}\left[\frac{1}{(p+2)^2}\right]$$

$$= \frac{3}{4} - \frac{3}{4}e^{-2t} - \frac{1}{2}te^{-2t}$$

【例 7.25】 求 $F(p) = \dfrac{p^2}{(p+2)(p^2+2p+2)}$ 的拉氏逆变换.

【解】 设 $\dfrac{p^2}{(p+2)(p^2+2p+2)} = \dfrac{A}{p+2} + \dfrac{Bp+C}{p^2+2p+2}$,其中 $A,B,C$ 待定.

由上式可得

$$p^2 \equiv A(p^2+2p+2) + (p+2)(Bp+C)$$
$$= (A+B)p^2 + (2A+2B+C)p + (2A+2C)$$

所以
$$\begin{cases} A+B = 1 \\ 2A+2B+C = 0 \\ 2A+2C = 0 \end{cases}$$

解得
$$A = 2, B = -1, C = -2.$$

于是
$$F(p) = \frac{2}{p+2} - \frac{p+2}{p^2+2p+2}$$

$$f(t) = L^{-1}\left[\frac{2}{p+2} - \frac{p+2}{p^2+2p+2}\right] = 2L^{-1}\left[\frac{1}{p+2}\right] - L^{-1}\left[\frac{(p+1)+1}{(p+1)^2+1}\right]$$

$$= 2e^{-2t} - L^{-1}\left[\frac{p+1}{(p+1)^2+1}\right] - L^{-1}\left[\frac{1}{(p+1)^2+1}\right]$$

$$= 2e^{-2t} - e^{-t}\cos t - e^{-t}\sin t$$

$$= 2e^{-2t} - e^{-t}(\cos t + \sin t)$$

## 7.5.4 用拉氏变换解二阶常系数线性微分方程

本节将介绍运用拉氏变换解二阶常系数线性微分方程.

【例 7.26】 求微分方程 $x'(t) + 2x(t) = 0$ 满足初始条件 $x(0) = 3$ 的解.

【解】 第一步:对方程两边取拉氏变换,并设 $L[x(t)] = X(p)$,有

$$L[x'(t) + 2x(t)] = L[0]$$
$$L[x'(t)] + 2L[x(t)] = 0$$
$$pX(p) - x(0) + 2X(p) = 0$$

将初始条件 $x(0) = 3$ 代入上式,得

$$(p+2)X(p) = 3$$

第二步:解出 $X(p)$

$$X(p) = \frac{3}{p+2}$$

第三步:求像函数的逆变换

$$x(t) = L^{-1}[X(p)] = L^{-1}\left[\frac{3}{p+2}\right] = 3\mathrm{e}^{-2t}$$

由例 7.26 可知,用拉氏变换解常系数线性微分方程的方法是较简便的,其运算过程如图 7.3 所示.

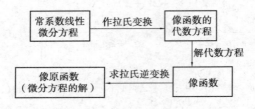

图 7.3

【例 7.27】　求微分方程 $y'' + 2y' - 3y = \mathrm{e}^{-t}$ 满足初始条件 $y(0) = 0, y'(0) = 1$ 的解.

【解】　第一步:对方程两端取拉氏变换,并设 $L[y(t)] = Y(p)$,把微分方程转化为代数方程,即

$$L[y'' + 2y' - 3y] = L[\mathrm{e}^{-t}]$$

得

$$p^2 Y(p) - py(0) - y'(0) + 2[pY(p) - y(0)] - 3Y(p) = \frac{1}{p+1}$$

将初始条件代入上式,整理得

$$p^2 Y(p) - 1 + 2pY(p) - 3Y(p) = \frac{1}{p+1}$$

第二步:解出 $Y(p)$

$$Y(p) = \frac{p+2}{(p^2 + 2p - 3)(p+1)}$$

$$= \frac{p+2}{(p+1)(p-1)(p+3)}$$

第三步:求像函数 $Y(p)$ 的逆变换

$$y(t) = L^{-1}[Y(p)] = L^{-1}\left[\frac{p+2}{(p+1)(p-1)(p+3)}\right]$$

$$= L^{-1}\left[\frac{-\dfrac{1}{4}}{p+1} + \frac{\dfrac{3}{8}}{p-1} + \frac{-\dfrac{1}{8}}{p+3}\right]$$

$$= -\frac{1}{4}\mathrm{e}^{-t} + \frac{3}{8}\mathrm{e}^{t} - \frac{1}{8}\mathrm{e}^{-3t}$$

【例 7.28】　求微分方程 $y'' + y = 2\cos t$ 满足初始条件 $y(0) = 2, y'(0) = 0$ 的解.

【解】　第一步:对方程两端取拉氏变换,并设 $L[y(t)] = Y(p)$,把微分方程转化为代

数方程,即

$$L[y'' + y] = L[2\cos t]$$

$$p^2 Y(p) - py(0) - y'(0) + Y(p) = \frac{2p}{p^2 + 1}$$

将初始条件代入上式,整理得

$$p^2 Y(p) - 2p + Y(p) = \frac{2p}{p^2 + 1}$$

第二步:解出 $Y(p)$

$$Y(p) = \frac{2p(p^2 + 1) + 2p}{(p^2 + 1)^2} = \frac{2p}{p^2 + 1} + \frac{2p}{(p^2 + 1)^2}$$

第三步:求像函数 $Y(p)$ 的逆变换

$$y(t) = L^{-1}[Y(p)] = L^{-1}\left[\frac{2p}{p^2 + 1} + \frac{2p}{(p^2 + 1)^2}\right]$$

$$= L^{-1}\left[\frac{2p}{p^2 + 1}\right] + L^{-1}\left[\frac{2p}{(p^2 + 1)^2}\right] = 2\cos t + t\sin t$$

【例 7.29】　求微分方程组

$$\begin{cases} x''(t) - 2y'(t) - x(t) = 0 \\ x'(t) - y(t) = 0 \end{cases}$$

满足初始条件 $x(0) = 0, x'(0) = 1, y(0) = 1$ 的解.

【解】　第一步:设 $X = X(p) = L[x(t)], Y = Y(p) = L[y(t)]$,对方程组取拉氏变换,把微分方程组转化为代数方程组,即

$$\begin{cases} p^2 X - px(0) - x'(0) - 2[pY - y(0)] - X = 0 \\ pX - x(0) - Y = 0 \end{cases}$$

将初始条件 $x(0) = 0, x'(0) = 1, y(0) = 1$ 代入上式,整理得

$$\begin{cases} (p^2 - 1)X - 2pY + 1 = 0 \\ pX - Y = 0 \end{cases}$$

第二步:解方程组得

$$\begin{cases} X(p) = \dfrac{1}{p^2 + 1} \\ Y(p) = \dfrac{p}{p^2 + 1} \end{cases}$$

第三步:取拉氏逆变换,所求解为

$$\begin{cases} x(t) = \sin t \\ y(t) = \cos t \end{cases}$$

【例 7.30】　有一弹性系数为 8 N/m 的弹簧,其上挂有质量为 2 kg 的物体,一个

$f(t) = 16\cos 4t$ N的外力作用在物体上,假定物体原来在平衡位置,有向上的初速度 2 m/s,如果阻力忽略不计,求物体的运动规律 $s(t)$.

【解】 由牛顿第二定律,得物体的运动方程为

$$2\frac{\mathrm{d}^2 s}{\mathrm{d}t^2} = -8s + 16\cos 4t$$

即

$$s''(t) + 4s(t) = 8\cos 4t$$

初始条件为

$$s(0) = 0, s'(0) = -2$$

两边取拉氏变换,得

$$L[s''(t)] + L[4s(t)] = 8L[\cos 4t]$$

$$p^2 S(p) - ps(0) - s'(0) + 4S(p) = \frac{8p}{p^2 + 16} \quad (\text{令 } L[s(t)] = S(p))$$

即

$$p^2 S(p) + 2 + 4S(p) = \frac{8p}{p^2 + 16}$$

解出 $S(p)$,得

$$S(p) = \frac{8p}{(p^2 + 16)(p^2 + 4)} - \frac{2}{p^2 + 4}$$

$$= \frac{2}{3}\frac{(16-4)p}{(p^2 + 16)(p^2 + 4)} - \frac{2}{p^2 + 4}$$

所以有

$$s(t) = L^{-1}\left[\frac{\frac{2}{3}(16-4)p}{(p^2 + 16)(p^2 + 4)} - \frac{2}{p^2 + 4}\right]$$

$$= \frac{2}{3}L^{-1}\left[\frac{(16-4)p}{(p^2 + 16)(p^2 + 4)}\right] - L^{-1}\left[\frac{2}{p^2 + 4}\right]$$

$$= \frac{2}{3}\cos 2t - \frac{2}{3}\cos 4t - \sin 2t$$

由上面的例题可以看出,利用拉氏变换解带有初始条件的线性微分方程,避免了一般求解过程中先求通解,再利用初始条件确定任意常数的繁杂计算.

## 习题 7.5

1.求下列函数的拉氏变换.

(1) $2e^{-4t}$

(2) $t^3 + 2t^2 + 3$

(3) $1 + 4e^t$

(4) $5\sin 2t - 3\cos 2t$

2. 求下列拉氏逆变换.

$(1) F(p) = \dfrac{1}{(p-5)^2}$     $(2) F(p) = \dfrac{p}{(p+3)(p+5)}$

$(3) F(p) = \dfrac{4}{p^2+4p+20}$     $(4) F(p) = \dfrac{5p+3}{(p-1)(p^2+2p+5)}$

3. 利用拉氏变换求解下列方程.

$(1) x'(t) + 3x(t) = 2, x(0) = 2$     $(2) y''(t) + \omega^2 y(t) = 0, y(0) = 0, y'(0) = \omega$

4. 解微分方程组 $\begin{cases} x' + x - y = \mathrm{e}^{2t} \\ y' + 3x - 2y = 2\mathrm{e}^{2t} \end{cases}, x(0) = y(0) = 1.$

# 本章小结

1. 基本内容

(1) 微分方程的基本概念:

①含有未知函数及其导数或微分的方程叫作微分方程,未知函数是一元的微分方程叫作常微分方程,否则叫作偏微分方程.

②微分方程中所含有的最高阶导数的阶数叫作微分方程的阶.

③满足微分方程的函数叫作微分方程的解,微分方程的含有任意常数的解叫作一般解,如果一般解中独立的任意常数的个数与微分方程的阶数相同则叫作通解,确定了通解中任意常数的解(即不含任意常数的解)叫作特解. 用来确定通解中任意常数的条件叫作初始条件,求解微分方程在给定初始条件下的特解问题叫作初值问题.

(2) 可分离变量的微分方程与一阶(非)齐次线性微分方程及其解法.

(3) 二阶常系数齐次线性微分方程及其解法.

(4) 拉普拉斯变换的概念、性质及其应用.

2. 基本题型及解题方法

(1) 求微分方程的通解方法如下表所示:

一阶微分方程的几种类型和解法归纳表

| 类 型 | | 方 程 | 解 法 |
|---|---|---|---|
| 可分离变量的微分方程 | | $\dfrac{\mathrm{d}y}{\mathrm{d}x} = f(x)g(y)$ | 分离变量法(分离变量,两边积分) |
| 一阶线性微分方程 | 齐次 | $\dfrac{\mathrm{d}y}{\mathrm{d}x} + P(x)y = 0$ | 1. 分离变量法<br>2. 公式法:$y = C\mathrm{e}^{-\int P(x)\mathrm{d}x}$ |
| | 非齐次 | $\dfrac{\mathrm{d}y}{\mathrm{d}x} + P(x)y = Q(x)$ | 1. 常数变易法<br>2. 公式法:$y = \mathrm{e}^{-\int P(x)\mathrm{d}x}\left[\int Q(x)\mathrm{e}^{-\int P(x)\mathrm{d}x}\mathrm{d}x + C\right]$ |

**二阶常系数齐次线性微分方程的通解表**

| 特征方程的两根 $r_1 , r_2$ | 微分方程的通解 |
|---|---|
| $r_1 \neq r_2 (r_1 , r_2$ 是实数$)$ | $y = C_1 \mathrm{e}^{r_1 x} + C_2 \mathrm{e}^{r_2 x}$ |
| $r_1 = r_2 (r_1 , r_2$ 是实数$)$ | $y = (C_1 + C_2 x) \mathrm{e}^{r_1 x}$ |
| 一对共轭复数 $r_{1,2} = \alpha \pm \beta i$ | $y = \mathrm{e}^{\alpha x}(C_1 \cos \beta x + C_2 \sin \beta x)$ |

（2）求微分方程在给定初始条件下的特解即初值问题的步骤如下：

①求出微分方程的通解；

②代入初始条件确定通解中的任意常数，从而得到特解.

（3）用微分方程解决应用问题的步骤如下：

①建立数学模型通常是初值问题：一般先建立微分方程，再确定初始条件. 建立微分方程首先要根据实际问题选择确定变量，再根据相关学科（如物理、化学、生物、几何、经济等）的理论，找到这些变量所遵循的规律，用微分方程表示出来. 因此，必须了解这些相关学科的基本概念、基本原理和定律. 同时，还要会用导数和微分来反映变量之间的关系，如几何学中曲线的切线斜率 $k = \dfrac{\mathrm{d}y}{\mathrm{d}x}$，物理学中变速直线运动的速度 $v = \dfrac{\mathrm{d}s}{\mathrm{d}t}$，加速 $a = \dfrac{\mathrm{d}v}{\mathrm{d}t} = \dfrac{\mathrm{d}^2 s}{\mathrm{d}t^2}$，角速度 $\omega = \dfrac{\mathrm{d}\theta}{\mathrm{d}t}$，电流强度 $i = \dfrac{\mathrm{d}q}{\mathrm{d}t}$，经济学中的边际成本 $C'(x)$，边际收入 $R'(x)$，边际利润 $L'(x)$ 等.

②求解初值问题，从而得到问题的答案.

# 综合练习题 7

1. 填空题.

（1）微分方程 $xy' - y \ln y = 0$ 的通解为_____.

（2）微分方程 $y'' - 5y' - 14y = 0$ 的通解为_____.

（3）微分方程 $y'' + 2y' + y = 0$ 的通解为_____.

（4）微分方程 $y'' - 2y' + 5y = 0$ 的通解为_____.

（5）一阶线性微分方程 $y' + \dfrac{y}{x} = x^2$ 满足初始条件 $y|_{x=2} = 5$ 的特解为_____.

（6）微分方程 $\dfrac{\mathrm{d}y}{\mathrm{d}x} = 3x^2 (1 + y^2)$ 满足初始条件 $y|_{x=0} = 1$ 的特解为_____.

2. 选择题.

（1）微分方程的 $xyy'' + (y')^3 - y^4y' = 0$ 阶数是（　　）.

    A. 2　　　　　　　　B. 3　　　　　　　　C. 4　　　　　　　　D. 5

（2）方程（　　）是二阶微分方程.

    A. $\dfrac{dy}{dx} - y^2 = e^2$　　　B. $x^3y'' + y^3 = 0$　　　C. $(y')^2 = 3x^2$　　　D. $(y^2)' + y^2 = x^2$

（3）方程（　　）是可分离变量的微分方程.

    A. $y' = x^3 - y^3$　　　　　　　　　　　　B. $x\,dx + (x+y)\,dy = 0$

    C. $\dfrac{dy}{dx} = \ln(x^2 + y^2)$　　　　　　　　D. $y' = e^{x+y}$

（4）微分方程 $y'' - 2y' + y = 0$ 的通解是（　　）.

    A. $y = x^2 + e^x$　　　B. $y = x + e^x$　　　C. $y = x^2 e^x$　　　D. $y = e^x(C_1 + C_2 x)$

（5）微分方程 $\dfrac{dy}{dx} + \dfrac{y}{x} = 0$ 的通解为（　　）.

    A. $x^2 + y^2 = C\,(C \in \mathbf{R})$　　　　　　　B. $x^2 - y^2 = C\,(C \in \mathbf{R})$

    C. $x^2 + y^2 = C^2\,(C \in \mathbf{R})$　　　　　　D. $x^2 - y^2 = C^2\,(C \in \mathbf{R})$

（6）微分方程 $y' - y \cdot \cot x = 0$ 的通解是（其中 $C$ 是任意常数）（　　）.

    A. $y = \dfrac{C}{\sin x}$　　　B. $y = C\sin x$　　　C. $y = \dfrac{C}{\cos x}$　　　D. $y = C \cdot \cos x$

3. 求下列微分方程的通解.

（1）$\dfrac{dy}{dx} = \dfrac{1}{x^2}$　　　　　　　　　　　　（2）$y' = e^{x-y}$

（3）$(1 + 2y)x\,dx + (1 + x^2)\,dy = 0$　　　　（4）$s''(t) = \cos t$

（5）$\dfrac{dy}{dx} = \dfrac{2xy}{1 + x^2}$　　　　　　　　　　（6）$\dfrac{dy}{dx} - \dfrac{2}{x}y = 2x^3$

4. 求下列微分方程的特解.

（1）$\dfrac{dy}{dx} = \dfrac{\cos x}{1 + y^2}, y\big|_{x=0} = 1$　　　　　（2）$xy' - 2y = x^3 e^x, y\big|_{x=1} = 0$

（3）$xy\,dx + (1 + x)\,dy = 0, y\big|_{x=0} = 2$　　　（4）$y'' = \dfrac{1}{x^2}\ln x, y\big|_{x=1} = 0, y'\big|_{x=1} = -1$

5. 设一条曲线通过原点,且在任一点 $(x, y)$ 的切线斜率为该点横坐标的 2 倍与纵坐标的和,求该曲线方程.

6. 在一个化学反应中,反应速度 $v$ 与质量 $M$ 成正比,且经过 100 s 后分解了原有物质质量 $M_0$ 的一半. 求:物质的质量 $M$ 与时间 $t$ 之间的函数关系.

7. 试确定可导函数 $f(x)$,使方程 $\displaystyle\int_0^x tf(t)\,dt = x^2 + 2 + f(x)$ 成立.

# 附　录

## 附录 1　初等数学常用公式

### 1）代数公式

**（1）绝对值**

$$|a| = \begin{cases} a, a \geqslant 0 \\ -a, a < 0 \end{cases} \qquad\qquad |x| \leqslant a \Leftrightarrow -a \leqslant x \leqslant a$$

$$|x| \geqslant a \Leftrightarrow x \geqslant a \text{ 或 } x \leqslant -a \qquad\qquad |a| - |b| \leqslant |a \pm b| \leqslant |a| + |b|$$

**（2）指数公式**

$$a^m \cdot a^n = a^{m+n} \qquad\qquad a^m \div a^n = a^{m-n} \qquad\qquad (ab)^m = a^m \cdot b^m$$

$$a^0 = 1 (a \neq 0) \qquad\qquad a^{-p} = \frac{1}{a^p} \qquad\qquad a^{\frac{n}{m}} = \sqrt[m]{a^n}$$

**（3）对数公式（设 $a > 0$ 且 $a \neq 1$）**

$$a^x = b \Leftrightarrow x = \log_a b \qquad\qquad \log_a 1 = 0 \qquad\qquad \log_a a = 1$$

$$a^{\log_a N} = N \qquad\qquad \log_a b = \frac{\log_c b}{\log_c a} (c > 0, c \neq 1)$$

$$\log_a MN = \log_a M + \log_a N \qquad \log_a \frac{M}{N} = \log_a M - \log_a N \qquad \log_a M^n = n \log_a M$$

**（4）乘法公式及因式分解公式**

$$(a+b)^n = C_n^0 a^n + C_n^1 ab^{n-1} + \cdots + C_n^r a^r b^{n-r} + \cdots + C_n^n b^n$$

$$(a \pm b)^2 = a^2 \pm 2ab + b^2 \qquad (a \pm b)^3 = a^3 \pm 3a^2 b + 3ab^2 \pm b^3$$

$$a^n - b^n = (a-b)(a^{n-1} + a^{n-2}b + a^{n-3}b^2 + \cdots + ab^{n-2} + b^{n-1})$$

$$a^2 - b^2 = (a+b)(a-b)$$

$$a^3 \pm b^3 = (a \pm b)(a^2 \mp ab + b^2)$$

**（5）数列公式**

首项为 $a_1$，公差为 $d$ 的等差数列　$a_n = a_1 + (n-1)d, S_n = \frac{n(a_1 + a_n)}{2}$

首项为 $a_1$ ，公比为 $q$ 的等比数列　$a_n = a_1 q^{n-1}, S_n = \dfrac{a_1(1-q^n)}{1-q}$

$1 + 2 + \cdots + n = \dfrac{n(n+1)}{2}$ 　　　　　　　$1 + 3 + 5 + \cdots + (2n-1) = n^2$

$1^2 + 2^2 + 3^2 + \cdots + n^2 = \dfrac{n(n+1)(2n+1)}{6}$ 　　　$1^3 + 2^3 + 3^3 + \cdots + n^3 = \left[\dfrac{n(n+1)}{2}\right]^2$

## 2）三角公式

### （1）同角三角函数间的关系

$\sin^2 x + \cos^2 x = 1$ 　　　　　$1 + \tan^2 x = \sec^2 x$ 　　　　　$1 + \cot^2 x = \csc^2 x$

$\sin x \csc x = 1$ 　　　　　$\cos x \sec x = 1$ 　　　　　$\tan x \cot x = 1$

$\tan x = \dfrac{\sin x}{\cos x}$ 　　　　　$\cot x = \dfrac{\cos x}{\sin x}$

### （2）倍角公式

$\sin 2x = 2 \sin x \cos x$ 　　　　　$\cos 2x = \cos^2 x - \sin^2 x = 2 \cos^2 x - 1 = 1 - 2 \sin^2 x$

$\tan 2x = \dfrac{2 \tan x}{1 - \tan^2 x}$ 　　　　　$\sin^2 x = \dfrac{1 - \cos 2x}{2}$ 　　　　　$\cos^2 x = \dfrac{1 + \cos 2x}{2}$

积化和差与和差化积：

$\sin \alpha \cos \beta = \dfrac{1}{2}\left[\sin(\alpha+\beta) + \sin(\alpha-\beta)\right]$ 　$\cos \alpha \sin \beta = \dfrac{1}{2}\left[\sin(\alpha+\beta) - \sin(\alpha-\beta)\right]$

$\cos \alpha \cos \beta = \dfrac{1}{2}\left[\cos(\alpha+\beta) + \cos(\alpha-\beta)\right]$ 　$\sin \alpha \sin \beta = -\dfrac{1}{2}\left[\cos(\alpha+\beta) - \cos(\alpha-\beta)\right]$

$\sin \alpha + \sin \beta = 2 \sin \dfrac{\alpha+\beta}{2} \cos \dfrac{\alpha-\beta}{2}$ 　　$\sin \alpha - \sin \beta = 2 \cos \dfrac{\alpha+\beta}{2} \sin \dfrac{\alpha-\beta}{2}$

$\cos \alpha + \cos \beta = 2 \cos \dfrac{\alpha+\beta}{2} \cos \dfrac{\alpha-\beta}{2}$ 　　$\cos \alpha - \cos \beta = -2 \sin \dfrac{\alpha+\beta}{2} \sin \dfrac{\alpha-\beta}{2}$

正余弦定理及面积公式：

$\dfrac{a}{\sin A} = \dfrac{b}{\sin B} = \dfrac{c}{\sin C} = 2R$

$a^2 = b^2 + c^2 - 2bc \cos A$ 　　　$b^2 = a^2 + c^2 - 2ac \cos B$ 　　　$c^2 = a^2 + b^2 - 2ab \cos C$

$S = \dfrac{1}{2}ab \sin C = \dfrac{1}{2}bc \sin A = \dfrac{1}{2}ac \sin B$

$S = \sqrt{p(p-a)(p-b)(p-c)}$ ，其中 $p = \dfrac{1}{2}(a+b+c)$

## 3）解析几何公式

两点 $P_1(x_1, y_1)$ 与 $P_2(x_2, y_2)$ 的距离公式　$d = \sqrt{(x_2-x_1)^2 + (y_2-y_1)^2}$

经过两点 $P_1(x_1, y_1)$ 与 $P_2(x_2, y_2)$ 的直线的斜率公式　$k = \dfrac{y_2-y_1}{x_2-x_1}$

经过点 $P(x_0, y_0)$ ，斜率为 $k$ 直线方程为　$y - y_0 = k(x - x_0)$

斜率为 $k$ ，纵截距为 $b$ 的直线方程为　$y = kx + b$

点 $P(x_0, y_0)$ 到直线 $Ax + By + C = 0$ 的距离为　$d = \dfrac{|Ax_0 + By_0 + C|}{\sqrt{A^2 + B^2}}$

# 附录 2　积分表

1）含有 $ax+b$ 的积分（$a \neq 0$）

（1）$\int \dfrac{\mathrm{d}x}{ax+b} = \dfrac{1}{a}\ln|ax+b| + C$

（2）$\int (ax+b)^{\mu}\mathrm{d}x = \dfrac{1}{a(\mu+1)}(ax+b)^{\mu+1} + C(\mu \neq -1)$

（3）$\int \dfrac{x}{ax+b}\mathrm{d}x = \dfrac{1}{a^2}(ax+b-b\ln|ax+b|) + C$

（4）$\int \dfrac{x^2}{ax+b}\mathrm{d}x = \dfrac{1}{a^3}\left[\dfrac{1}{2}(ax+b)^2 - 2b(ax+b) + b^2\ln|ax+b|\right] + C$

（5）$\int \dfrac{\mathrm{d}x}{x(ax+b)} = -\dfrac{1}{b}\ln\left|\dfrac{ax+b}{x}\right| + C$

（6）$\int \dfrac{\mathrm{d}x}{x^2(ax+b)} = -\dfrac{1}{bx} + \dfrac{a}{b^2}\ln\left|\dfrac{ax+b}{x}\right| + C$

（7）$\int \dfrac{x}{(ax+b)^2}\mathrm{d}x = \dfrac{1}{a^2}\left(\ln|ax+b| + \dfrac{b}{ax+b}\right) + C$

（8）$\int \dfrac{x^2}{(ax+b)^2}\mathrm{d}x = \dfrac{1}{a^3}\left(ax+b-2b\ln|ax+b| - \dfrac{b^2}{ax+b}\right) + C$

（9）$\int \dfrac{\mathrm{d}x}{x(ax+b)^2} = \dfrac{1}{b(ax+b)} - \dfrac{1}{b^2}\ln\left|\dfrac{ax+b}{x}\right| + C$

2）含有 $\sqrt{ax+b}$ 的积分

（10）$\int \sqrt{ax+b}\,\mathrm{d}x = \dfrac{2}{3a}\sqrt{(ax+b)^3} + C$

（11）$\int x\sqrt{ax+b}\,\mathrm{d}x = \dfrac{2}{15a^2}(3ax-2b)\sqrt{(ax+b)^3} + C$

（12）$\int x^2\sqrt{ax+b}\,\mathrm{d}x = \dfrac{2}{105a^3}(15a^2x^2 - 12abx + 8b^2)\sqrt{(ax+b)^3} + C$

（13）$\int \dfrac{x}{\sqrt{ax+b}}\mathrm{d}x = \dfrac{2}{3a^2}(ax-2b)\sqrt{ax+b} + C$

（14）$\int \dfrac{x^2}{\sqrt{ax+b}}\mathrm{d}x = \dfrac{2}{15a^3}(3a^2x^2 - 4abx + 8b^2)\sqrt{ax+b} + C$

（15）$\int \dfrac{\mathrm{d}x}{x\sqrt{ax+b}} = \begin{cases} \dfrac{1}{\sqrt{b}}\ln\left|\dfrac{\sqrt{ax+b}-\sqrt{b}}{\sqrt{ax+b}+\sqrt{b}}\right| + C & (b>0) \\[3mm] \dfrac{2}{\sqrt{-b}}\arctan\sqrt{\dfrac{ax+b}{-b}} + C & (b<0) \end{cases}$

$(16)\int\dfrac{\mathrm{d}x}{x^2\sqrt{ax+b}}=-\dfrac{\sqrt{ax+b}}{bx}-\dfrac{a}{2b}\int\dfrac{\mathrm{d}x}{x\sqrt{ax+b}}$

$(17)\int\dfrac{\sqrt{ax+b}}{x}\mathrm{d}x=2\sqrt{ax+b}+b\int\dfrac{\mathrm{d}x}{x\sqrt{ax+b}}$

$(18)\int\dfrac{\sqrt{ax+b}}{x^2}\mathrm{d}x=-\dfrac{\sqrt{ax+b}}{x}+\dfrac{a}{2}\int\dfrac{\mathrm{d}x}{x\sqrt{ax+b}}$

3）含有 $x^2\pm a^2$ 的积分

$(19)\int\dfrac{\mathrm{d}x}{x^2+a^2}=\dfrac{1}{a}\arctan\dfrac{x}{a}+C$

$(20)\int\dfrac{\mathrm{d}x}{(x^2+a^2)^n}=\dfrac{x}{2(n-1)a^2(x^2+a^2)^{n-1}}+\dfrac{2n-3}{2(n-1)a^2}\int\dfrac{\mathrm{d}x}{(x^2+a^2)^{n-1}}$

$(21)\int\dfrac{\mathrm{d}x}{x^2-a^2}=\dfrac{1}{2a}\ln\left|\dfrac{x-a}{x+a}\right|+C$

4）含有 $ax^2+b(a>0)$ 的积分

$(22)\int\dfrac{\mathrm{d}x}{ax^2+b}=\begin{cases}\dfrac{1}{\sqrt{ab}}\arctan\sqrt{\dfrac{a}{b}}x+C&(b>0)\\[3mm]\dfrac{1}{2\sqrt{-ab}}\ln\left|\dfrac{\sqrt{a}x-\sqrt{-b}}{\sqrt{a}x+\sqrt{-b}}\right|+C&(b<0)\end{cases}$

$(23)\int\dfrac{x}{ax^2+b}\mathrm{d}x=\dfrac{1}{2a}\ln|ax^2+b|+C$

$(24)\int\dfrac{x^2}{ax^2+b}\mathrm{d}x=\dfrac{x}{a}-\dfrac{b}{a}\int\dfrac{\mathrm{d}x}{ax^2+b}$

$(25)\int\dfrac{\mathrm{d}x}{x(ax^2+b)}=\dfrac{1}{2b}\ln\dfrac{x^2}{|ax^2+b|}+C$

$(26)\int\dfrac{\mathrm{d}x}{x^2(ax^2+b)}=-\dfrac{1}{bx}-\dfrac{a}{b}\int\dfrac{\mathrm{d}x}{ax^2+b}$

$(27)\int\dfrac{\mathrm{d}x}{x^3(ax^2+b)}=\dfrac{a}{2b^2}\ln\dfrac{|ax^2+b|}{x^2}-\dfrac{1}{2bx^2}+C$

$(28)\int\dfrac{\mathrm{d}x}{(ax^2+b)^2}=\dfrac{x}{2b(ax^2+b)}+\dfrac{1}{2b}\int\dfrac{\mathrm{d}x}{ax^2+b}$

5）含有 $ax^2+bx+c(a>0)$ 的积分

$(29)\int\dfrac{\mathrm{d}x}{ax^2+bx+c}=\begin{cases}\dfrac{2}{\sqrt{4ac-b^2}}\arctan\dfrac{2ax+b}{\sqrt{4ac-b^2}}+C&(b^2<4ac)\\[3mm]\dfrac{1}{\sqrt{b^2-4ac}}\ln\left|\dfrac{2ax+b-\sqrt{b^2-4ac}}{2ax+b+\sqrt{b^2-4ac}}\right|+C&(b^2>4ac)\end{cases}$

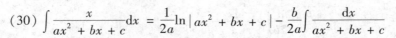

(30) $\int \dfrac{x}{ax^2 + bx + c}dx = \dfrac{1}{2a}\ln|ax^2 + bx + c| - \dfrac{b}{2a}\int \dfrac{dx}{ax^2 + bx + c}$

6）含有 $\sqrt{x^2 + a^2}\,(a > 0)$ 的积分

(31) $\int \dfrac{dx}{\sqrt{x^2 + a^2}} = \ln(x + \sqrt{x^2 + a^2}) + C$

(32) $\int \dfrac{dx}{\sqrt{(x^2 + a^2)^3}} = \dfrac{x}{a^2\sqrt{x^2 + a^2}} + C$

(33) $\int \dfrac{x}{\sqrt{x^2 + a^2}}dx = \sqrt{x^2 + a^2} + C$

(34) $\int \dfrac{x}{\sqrt{(x^2 + a^2)^3}}dx = -\dfrac{1}{\sqrt{x^2 + a^2}} + C$

(35) $\int \dfrac{x^2}{\sqrt{x^2 + a^2}}dx = \dfrac{x}{2}\sqrt{x^2 + a^2} - \dfrac{a^2}{2}\ln(x + \sqrt{x^2 + a^2}) + C$

(36) $\int \dfrac{x^2}{\sqrt{(x^2 + a^2)^3}}dx = -\dfrac{x}{\sqrt{x^2 + a^2}} + \ln(x + \sqrt{x^2 + a^2}) + C$

(37) $\int \dfrac{dx}{x\sqrt{x^2 + a^2}} = \dfrac{1}{a}\ln\dfrac{\sqrt{x^2 + a^2} - a}{|x|} + C$

(38) $\int \dfrac{dx}{x^2\sqrt{x^2 + a^2}} = -\dfrac{\sqrt{x^2 + a^2}}{a^2 x} + C$

(39) $\int \sqrt{x^2 + a^2}\,dx = \dfrac{x}{2}\sqrt{x^2 + a^2} + \dfrac{a^2}{2}\ln(x + \sqrt{x^2 + a^2}) + C$

(40) $\int \sqrt{(x^2 + a^2)^3}\,dx = \dfrac{x}{8}(2x^2 + 5a^2)\sqrt{x^2 + a^2} + \dfrac{3}{8}a^4\ln(x + \sqrt{x^2 + a^2}) + C$

(41) $\int x\sqrt{x^2 + a^2}\,dx = \dfrac{1}{3}\sqrt{(x^2 + a^2)^3} + C$

(42) $\int x^2\sqrt{x^2 + a^2}\,dx = \dfrac{x}{8}(2x^2 + a^2)\sqrt{x^2 + a^2} - \dfrac{a^4}{8}\ln(x + \sqrt{x^2 + a^2}) + C$

(43) $\int \dfrac{\sqrt{x^2 + a^2}}{x}dx = \sqrt{x^2 + a^2} + a\ln\dfrac{\sqrt{x^2 + a^2} - a}{|x|} + C$

(44) $\int \dfrac{\sqrt{x^2 + a^2}}{x^2}dx = -\dfrac{\sqrt{x^2 + a^2}}{x} + \ln(x + \sqrt{x^2 + a^2}) + C$

7）含有 $\sqrt{x^2 - a^2}\,(a > 0)$ 的积分

(45) $\int \dfrac{dx}{\sqrt{x^2 - a^2}} = \dfrac{x}{|x|}\text{arch}\dfrac{|x|}{a} + C_1 = \ln\left|x + \sqrt{x^2 - a^2}\right| + C$

(46) $\int \dfrac{dx}{\sqrt{(x^2 - a^2)^3}} = -\dfrac{x}{a^2\sqrt{x^2 - a^2}} + C$

(47) $\int \dfrac{x}{\sqrt{x^2-a^2}}\mathrm{d}x = \sqrt{x^2-a^2} + C$

(48) $\int \dfrac{x}{\sqrt{(x^2-a^2)^3}}\mathrm{d}x = -\dfrac{1}{\sqrt{x^2-a^2}} + C$

(49) $\int \dfrac{x^2}{\sqrt{x^2-a^2}}\mathrm{d}x = \dfrac{x}{2}\sqrt{x^2-a^2} + \dfrac{a^2}{2}\ln\left| x + \sqrt{x^2-a^2}\right| + C$

(50) $\int \dfrac{x^2}{\sqrt{(x^2-a^2)^3}}\mathrm{d}x = -\dfrac{x}{\sqrt{x^2-a^2}} + \ln\left| x + \sqrt{x^2-a^2}\right| + C$

(51) $\int \dfrac{\mathrm{d}x}{x\sqrt{x^2-a^2}} = \dfrac{1}{a}\arccos\dfrac{a}{|x|} + C$

(52) $\int \dfrac{\mathrm{d}x}{x^2\sqrt{x^2-a^2}} = \dfrac{\sqrt{x^2-a^2}}{a^2 x} + C$

(53) $\int \sqrt{x^2-a^2}\,\mathrm{d}x = \dfrac{x}{2}\sqrt{x^2-a^2} - \dfrac{a^2}{2}\ln\left| x + \sqrt{x^2-a^2}\right| + C$

(54) $\int \sqrt{(x^2-a^2)^3}\,\mathrm{d}x = \dfrac{x}{8}(2x^2-5a^2)\sqrt{x^2-a^2} + \dfrac{3}{8}a^4\ln\left| x + \sqrt{x^2-a^2}\right| + C$

(55) $\int x\sqrt{x^2-a^2}\,\mathrm{d}x = \dfrac{1}{3}\sqrt{(x^2-a^2)^3} + C$

(56) $\int x^2\sqrt{x^2-a^2}\,\mathrm{d}x = \dfrac{x}{8}(2x^2-a^2)\sqrt{x^2-a^2} - \dfrac{a^4}{8}\ln\left| x + \sqrt{x^2-a^2}\right| + C$

(57) $\int \dfrac{\sqrt{x^2-a^2}}{x}\mathrm{d}x = \sqrt{x^2-a^2} - a\arccos\dfrac{a}{|x|} + C$

(58) $\int \dfrac{\sqrt{x^2-a^2}}{x^2}\mathrm{d}x = -\dfrac{\sqrt{x^2-a^2}}{x} + \ln\left| x + \sqrt{x^2-a^2}\right| + C$

8）含有 $\sqrt{a^2-x^2}\ (a>0)$ 的积分

(59) $\int \dfrac{\mathrm{d}x}{\sqrt{a^2-x^2}} = \arcsin\dfrac{x}{a} + C$

(60) $\int \dfrac{\mathrm{d}x}{\sqrt{(a^2-x^2)^3}} = \dfrac{x}{a^2\sqrt{a^2-x^2}} + C$

(61) $\int \dfrac{x}{\sqrt{a^2-x^2}}\mathrm{d}x = -\sqrt{a^2-x^2} + C$

(62) $\int \dfrac{x}{\sqrt{(a^2-x^2)^3}}\mathrm{d}x = \dfrac{1}{\sqrt{a^2-x^2}} + C$

(63) $\int \dfrac{x^2}{\sqrt{a^2-x^2}}\mathrm{d}x = -\dfrac{x}{2}\sqrt{a^2-x^2} + \dfrac{a^2}{2}\arcsin\dfrac{x}{a} + C$

(64) $\displaystyle\int \frac{x^2}{\sqrt{(a^2-x^2)^3}}\mathrm{d}x = \frac{x}{\sqrt{a^2-x^2}} - \arcsin\frac{x}{a} + C$

(65) $\displaystyle\int \frac{\mathrm{d}x}{x\sqrt{a^2-x^2}} = \frac{1}{a}\ln\frac{a-\sqrt{a^2-x^2}}{|x|} + C$

(66) $\displaystyle\int \frac{\mathrm{d}x}{x^2\sqrt{a^2-x^2}} = -\frac{\sqrt{a^2-x^2}}{a^2 x} + C$

(67) $\displaystyle\int \sqrt{a^2-x^2}\,\mathrm{d}x = \frac{x}{2}\sqrt{a^2-x^2} + \frac{a^2}{2}\arcsin\frac{x}{a} + C$

(68) $\displaystyle\int \sqrt{(a^2-x^2)^3}\,\mathrm{d}x = \frac{x}{8}(5a^2-2x^2)\sqrt{a^2-x^2} + \frac{3}{8}a^4\arcsin\frac{x}{a} + C$

(69) $\displaystyle\int x\sqrt{a^2-x^2}\,\mathrm{d}x = -\frac{1}{3}\sqrt{(a^2-x^2)^3} + C$

(70) $\displaystyle\int x^2\sqrt{a^2-x^2}\,\mathrm{d}x = \frac{x}{8}(2x^2-a^2)\sqrt{a^2-x^2} + \frac{a^4}{8}\arcsin\frac{x}{a} + C$

(71) $\displaystyle\int \frac{\sqrt{a^2-x^2}}{x}\mathrm{d}x = \sqrt{a^2-x^2} + a\ln\frac{a-\sqrt{a^2-x^2}}{|x|} + C$

(72) $\displaystyle\int \frac{\sqrt{a^2-x^2}}{x^2}\mathrm{d}x = -\frac{\sqrt{a^2-x^2}}{x} - \arcsin\frac{x}{a} + C$

9）含有 $\sqrt{\pm ax^2+bx+c}\,(a>0)$ 的积分

(73) $\displaystyle\int \frac{\mathrm{d}x}{\sqrt{ax^2+bx+c}} = \frac{1}{\sqrt{a}}\ln\left|2ax+b+2\sqrt{a}\sqrt{ax^2+bx+c}\right| + C$

(74) $\displaystyle\int \sqrt{ax^2+bx+c}\,\mathrm{d}x = \frac{2ax+b}{4a}\sqrt{ax^2+bx+c} +$

$$\frac{4ac-b^2}{8\sqrt{a^3}}\ln\left|2ax+b+2\sqrt{a}\sqrt{ax^2+bx+c}\right| + C$$

(75) $\displaystyle\int \frac{x}{\sqrt{ax^2+bx+c}}\mathrm{d}x = \frac{1}{a}\sqrt{ax^2+bx+c} -$

$$\frac{b}{2\sqrt{a^3}}\ln\left|2ax+b+2\sqrt{a}\sqrt{ax^2+bx+c}\right| + C$$

(76) $\displaystyle\int \frac{\mathrm{d}x}{\sqrt{c+bx-ax^2}} = -\frac{1}{\sqrt{a}}\arcsin\frac{2ax-b}{\sqrt{b^2+4ac}} + C$

(77) $\displaystyle\int \sqrt{c+bx-ax^2}\,\mathrm{d}x = \frac{2ax-b}{4a}\sqrt{c+bx-ax^2} + \frac{b^2+4ac}{8\sqrt{a^3}}\arcsin\frac{2ax-b}{\sqrt{b^2+4ac}} + C$

(78) $\displaystyle\int \frac{x}{\sqrt{c+bx-ax^2}}\mathrm{d}x = -\frac{1}{a}\sqrt{c+bx-ax^2} + \frac{b}{2\sqrt{a^3}}\arcsin\frac{2ax-b}{\sqrt{b^2+4ac}} + C$

10) 含有 $\sqrt{\pm\dfrac{x-a}{x-b}}$ 或 $\sqrt{(x-a)(b-x)}$ 的积分

(79) $\displaystyle\int \sqrt{\dfrac{x-a}{x-b}}\,dx = (x-b)\sqrt{\dfrac{x-a}{x-b}} + (b-a)\ln(\sqrt{|x-a|} + \sqrt{|x-b|}) + C$

(80) $\displaystyle\int \sqrt{\dfrac{x-a}{b-x}}\,dx = (x-b)\sqrt{\dfrac{x-a}{b-x}} + (b-a)\arcsin\sqrt{\dfrac{x-a}{b-x}} + C$

(81) $\displaystyle\int \dfrac{dx}{\sqrt{(x-a)(b-x)}} = 2\arcsin\sqrt{\dfrac{x-a}{b-x}} + C \quad (a < b)$

(82) $\displaystyle\int \sqrt{(x-a)(b-x)}\,dx =$

$\qquad \dfrac{2x-a-b}{4}\sqrt{(x-a)(b-x)} + \dfrac{(b-a)^2}{4}\arcsin\sqrt{\dfrac{x-a}{b-x}} + C \quad (a < b)$

11) 含有三角函数的积分

(83) $\displaystyle\int \sin x\,dx = -\cos x + C$

(84) $\displaystyle\int \cos x\,dx = \sin x + C$

(85) $\displaystyle\int \tan x\,dx = -\ln|\cos x| + C$

(86) $\displaystyle\int \cot x\,dx = \ln|\sin x| + C$

(87) $\displaystyle\int \sec x\,dx = \ln\left|\tan\left(\dfrac{\pi}{4} + \dfrac{x}{2}\right)\right| + C = \ln|\sec x + \tan x| + C$

(88) $\displaystyle\int \csc x\,dx = \ln\left|\tan\dfrac{x}{2}\right| + C = \ln|\csc x - \cot x| + C$

(89) $\displaystyle\int \sec^2 x\,dx = \tan x + C$

(90) $\displaystyle\int \csc^2 x\,dx = -\cot x + C$

(91) $\displaystyle\int \sec x \tan x\,dx = \sec x + C$

(92) $\displaystyle\int \csc x \cot x\,dx = -\csc x + C$

(93) $\displaystyle\int \sin^2 x\,dx = \dfrac{x}{2} - \dfrac{1}{4}\sin 2x + C$

(94) $\displaystyle\int \cos^2 x\,dx = \dfrac{x}{2} + \dfrac{1}{4}\sin 2x + C$

(95) $\displaystyle\int \sin^n x\,dx = -\dfrac{1}{n}\sin^{n-1}x \cos x + \dfrac{n-1}{n}\int \sin^{n-2}x\,dx$

$$(96)\int\cos^n x\mathrm{d}x = \frac{1}{n}\cos^{n-1}x\sin x + \frac{n-1}{n}\int\cos^{n-2}x\mathrm{d}x$$

$$(97)\int\frac{\mathrm{d}x}{\sin^n x} = -\frac{1}{n-1}\cdot\frac{\cos x}{\sin^{n-1}x} + \frac{n-2}{n-1}\int\frac{\mathrm{d}x}{\sin^{n-2}x}$$

$$(98)\int\frac{\mathrm{d}x}{\cos^n x} = \frac{1}{n-1}\cdot\frac{\sin x}{\cos^{n-1}x} + \frac{n-2}{n-1}\int\frac{\mathrm{d}x}{\cos^{n-2}x}$$

$$(99)\int\cos^m x\sin^n x\mathrm{d}x = \frac{1}{m+n}\cos^{m-1}x\sin^{n+1}x + \frac{m-1}{m+n}\int\cos^{m-2}x\sin^n x\mathrm{d}x$$

$$= -\frac{1}{m+n}\cos^{m+1}x\sin^{n-1}x + \frac{n-1}{m+n}\int\cos^m x\sin^{n-2}x\mathrm{d}x$$

$$(100)\int\sin ax\cos bx\mathrm{d}x = -\frac{1}{2(a+b)}\cos(a+b)x - \frac{1}{2(a-b)}\cos(a-b)x + C$$

$$(101)\int\sin ax\sin bx\mathrm{d}x = -\frac{1}{2(a+b)}\sin(a+b)x + \frac{1}{2(a-b)}\sin(a-b)x + C$$

$$(102)\int\cos ax\cos bx\mathrm{d}x = \frac{1}{2(a+b)}\sin(a+b)x + \frac{1}{2(a-b)}\sin(a-b)x + C$$

$$(103)\int\frac{\mathrm{d}x}{a+b\sin x} = \frac{2}{\sqrt{a^2-b^2}}\arctan\frac{a\tan\frac{x}{2}+b}{\sqrt{a^2-b^2}} + C \quad (a^2 > b^2)$$

$$(104)\int\frac{\mathrm{d}x}{a+b\sin x} = \frac{1}{\sqrt{b^2-a^2}}\ln\left|\frac{a\tan\frac{x}{2}+b-\sqrt{b^2-a^2}}{a\tan\frac{x}{2}+b+\sqrt{b^2-a^2}}\right| + C \quad (a^2 < b^2)$$

$$(105)\int\frac{\mathrm{d}x}{a+b\cos x} = \frac{2}{a+b}\sqrt{\frac{a+b}{a-b}}\arctan\left(\sqrt{\frac{a-b}{a+b}}\tan\frac{x}{2}\right) + C \quad (a^2 > b^2)$$

$$(106)\int\frac{\mathrm{d}x}{a+b\cos x} = \frac{1}{a+b}\sqrt{\frac{a+b}{b-a}}\ln\left|\frac{\tan\frac{x}{2}+\sqrt{\frac{a+b}{b-a}}}{\tan\frac{x}{2}-\sqrt{\frac{a+b}{b-a}}}\right| + C \quad (a^2 < b^2)$$

$$(107)\int\frac{\mathrm{d}x}{a^2\cos^2 x + b^2\sin^2 x} = \frac{1}{ab}\arctan\left(\frac{b}{a}\tan x\right) + C$$

$$(108)\int\frac{\mathrm{d}x}{a^2\cos^2 x - b^2\sin^2 x} = \frac{1}{2ab}\ln\left|\frac{b\tan x+a}{b\tan x-a}\right| + C$$

$$(109)\int x\sin ax\mathrm{d}x = \frac{1}{a^2}\sin ax - \frac{1}{a}x\cos ax + C$$

$$(110)\int x^2\sin ax\mathrm{d}x = -\frac{1}{a}x^2\cos ax + \frac{2}{a^2}x\sin ax + \frac{2}{a^3}\cos ax + C$$

$$(111)\int x\cos ax\mathrm{d}x = \frac{1}{a^2}\cos ax + \frac{1}{a}x\sin ax + C$$

$(112) \int x^2 \cos ax \mathrm{d}x = \dfrac{1}{a}x^2 \sin ax + \dfrac{2}{a^2}x \cos ax - \dfrac{2}{a^3}\sin ax + C$

## 12) 含有反三角函数的积分（其中 $a > 0$）

$(113) \int \arcsin \dfrac{x}{a} \mathrm{d}x = x \arcsin \dfrac{x}{a} + \sqrt{a^2 - x^2} + C$

$(114) \int x \arcsin \dfrac{x}{a} \mathrm{d}x = \left( \dfrac{x^2}{2} - \dfrac{a^2}{4} \right) \arcsin \dfrac{x}{a} + \dfrac{x}{4}\sqrt{a^2 - x^2} + C$

$(115) \int x^2 \arcsin \dfrac{x}{a} \mathrm{d}x = \dfrac{x^3}{3} \arcsin \dfrac{x}{a} + \dfrac{1}{9}(x^2 + 2a^2)\sqrt{a^2 - x^2} + C$

$(116) \int \arccos \dfrac{x}{a} \mathrm{d}x = x \arccos \dfrac{x}{a} - \sqrt{a^2 - x^2} + C$

$(117) \int x \arccos \dfrac{x}{a} \mathrm{d}x = \left( \dfrac{x^2}{2} - \dfrac{a^2}{4} \right) \arccos \dfrac{x}{a} - \dfrac{x}{4}\sqrt{a^2 - x^2} + C$

$(118) \int x^2 \arccos \dfrac{x}{a} \mathrm{d}x = \dfrac{x^3}{3} \arccos \dfrac{x}{a} - \dfrac{1}{9}(x^2 + 2a^2)\sqrt{a^2 - x^2} + C$

$(119) \int \arctan \dfrac{x}{a} \mathrm{d}x = x \arctan \dfrac{x}{a} - \dfrac{a}{2}\ln(a^2 + x^2) + C$

$(120) \int x \arctan \dfrac{x}{a} \mathrm{d}x = \dfrac{1}{2}(a^2 + x^2)\arctan \dfrac{x}{a} - \dfrac{a}{2}x + C$

$(121) \int x^2 \arctan \dfrac{x}{a} \mathrm{d}x = \dfrac{x^3}{3}\arctan \dfrac{x}{a} - \dfrac{a}{6}x^2 + \dfrac{a^3}{6}\ln(a^2 + x^2) + C$

## 13) 含有指数函数的积分

$(122) \int a^x \mathrm{d}x = \dfrac{1}{\ln a}a^x + C$

$(123) \int \mathrm{e}^{ax} \mathrm{d}x = \dfrac{1}{a}\mathrm{e}^{ax} + C$

$(124) \int x\mathrm{e}^{ax} \mathrm{d}x = \dfrac{1}{a^2}(ax - 1)\mathrm{e}^{ax} + C$

$(125) \int x^n \mathrm{e}^{ax} \mathrm{d}x = \dfrac{1}{a}x^n \mathrm{e}^{ax} - \dfrac{n}{a}\int x^{n-1}\mathrm{e}^{ax}\mathrm{d}x$

$(126) \int xa^x \mathrm{d}x = \dfrac{x}{\ln a}a^x - \dfrac{1}{(\ln a)^2}a^x + C$

$(127) \int x^n a^x \mathrm{d}x = \dfrac{1}{\ln a}x^n a^x - \dfrac{n}{\ln a}\int x^{n-1}a^x\mathrm{d}x$

$(128) \int \mathrm{e}^{ax}\sin bx\mathrm{d}x = \dfrac{1}{a^2 + b^2}\mathrm{e}^{ax}(a\sin bx - b\cos bx) + C$

$(129) \int \mathrm{e}^{ax}\cos bx\mathrm{d}x = \dfrac{1}{a^2 + b^2}\mathrm{e}^{ax}(b\sin bx + a\cos bx) + C$

$(130)\int \mathrm{e}^{ax}\sin^n bx\mathrm{d}x = \dfrac{1}{a^2 + b^2 n^2}\mathrm{e}^{ax}\sin^{n-1}bx(a\sin bx - nb\cos bx) +$

$\qquad\qquad\qquad\dfrac{n(n-1)b^2}{a^2 + b^2 n^2}\int \mathrm{e}^{ax}\sin^{n-2}bx\mathrm{d}x$

$(131)\int \mathrm{e}^{ax}\cos^n bx\mathrm{d}x = \dfrac{1}{a^2 + b^2 n^2}\mathrm{e}^{ax}\cos^{n-1}bx(a\cos bx + nb\sin bx) +$

$\qquad\qquad\qquad\dfrac{n(n-1)b^2}{a^2 + b^2 n^2}\int \mathrm{e}^{ax}\cos^{n-2}bx\mathrm{d}x$

## 14）含有对数函数的积分

$(132)\int \ln x\mathrm{d}x = x\ln x - x + C$

$(133)\int \dfrac{\mathrm{d}x}{x\ln x} = \ln|\ln x| + C$

$(134)\int x^n\ln x\mathrm{d}x = \dfrac{1}{n+1}x^{n+1}\left(\ln x - \dfrac{1}{n+1}\right) + C$

$(135)\int (\ln x)^n\mathrm{d}x = x(\ln x)^n - n\int (\ln x)^{n-1}\mathrm{d}x$

$(136)\int x^m(\ln x)^n\mathrm{d}x = \dfrac{1}{m+1}x^{m+1}(\ln x)^n - \dfrac{n}{m+1}\int x^m(\ln x)^{n-1}\mathrm{d}x$

## 15）含有双曲函数的积分

$(137)\int \mathrm{sh}\, x\mathrm{d}x = \mathrm{ch}\, x + C$

$(138)\int \mathrm{ch}\, x\mathrm{d}x = \mathrm{sh}\, x + C$

$(139)\int \mathrm{th}\, x\mathrm{d}x = \mathrm{lnch}\, x + C$

$(140)\int \mathrm{sh}^2 x\mathrm{d}x = -\dfrac{x}{2} + \dfrac{1}{4}\mathrm{sh}\, 2x + C$

$(141)\int \mathrm{ch}^2 x\mathrm{d}x = \dfrac{x}{2} + \dfrac{1}{4}\mathrm{sh}\, 2x + C$

## 16）定积分

$(142)\displaystyle\int_{-\pi}^{\pi} \cos nx\mathrm{d}x = \int_{-\pi}^{\pi} \sin nx\mathrm{d}x = 0$

$(143)\displaystyle\int_{-\pi}^{\pi} \cos mx\sin nx\mathrm{d}x = 0$

$(144)\displaystyle\int_{-\pi}^{\pi} \cos mx\cos nx\mathrm{d}x = \begin{cases} 0 & m \neq n \\ \pi & m = n \end{cases}$

（145）$\int_{-\pi}^{\pi} \sin mx \sin nx \mathrm{d}x = \begin{cases} 0 & m \neq n \\ \pi & m = n \end{cases}$

（146）$\int_{0}^{\pi} \sin mx \sin nx \mathrm{d}x = \int_{0}^{\pi} \cos mx \cos nx \mathrm{d}x = \begin{cases} 0 & m \neq n \\ \dfrac{\pi}{2} & m = n \end{cases}$

（147）$I_n = \int_{0}^{\frac{\pi}{2}} \sin^n x \mathrm{d}x = \int_{0}^{\frac{\pi}{2}} \cos^n x \mathrm{d}x$

$I_n = \dfrac{n-1}{n} I_{n-2}$

$I_n = \dfrac{n-1}{n} \cdot \dfrac{n-3}{n-2} \cdot \cdots \cdot \dfrac{4}{5} \cdot \dfrac{2}{3}$ （$n$ 为大于 1 的正奇数），$I_1 = 1$

$I_n = \dfrac{n-1}{n} \cdot \dfrac{n-3}{n-2} \cdot \cdots \cdot \dfrac{3}{4} \cdot \dfrac{1}{2} \cdot \dfrac{\pi}{2}$ （$n$ 为正偶数），$I_0 = \dfrac{\pi}{2}$

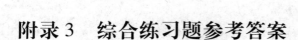

# 附录3  综合练习题参考答案

## 综合练习题1

1. 填空题.

$(1)( -\infty , +\infty )$    $(2)(0,1)\cup(1,2)$    $(3)( -1,1)$    $(4)f(3) = 2$

$(5)y = \dfrac{1}{\sqrt[4]{x^3}}$    $(6)y = \dfrac{4}{x^2 +2x +3}$    $(7)y = \sqrt[3]{u};u = \log_5 v;v = x^2$

2. 选择题.

$(1)$ D  $(2)$B  $(3)$B  $(4)$B  $(5)$C  $(6)$C  $(7)$A  $(8)$B

3. 解答题.

$(1)$求下列函数的定义域

①$( -\infty , -1)\cup( -1,8)\cup(8, +\infty )$    ②$\left[ \dfrac{1}{2}, +\infty \right)$

③$( -1,0)\cup(0,1)$    ④$( -2,0]$

$(2)f(x) = 1 +\ln x +\sin(\ln x)$

$(3)$①$f(0) = 0,f\left( \dfrac{\sqrt{3}}{2} \right) = \dfrac{\pi}{3}$

②$f(0) = \dfrac{1}{2}\ln 2,f(\ln 3) = \ln 2$

$(4)$①$y = (1 +x)^{10}$由 $y = u^{10},u = 1 +x,v = x,v = x$ 复合而成.

②$y = (\arcsin x^2)^3$由 $y = u^3,u = \arcsin v,v = x^2$ 复合而成.

③$y = e^{\cos^2 x}$由 $y = e^u,u = v^2,v = x^{\cos x}$ 复合而成.

④$y = \lg(1 +\sqrt{1 +x^2})$由 $y = \lg u,u = 1 +w,w = s^{\frac{1}{2}},s = 1 +t,t = x^2$ 复合而成.

## 综合练习题2

1. 填空题.

$(1)e^{-3}$    $(2)\ln 2$    $(3)$A    $(4)f(2)$    $(5)$无穷小量    $(6) -1$

$(7)( -\infty , -\sqrt{5})\cup(\sqrt{5}, +\infty )$    $(8)\dfrac{1}{3}$

2. 选择题.

$(1)$D  $(2)$A  $(3)$B  $(4)$B  $(5)$D  $(6)$B

3. $(1)\sqrt{2}$    $(2)8$    $(3)\dfrac{5\sqrt{3}}{2}$    $(4)\dfrac{1}{2}$    $(5)0$    $(6)\dfrac{1}{2\sqrt{x}}$    $(7)0$    $(8)\dfrac{1}{\pi}$

$(9)\dfrac{3}{2}$　　$(10)1$　　$(11)-\dfrac{1}{2}$　　$(12)-1$　　$(13)\dfrac{1}{6}$　　$(14)\dfrac{3}{5}$　　$(15)0$

$(16)1$　　$(17)\mathrm{e}$

4. 略.

5. 图像（略）.

$f(x)$ 在 $x=1$ 处不连续；$f(x)$ 在 $x=0$ 处只能右连续.

6. 略.

# 综合练习题 3

1. 填空题.

$(1)2f'(x_0)$　　$(2)3a^2h(a)$　　$(3)-\dfrac{2}{x^3}+1$　　$(4)2x+3y+3\mathrm{e}^{-\frac{5}{3}}=0$　　$(5)4,2.$

$(6)\dfrac{2}{\sin 2x}$　　$(7)\cos 1+1$　　$(8)\dfrac{1}{2-\cos y}\mathrm{d}x$　　$(9)n!$　　$(10)1$

2. 选择题.

$(1)B$　$(2)A$　$(3)C$　$(4)D$　$(5)D$　$(6)B$　$(7)D$　$(8)B$　$(9)C$　$(10)C$

3. $(1)y'=\dfrac{3-x}{2\sqrt{(1-x^3)}}$　　　$(2)y'=\dfrac{2x\sin x}{\cos^3 x}$　　　$(3)y'=\sin x\ln x+x\cos x\ln x+\sin x$

$(4)y'=1-\dfrac{x\arcsin x}{\sqrt{1-x^2}}$　　　$(5)y'=\dfrac{-1}{\sqrt{3+2x-x^2}}$　　　$(6)y'=\dfrac{\ln 2(\ln x-1)}{(\ln x)^2}\cdot 2^{\frac{x}{\ln x}}$

4. $(1)y'=\dfrac{x^2-ay}{ax-y^2}$　　　$(2)y'=\dfrac{\mathrm{e}^{x+y}-y}{x-\mathrm{e}^{x+y}}$　　　$(3)y'=-\csc^2(x+y)$

$(4)y'=\dfrac{y\cos x+\sin(x-y)}{\sin(x-y)-\sin x}$

5. $(1)y'=(1+x^2)^{\sin x}\left[\dfrac{2x\sin x}{1+x^2}+\cos x\ln(1+x^2)\right]$

$(2)y'=\dfrac{\sqrt{x+2}(3-x)^4}{(x+1)^5}\left[\dfrac{1}{2(x+2)}-\dfrac{4}{3-x}-\dfrac{5}{x+1}\right]$

$(3)y'=\dfrac{y(y-x\ln y)}{x(x-y\ln x)}$

$(4)y'=\dfrac{1}{2}\sqrt{\dfrac{x(x+2)}{x-1}}\left(\dfrac{1}{x}+\dfrac{1}{x+2}-\dfrac{1}{x-1}\right)$

6. $(1)\mathrm{d}y=\mathrm{e}^{-x}\left[\sin(3-x)-\cos(3-x)\right]\mathrm{d}x$　　　$(2)\mathrm{d}y=\mathrm{e}^{x^2}(2x\cos x-\sin x)\mathrm{d}x$

$(3)\mathrm{d}y=f'(\sin^2 x)\sin 2x\mathrm{d}x$　　　$(4)\mathrm{d}y=\dfrac{-f(\cos\sqrt{x})f'(\cos\sqrt{x})\sin\sqrt{x}}{\sqrt{x}}\mathrm{d}x$

7. $a=4,b=5$　8. $(1)-0.965\,1$　　$(2)9.986$

## 综合练习题 4

1. 填空题.

(1) 57　　(2) <　　(3) $\dfrac{2}{3}$　　(4) 0　　(5) $\dfrac{1}{4}$　　(6) > 0　　(7) > 0

(8) $-1$　　(9) $y = 1, x = 1$

2. 选择题.

(1) C　(2) A　(3) C　(4) B　(5) D　(6) B　(7) B　(8) B　(9) B　(10) A

3. (1) $\dfrac{2}{7}$　　(2) 1　　(3) 1　　(4) 0

4. (1) 无极值　　(2) 极大值 $= f\left(-\dfrac{3}{2}\right) = 0$, 极小值 $= f\left(-\dfrac{1}{2}\right) = -\dfrac{27}{2}$

5. 单调递增区间为 $(-\infty, 0), (1, +\infty)$, 单调递减区间为 $(0,1)$; $a = 6$

6. 凹区间为 $(-\infty, -1), (2, +\infty)$, 凸区间为 $(-1, 2)$; 拐点为 $(-1, -9)$ 和 $(2, -45)$.

## 综合练习题 5

1. 填空题.

(1) $x + \sin x$　　(2) $\dfrac{1}{a} F(ax + b) + C$　　(3) $\dfrac{1}{6} e^{2x^3} + C$　　(4) $\dfrac{1}{x} + C$

(5) $y = \dfrac{1}{3} x^3 + \dfrac{7}{3}$　　(6) $\dfrac{1}{4} [f(x^2)]^2 + C$　　(7) $2x e^{2x} + 2x^2 e^{2x}$

2. 选择题.

(1) B　(2) B　(3) C　(4) C　(5) D　(6) D　(7) B　(8) A

3. 计算题.

(1) $\dfrac{4}{7} x^{\frac{7}{4}} + 4 x^{-\frac{1}{4}} + C$　　(2) $\displaystyle\int (1 + \sin x)\,dx = x - \cos x + C$

(3) $x - \dfrac{1}{2} \ln(1 + e^{2x}) + C$　　(4) $\cos^3 2x + \dfrac{1}{2} \cos 2x + C$

(5) $-2\sqrt{x} \cos\sqrt{x} + 2\sin\sqrt{x} + C$　　(6) $-\cos x - \dfrac{1}{5} \cos^5 x + \dfrac{2}{3} \cos^3 x + C$

(7) $-\dfrac{1}{5} \cos^5 x + \dfrac{1}{7} \cos^7 x + C$　　(8) $-\dfrac{1}{3} \dfrac{1}{\sin^3 x} + \dfrac{1}{\sin x} + C$

(9) $\ln x \ln(\ln x) - \ln x + C$　　(10) $\dfrac{1}{3} x^3 + \dfrac{1}{3} \ln |x^3 - 1| + C$

(11) $-\dfrac{1}{1-x} - \dfrac{1}{2(1-x)^2} + C$　　(12) $\dfrac{4}{3} x^{\frac{3}{4}} - \dfrac{4}{3} \ln |x^{\frac{3}{4}} + 1| + C$

4. 所求曲线方程为 $f(x) = \sin x + 1$.

5. (1) $s(3) = 27(\mathrm{m})$　　(2) $t = 10(\mathrm{s})$

# 综合练习题6

**1. 填空题.**

$(1)\,0\,,-f(a)\,,2bf(b^2)$  $(2)\dfrac{\pi}{2},5$  $(3)\,1-3\mathrm{e}^{-2}$  $(4)\dfrac{\pi}{4}$,不存在(或发散)

$(5)\dfrac{\pi}{6}$;不存在(或发散)  $(6)\displaystyle\int_a^b f(x)\,\mathrm{d}x$  $(7)\pi\displaystyle\int_a^b f^2(x)\,\mathrm{d}x$  $(8)\,2\pi$

$(9)\displaystyle\int_{-1}^2 |\,x\,|^3\,\mathrm{d}x\,,\int_0^{2\pi}(2\pi-x-\sin x)\,\mathrm{d}x\,,\int_0^1(2-y-y^2)\,\mathrm{d}y$

**2. 选择题.**

$(1)\mathrm{C}$  $(2)\mathrm{B}$  $(3)\mathrm{B}$  $(4)\mathrm{A}$  $(5)\mathrm{C}$  $(6)\mathrm{B}$  $(7)\mathrm{D}$  $(8)\mathrm{A}$  $(9)\mathrm{C}$  $(10)\mathrm{D}$

$3.\ (1)\dfrac{5}{2}$  $(2)1-\dfrac{1}{\sqrt{\mathrm{e}}}$  $(3)\,8\ln 2-5$  $(4)\dfrac{\pi}{16}$  $(5)\,1-2\ln\dfrac{\sqrt{1+\mathrm{e}}+1}{\sqrt{2}+1}$

$(6)\dfrac{1}{2}(1-\ln 2)$  $(7)\,5\ln 5-3\ln 3-2$  $(8)\dfrac{\pi}{4}$  $(9)\pi^2$  $(10)\dfrac{1}{2}(\mathrm{e}\cos 1+$

$\mathrm{e}\sin 1-1)$  $(11)\dfrac{1}{2}$  $(12)\dfrac{1}{a}$  $(13)\dfrac{\pi}{4}$  $(14)\dfrac{8}{3}$  $(15)\,1$

$4.\ (1)\dfrac{9}{4}$  $(2)\dfrac{8}{3}\pi$  $(3)\dfrac{128}{3}\pi$  $(4)\,0.001\,8k(\mathrm{J})$  $(5)\,1.65\times10^6(\mathrm{N})$

# 综合练习题7

**1. 填空题.**

$(1)\,y=\mathrm{e}^{cx}$  $(2)\,y=C_1\mathrm{e}^{7x}+C_2\mathrm{e}^{-2x}$  $(3)\,y=(C_1+C_2x)\mathrm{e}^{-x}$

$(4)\,y=\mathrm{e}^x(C_1\cos 2x+C_2\sin 2x)$  $(5)\,y=\dfrac{1}{4}x^3+\dfrac{6}{x}$  $(6)\arctan y=x^3+\dfrac{\pi}{4}$

**2. 选择题.**

$(1)\mathrm{A}$  $(2)\mathrm{B}$  $(3)\mathrm{D}$  $(4)\mathrm{D}$  $(5)\mathrm{C}$  $(6)\mathrm{B}$

$3.\ (1)\,y=-\dfrac{1}{x}+C$  $(2)\,\mathrm{e}^y=\mathrm{e}^x+C$  $(3)\,1+2y=C(1+x^2)$

$(4)\,s=-\cos t+C_1t+C_2$  $(5)\,y=C(1+x^2)$  $(6)\,y=x^2(x^2+C)$

$4.\ (1)\,y+\dfrac{y^3}{3}=\sin x+\dfrac{4}{3}$  $(2)\,y=x^2(\mathrm{e}^x-\mathrm{e})$  $(3)\,y=-\dfrac{1}{2}\ln^2 x-\ln x$

$(4)\,y=\mathrm{e}^{3x}\cos 2x$

5. 所求曲线方程为  $x^2+y^2=C$

6. 所求函数关系为  $M=M_0\mathrm{e}^{-\frac{\ln 2}{100}t}$

7. 所求的可导函数为  $f(x)=2-4\mathrm{e}^{\frac{1}{2}x^2}$

# 参考文献

［1］同济大学数学教研室. 高等数学［M］. 北京:高等教育出版社,2003.

［2］盛祥耀. 高等数学［M］. 北京:高等教育出版社,2005.

［3］侯风波. 高等数学［M］. 北京:高等教育出版社,2005.

［4］余英,李开慧. 应用高等数学基础［M］. 重庆:重庆大学出版社,2005.

［5］李先明. 高等数学(理工类)［M］. 重庆:重庆出版社,2007.

［6］胡先富. 高等数学(文经类)［M］. 重庆:重庆出版社,2007.

［7］代子玉,王平. 大学数学［M］. 北京:北京交通大学出版社,2010.